EIN FACH MATHE

Gleichungslehre

Bearbeitet von:
Hans-Peter Anders

Unter Mitarbeit von:
Karl-Heinz Barth, Konrad Fecke, Sigurd Hein,
Petra Kunert, Gernot Mahn, Hans-Joachim Püffke,
Jürgen Thomann

Schöningh

Bildquellenverzeichnis

S. 5, 12, 14, 26, 32, 34, 36, 38: Fotos: Hans-Peter Anders/Verlagsarchiv Schöningh; S. 18: Foto: picture-alliance/dpa-Sportreport; S. 21: Foto: © Visum; S. 31: Foto: Enrico Bartolucci/Das Fotoarchiv; S. 33: Foto: picture-alliance/ZB-Fotoreport

Illustrationen

Matthias Berghahn/Verlagsarchiv Schöningh

www.schoeningh-schulbuch.de
Schöningh Verlag, Jühenplatz 1–3, 33098 Paderborn

Druck 5 4 3 / Jahr 2010 09 08
Die letzte Zahl bezeichnet das Jahr dieses Druckes.

Druck und Bindung: westermann druck GmbH, Braunschweig

ISBN 978-3-14-037315-9

Inhaltsverzeichnis

Gleichungslehre 5

I. Lineare Gleichungssysteme

1 Graphische Lösung linearer Gleichungssysteme 6

2 Das Gleichsetzungsverfahren 9

3 Das Einsetzungsverfahren 13

4 Das Additionsverfahren 17

II. Quadratische Funktionen und Gleichungen

5 Quadratische Funktionen 20

6 Die Normalparabel 22

7 Verschobene Normalparabeln 24

8 Gemischt quadratische Funktionen 26

9 Die Scheitelform quadratischer Funktionen 28

10 Rechnerische Lösung rein quadratischer Gleichungen 31

11 Rechnerische Lösung gemischt quadratischer Gleichungen 33

12 Der Satz von Vieta 37

Lösungen 40

Gleichungslehre

Gleich?

Oder nicht gleich?

1 Graphische Lösung linearer Gleichungssysteme

Der Zirkus Cojoballi gastiert im Augenblick in der Stadt. Peter und Claudia wollen mit ihren Eltern in die Vorstellung gehen. An der Kasse muss ihr Vater insgesamt 24 € bezahlen. Auch Jenny, Petras Freundin, geht mit ihrer Mutter und ihren beiden Brüdern in die gleiche Vorstellung. Sie zahlen zusammen 20 €.

1. Wähle für den Preis der Kinder x und für den Preis der Erwachsenen y.

2. Erstelle für beide Familien eine Gleichung zur Berechnung der Preise.

2x + ☐y = 24

__________ + __________ = 20

3. Löse beide Gleichungen nach y auf.

y = ____________________

y = ____________________

4. Zeichne die Graphen beider Funktionen in das Koordinatenkreuz.

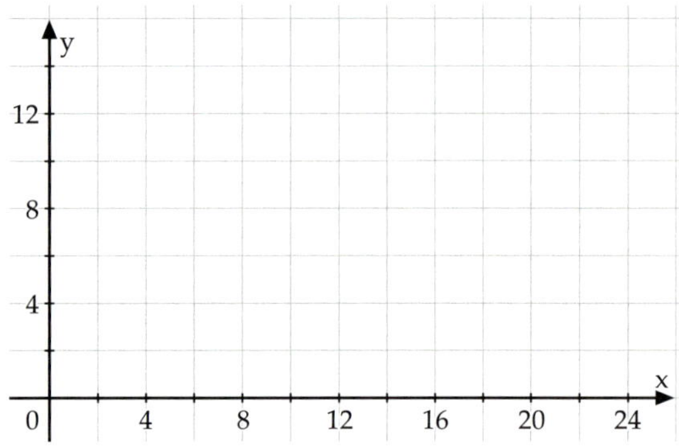

5. Die Geraden schneiden sich im Punkt (|).

6. Das bedeutet:

Der Eintrittspreis für Kinder beträgt: __________

Der Eintrittspreis für Erwachsene beträgt: __________

MEMO

Zwei lineare Gleichungen mit zwei Variablen bilden ein lineares Gleichungssystem.
Ein lineares Gleichungssystem kannst du in vier Schritten zeichnerisch lösen:

Beispiel: I. $x + y = 3$
II. $2y = 3x - 4$

1. Löse die Gleichungen nach y auf, so dass die Form $y = mx + b$ entsteht.
   I. $y = -x + 3$
   II. $y = 1{,}5x - 2$
2. Zeichne für jede der beiden Gleichungen die zugehörige Gerade.
3. Lies die Koordinaten x und y des Schnittpunktes ab.
   S(2/1)
4. Gib das Zahlenpaar x und y als Lösung des Gleichungssystems an.
   $x = 2; y = 1$

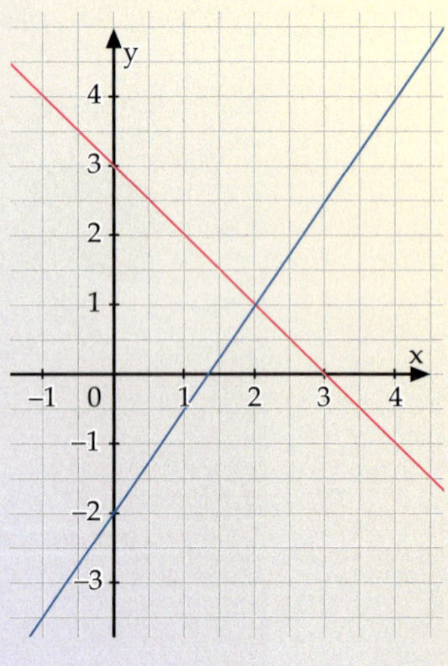

Lösungen

2. $2x + 2y = 24$ und $3x + y = 20$; **3.** $y = 12 - x$; $y = 20 - 3x$; **4.** s. Lösungen S. 40; **5.** (4|8); **6.** 4 €; 8 €

In dem folgenden Koordinatenkreuz sind einige Punkte mit Buchstaben gekennzeichnet.
Zeichne die Graphen der folgenden Gleichungssysteme in das Koordinatenkreuz. Die Schnittpunkte der zusammengehörenden Geraden nennen eine weihnachtliche Köstlichkeit.
Hinweis: Zeichne jedes der vier Gleichungssysteme in einer anderen Farbe.

I. $y = x + 1$ $y = -x - 5$	II. $2y = x + 2$ $y = -2x + 6$	III. $x + y = 12$ $2x - 2y = 8$	IV. $4x + 8y = 16$ $2y - x = 2$

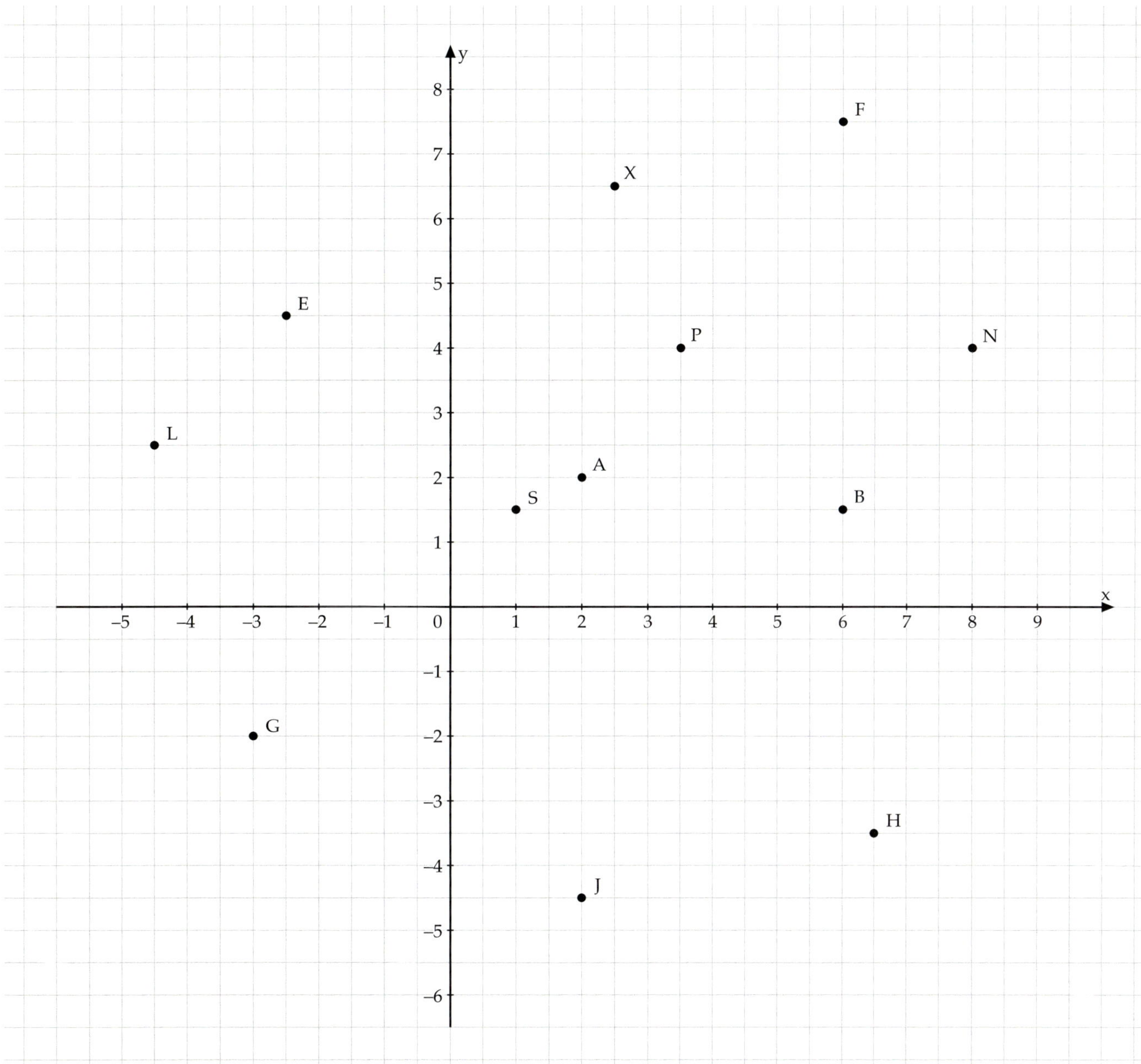

Lösung

GANS

Übungen

1 a) Erstelle zu dem Gleichungssystem $y = 2x - 4$ und $x + y = 17$ jeweils eine Wertetabelle.
b) Welche Wertepaare kommen in beiden Tabellen vor?
c) Zeichne den Graphen beider Gleichungen in ein Koordinatensystem.

2 Löse die folgenden Gleichungssysteme graphisch:

a) $y = 23 - x$
$y = x + 5$

b) $2y = x - 3$
$y = 6 - 2x$

3 Gegeben sind die Geraden g und h eines Gleichungssystems.

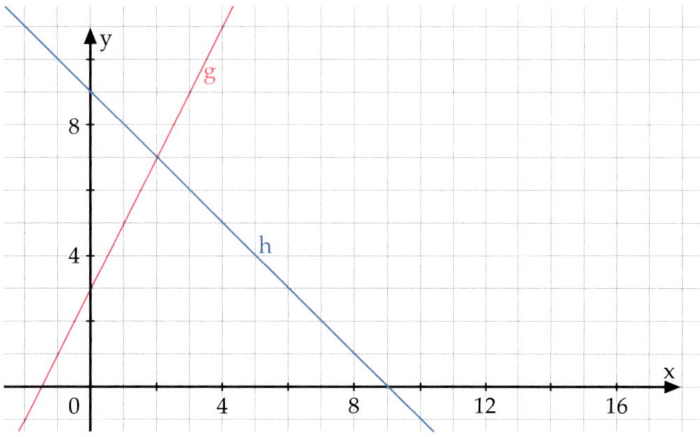

a) Bestimme anhand der Zeichnung die Geradengleichungen.
b) Benenne den Schnittpunkt der Geraden.
c) Wie lautet die Lösung des zugehörigen Gleichungssystems?

4 Löse die folgenden Zahlenrätsel graphisch:

a) Die Summe zweier Zahlen x und y ist 9. Die Zahl y ist um 4 größer als die Zahl x. Wie lauten die beiden Zahlen?
b) Das Doppelte einer Zahl x vermindert um y ergibt 8. Die Zahl y ist um 3 kleiner als die Zahl x.

5 Das Gleichungssystem mit den Gleichungen $y = 2x + 4$ und $2y = 4x + 11$ hat keine Lösung.

a) Zeichne beide Geraden in ein Koordinatensystem.
b) Woran erkennst du, dass das System keine Lösung hat?

6 Bestimme bei den folgenden Gleichungssystemen, ob sie eine, keine oder unendlich viele Lösungen haben.

a) $y = 2x - 7$
$y = -x + 3$

b) $2y = 2x - 6$
$y = x - 3$

c) $2y = 4x - 8$
$4y = 8x - 24$

7 In der Klasse 9a sind 32 Jungen und Mädchen. Wie viele Jungen und wie viele Mädchen sind in der Klasse, wenn neben jedem Mädchen ein Junge sitzt, aber an vier Tischen jeweils zwei Jungen sitzen?

a) Bestimme die beiden Gleichungen des Systems.
b) Bestimme die Lösung der Aufgabe graphisch.

8 Peter bringt sein Spargeld aus 5- und 20-Euro-Scheinen zur Bank. Insgesamt sind es 165 Euro in 12 Scheinen. Wie viele 5-Euro-Scheine und wie viele 20-Euro-Scheine sind es?

a) Stelle beide Gleichungen des Gleichungssystems auf.
b) Löse das Gleichungssystem graphisch.
c) Formuliere eine Antwort.

Lösungen

1. b) $x = 7$; $y = 10$; c) s. Lösungen S. 40; **2.** a) S(9|14), b) S(3|0); s. Lösungen S. 41; **3.** a) g: $y = 2x + 3$ h: $y = -x + 9$; b) P(2|7); c) S(2|7); **4.** a) L(2,5|6,5); b) L(5|2); s. Lösungen S. 42; **5.** b) Die Geraden laufen parallel. **6.** a) eine Lösung, b) unendlich viele Lösungen, c) keine Lösung; **7.** a) $x + y = 32$ und $y = x + 8$; b) Es sind 12 Mädchen und 20 Jungen; s. Lösungen S. 42; **8.** a) $x + y = 12$ und $5x + 20y = 165$; b) s. Lösungen S. 43; c) Es sind sieben 20-Euro-Scheine und fünf 5-Euro-Scheine.

2 Das Gleichsetzungsverfahren

Philippo, der älteste Sohn des Zirkusdirektors, hat heute Kassendienst. Am Abend kontrolliert er die Tageseinnahme von 2876 €. Er meint, da die Vorstellung ausverkauft war, müssen 480 Personen im Zelt gewesen sein. Wie viele davon waren Kinder? Die Eintrittspreise betragen 4 € für Kinder und 8 € für Erwachsene.

1. Lege für die Kinder x und für die Erwachsenen y als Variable fest.
2. Erstelle zum Text zwei Gleichungen.

   ___________ + ___________ = ___________

   ___________ + ___________ = ___________
3. Löse beide Gleichungen nach y auf.

   y = ________________

   y = ________________
4. Setze die rechten Seiten der Gleichungen gleich.
5. Es waren __________ Erwachsene und __________ Kinder in der Vorstellung.

MEMO

So kannst du ein Gleichungssystem mithilfe des Gleichsetzungsverfahrens lösen:

1. Löse beide Gleichungen nach y auf.
2. Setze die rechten Seiten der beiden Gleichungen einander gleich. So erhältst du eine Gleichung mit einer Variablen.
3. Bestimme mit der Gleichung den Wert der einen Variablen. Durch Einsetzen des gefundenen Wertes in eine der beiden Ausgangsgleichungen berechnest du anschließend den Wert der anderen Variablen.

Lösungen

2. $4x + 8y = 2876$ und $x + y = 480$; **3.** $y = 359{,}5 - 0{,}5x$ und $y = 480 - x$; **4.** $359{,}5 - 0{,}5x = 480 - x$; **5.** Es waren 239 Erwachsene und 241 Kinder.

a) Löse die Gleichungssysteme mithilfe des Gleichsetzungsverfahrens. Die Lösungen findest du in dem Raster.
b) Male zuerst das leere Feld farbig aus. Wenn du nun die Kontrollfelder farbig ausmalst, erhältst du den Namen einer europäischen Hauptstadt.

I. $5y = 2x - 1$
$4x + 3 = 5y$

II. $4y - 2x = 0$
$2y = -2x + 9$

III. $6x - 4y = 12$
$8x + 4y = 16$

IV. $5x + 4y = 13$
$2x + y = 1$

V. $5x + 2y = 20$
$9x - 3y = 3$

VI. $3(y - 4) = 2x + 8$
$2x + 5 = 4(y - 2)$

VII. $2(x - 2) = 4(y - 3)$
$4(y + 1) = 3(x + 4)$

VIII. $2x^2 + 6x = y - 4$
$2(x - 3)^2 = y + 5$

IX. $(x + 3)^2 - 7 = x^2 - 4y$
$(y - 4)^2 + 8 = y^2 + 8x$

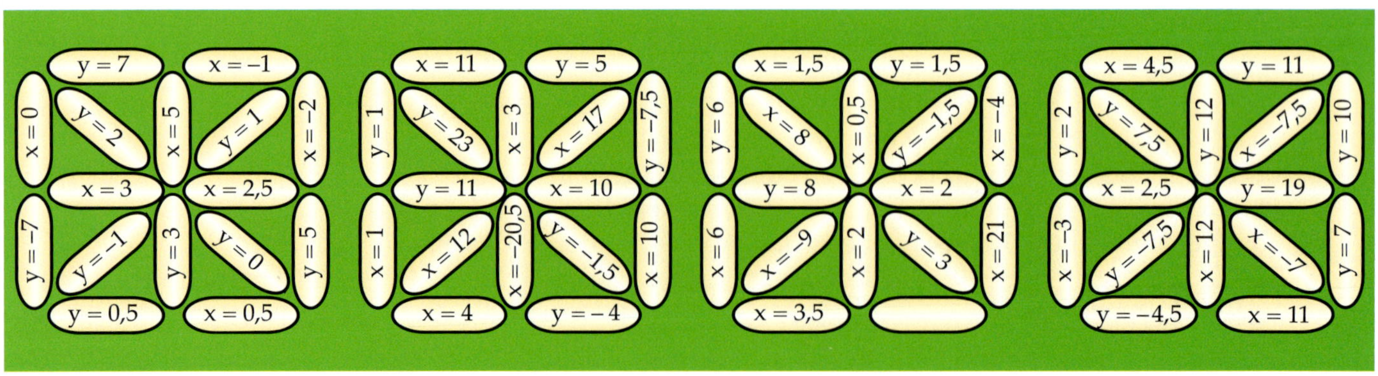

Lösung

Wien

1 Löse die Gleichungssysteme mit dem Gleichsetzungsverfahren:

a) $y = 2x + 4$
$y = 6x - 9$

b) $y = 4x + 21$
$y = 8x - 11$

c) $x = 5y - 3$
$x = 11 - 2y$

d) $x = 7y - 21$
$x = 3y + 17$

2 Löse zunächst nach einer der Variablen auf:

a) $2x + 9y = 41$
$2x = 7y - 31$

b) $68 - u = 2v$
$3u - 2v = 11$

c) $4a + 3y = 45$
$8a - 3y = 9$

d) $7s = 89 + 2r$
$59 - 8s = r$

3 Hier musst du erst multiplizieren oder dividieren:

a) $4x = 2y + 8$
$x = 3y - 5$

b) $7x = 100 - 3y$
$y = 50 - 4x$

c) $5x - 3y = 10$
$4x + y = 8$

d) $2u + 2v = 19$
$3u - 2v = -5$

e) $0{,}8x + 2{,}4y = 17{,}6$
$2{,}4y - 1{,}2x = 12$

f) $3{,}5p - 2{,}8 = 2q$
$5q - 7{,}5p = 17{,}5$

g) $\frac{1}{2}v + w = \frac{7}{8}$
$\frac{3}{4}v - w = \frac{2}{5}$

h) $\frac{1}{4}a + 2 = \frac{1}{4}b$
$\frac{1}{4}b = \frac{3}{4}a - 1$

i) $4(x + 7) - 1 = 3y$
$5(x + 4) - 33 = y$

j) $3(2a - 6) = b - 3$
$2(9 + 4a) = 3b - 5$

4 In dem Koordinatensystem sind zwei Geraden mit ihrem Schnittpunkt S dargestellt.

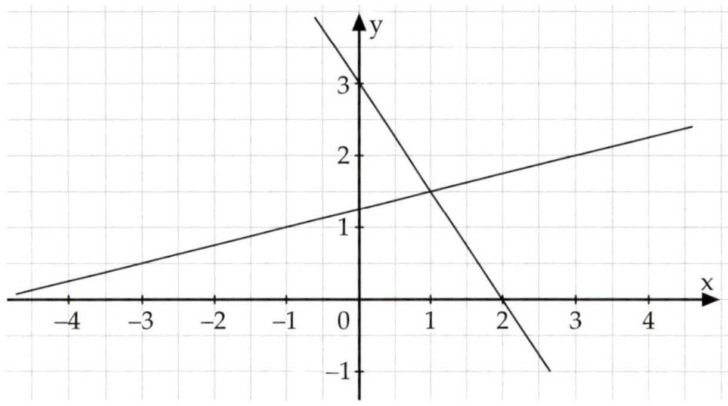

a) Bestimme die beiden Geradengleichungen.
b) Löse das entstandene Gleichungssystem mithilfe des Gleichsetzungsverfahrens.
c) Vergleiche deine Lösung mit den Koordinaten des Punktes S.

5 Familie Petermann will sich für den Umzug einen Lieferwagen mit einem zulässigen Gesamtgewicht von 7,5 Tonnen mieten. Dazu holt sie zwei Angebote ein:

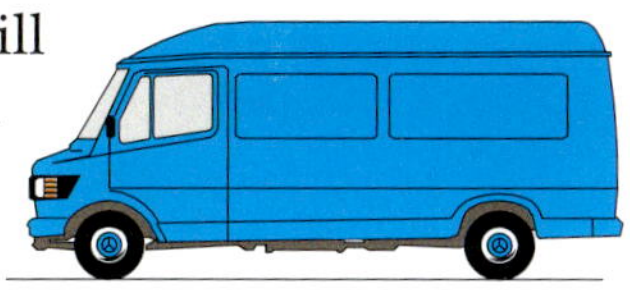

A: Grundgebühr 62 € und 0,15 € pro gefahrenem Kilometer;
B: Grundgebühr 45 € und 0,20 € pro gefahrenem Kilometer.

a) Stelle die beiden Gleichungen des Systems auf.
b) Bei welcher Fahrleistung sind beide Angebote gleich günstig?
c) Welches Angebot ist bei einer geringeren Fahrleistung günstiger?
d) Welches ist bei einer höheren Fahrleistung günstiger?

Lösungen

1. a) x = 3,25; y = 10,5; b) x = 8; y = 53; c) y = 2; x = 7; d) y = 9,5; x = 45,5; **2.** a) x = 0,25; y = 4,5; b) u = 19,75; v = 24,125; c) a = 4,5; y = 9; d) r = −13; s = 9; **3.** a) x = 3,4; y = 2,8; b) x = 10; y = 10; c) x = 2; y = 0; d) u = 2,8; v = 6,7; e) x = 2,8; y = 6,4; f) p = 19,6, q = 32,9; g) v = 1,02; w = 0,365; h) a = 6; b = 14; i) x = 6; y = 17; j) a = 6,8; b) 25,8; **4.** a) a = −1,5x + 3; y = 0,25x + 1,25; b) x = 1; y = 1,5; c) Die Koordinaten sind identisch. **5.** a) y = 62 + 0,15 x und y = 45 + 0,2x; b) Bei einer Fahrleistung von 340 km sind beide Angebote gleich günstig. c) Bei geringerer Fahrleistung ist das zweite Angebot günstiger. d) Bei höherer Fahrleistung ist das erste Angebot günstiger.

6 Die drei Geraden schneiden sich in den Punkten S, T und U außerhalb der Zeichnung. Berechne die Koordinaten der Schnittpunkte.

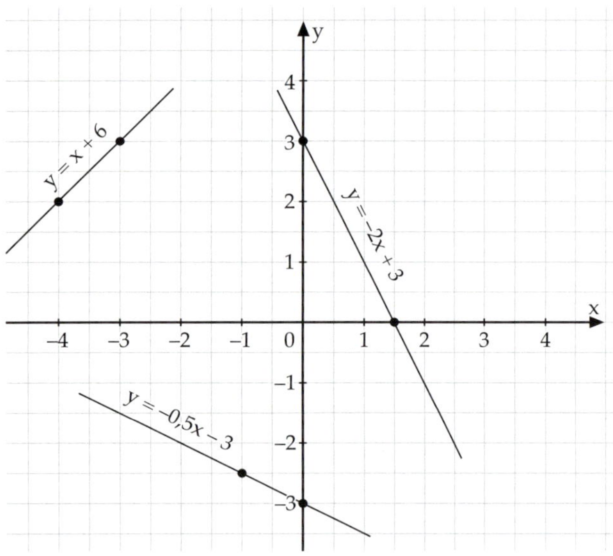

7 Das Doppelte einer Zahl und das Dreifache einer zweiten Zahl ergeben zusammen 52. Subtrahierst du vom Fünffachen der zweiten Zahl das Doppelte der ersten, so erhältst du 28.

8 Stelle zu jedem Text zwei Gleichungen auf und bestimme die Lösung des Systems mithilfe des Gleichsetzungsverfahrens.

a) Die Summe zweier Zahlen ist 30. Die zweite Zahl ist fünfmal so groß wie die erste.
b) Vermehre das Doppelte einer Zahl um 21, so erhältst du das Sechsfache einer zweiten Zahl. Diese Zahl ist halb so groß wie die erste.
c) Die Differenz zweier Zahlen beträgt 17. Das Doppelte der ersten Zahl ist um 9 größer als die zweite Zahl.

9 Frau Mayer kauft zur Gartenbepflanzung fünf Margeritenbäume und drei Rosenstöcke für insgesamt 42 Euro. Frau Merkens zahlt im gleichen Laden für sieben Rosenstöcke und fünf Margeritenbäume 72 Euro.

a) Was kosten die Rosenstöcke?
b) Was kosten die Margeritenbäume?

10 Martin und Klaus bilden eine Tippgemeinschaft im Lotto. Am vergangenen Wochenende haben sie mit vier richtigen Zahlen 253,68 € gewonnen. Wie hoch ist der Anteil jedes Einzelnen, wenn Martin 50 € mehr erhält als Klaus?

11 Petra stellt aus Draht einen Quader mit quadratischer Grundfläche her. Hierfür hat sie 156 cm Draht zur Verfügung. Wie lang sind die Kanten des Quaders, wenn die Höhe um neun Zentimeter länger ist als die Quadratseite?

Lösungen

6. S(−1|5); T(4|−5); U(−6|0); **7.** y = 10, x = 11; **8.** a) x = 5, y = 25; b) x = 21, y = 10,5; c) x = −8, y = −25; **9.** a) Die Rosenstöcke kosten 7,50 €. b) Die Margeritenbäume kosten 3,90 €. **10.** Klaus erhält 101,84 € und Martin erhält 151,84 €. **11.** Die Quadratseite ist 10 cm lang und die Höhe beträgt 19 cm.

3 Das Einsetzungsverfahren

Philippo übt mit seiner Schwester Corinna das Lösen von Gleichungssystemen. Corinna stockt bei der Lösung des folgenden Systems:

$$y = 2x + 8$$
$$4x + y = 41$$

Sie arbeitet dabei nach dem Gleichsetzungsverfahren. Philippo schlägt seiner Schwester ein Wettrechnen vor, wobei er folgendermaßen vorgeht:

a) Er hat für y in der 2. Gleichung $2x + 8$ eingesetzt.

$4x +$ __________ $= 41$

b) Bestimme den Wert der Variablen x.

$x =$ __________

c) Setze den Wert von x in die Gleichung $y = 2x + 8$ ein.

$y =$ __________

$y =$ __________

d) Die Lösungsmenge lautet: $L = \{ \quad | \quad \}$

MEMO

So löst du ein Gleichungssystem mithilfe des Einsetzungsverfahrens:

1. Löse eine der beiden Gleichungen nach einer Variablen auf.
2. Setze den erhaltenen Term in die andere Gleichung ein, so dass eine Gleichung mit einer Variablen entsteht.
3. Berechne den Wert der ersten Variablen.
4. Setze den Wert in die andere Gleichung ein und berechne den Wert der anderen Variablen.

Beispiel:

$$x + 2y = 7$$
$$3y - x = 8$$
$$x = 7 - 2y$$
$$3y - (7 - 2y) = 8$$
$$3y - 7 + 2y = 8$$
$$5y = 15$$
$$y = 3$$
$$x + 2 \cdot 3 = 7$$
$$x + 6 = 7$$
$$x = 1$$

Lösungen

b) $6x + 8 = 41$; $6x = 33$; $x = 5{,}5$; c) $y = 2 \cdot 5{,}5 + 8$, $y = 19$; d) $L = \{5{,}5|19\}$

Forme die acht Gleichungssysteme mithilfe des Einsetzungsverfahrens um. Suche zur Kontrolle in der rechten Spalte die richtige Gleichung und notiere den Lösungsbuchstaben. In die richtige Reihenfolge gebracht ergeben die Buchstaben ein beliebtes Reiseziel der Deutschen.

1 $2x - 5y = 31$
$2x = 16 - 5y$

2 $4x + 19 = 3y$
$6y = 3x - 28$

3 $6a + b = 8$
$b = -7a$

4 $2z + 3y = 17$
$z + 3y = 9$

5 $5d + 2e = 16$
$d - 7e = -6$

6 $4x - 3y = 15$
$4x + 2y = 10$

7 $32 - 5m + 6n = 4m$
$3n + 2m - 17 = 8m$

8 $7s + 8t - 21 = 15$
$3s + 2t + 12 = 0$

Lösungen:

(A) $7s - 12s - 48 - 21 = 15$
(D) $7s - 6s - 24 - 21 = 15$

(L) $-6y + 18 + 3y = 17$
(C) $-3y + 9 + 3y = 17$

(M) $16 - 10y = 31$
(N) $-10y = 47$

(H) $7e - 6 + 2e = 16$
(O) $35e + 2e - 30 = 16$

(E) $4x + 19 = 3x - 28$
(A) $8x + 38 = 3x - 28$

(K) $13\,a = 8$
(L) $-a = 8$

(R) $-5y + 10 = 15$
(S) $10 - y = 15$

(K) $32 - 5m + 6m + 17 = 4m$
(C) $32 + 7m + 34 = 4m$

Lösung

Mallorca

1 Löse mithilfe des Einsetzungsverfahrens.

a) $5x + y = 8$
$y = 3x$

b) $3x - y = 21$
$y = 4x$

c) $2u + 3v = 21$
$2u = 7v$

d) $2{,}5x + y = 9{,}5$
$y = 1{,}5x - 2{,}5$

e) $1{,}8a + 2{,}4b = 9{,}03$
$b = 0{,}9a + 5$

f) $11s - 3t = -7$
$t = 3{,}5s + 4$

2 Löse eine der Gleichungen nach einer Variablen auf und setze dann in die andere ein.

a) $8x - y = 95$
$y - 3x = 20$

b) $3a + b = 17$
$a - b = -9$

c) $7r - 3s = 22$
$2r + 3s = 41$

d) $3p + 4q = 14{,}5$
$4q - 1{,}5p = 5{,}5$

e) $4c - 3d = 11$
$6d + 28 = 2c$

f) $4x = 16 + 2y$
$4y = 5x - 7$

3 Löse eine der beiden Gleichungen geschickt auf und setze in die andere ein.

a) $7x + 8y = 129$
$2y = x + 13$

b) $4x + 3y = 7$
$y - 2x = -13$

c) $2z + 7t = 183{,}5$
$12t - 2z = 54$

d) $5s + 32 = 4t$
$12t - 6s = 42$

e) $3x + 4y = 9$
$y = -\frac{3}{4}x + 5$

4 Die Summe der Ziffern einer zweistelligen Zahl ist 13. Wenn du die Einerziffer mit der Zehnerziffer vertauschst, so erhältst du eine um 45 größere Zahl.

5 Susanne arbeitet als Floristin in einem Gartencenter. Sie soll einen Blumenstrauß aus langstieligen Rosen und blauen Lilien zusammenstellen. Insgesamt soll der Strauß 15,50 € kosten. Wie viele Rosen und wie viele Lilien kann sie zusammenstellen, wenn drei Rosen mehr als Lilien verwendet werden sollen? Eine Rose kostet 1,50 € und eine Lilie 0,70 €.

6 Die Klasse 9a besteht aus 33 Jungen und Mädchen. In der Klasse sind sieben Mädchen weniger als Jungen.

a) Wie viele Jungen sind in der Klasse?
b) Wie viele Mädchen sind in der Klasse?

7 Peter und Tina sind zusammen 21 Jahre alt. Wie alt sind die beiden Geschwister, wenn Peter drei Jahre älter ist?

8 Der Umfang eines gleichschenkligen Dreiecks beträgt 17 Zentimeter. Wie lang sind die Seiten, wenn die beiden Schenkel zusammen zwei Zentimeter länger sind als die dritte Seite?

Lösungen

1. a) $x = 1$, $y = 3$; b) $x = -21$, $y = -84$; c) $v = 2{,}1$, $u = 7{,}35$; d) $x = 3$, $y = 2$; e) $a = -0{,}75$, $b = 4{,}325$; f) $s = 10$, $t = 39$; **2.** a) $x = 23$, $y = 89$; b) $a = 2$, $b = 11$; c) $r = 7$, $s = 9$; d) $p = 2$, $q = 2{,}125$; e) $d = -5$, $c = -1$; f) $x = 8\frac{1}{3}$; $y = 8\frac{2}{3}$; **3.** a) $x = 7$, $y = 10$; b) $x = 4{,}6$, $y = -3{,}8$; c) $t = 12{,}5$, $z = 48$; d) $s = -6$, $t = 0{,}5$; e) keine Lösung; **4.** Die gesuchte Zahl ist 49. **5.** Sie kann acht Rosen und fünf Lilien kombinieren. **6.** Es sind 13 Mädchen und 20 Jungen. **7.** Peter ist zwölf Jahre und Tina neun Jahre alt. **8.** Die Seiten sind 4,75 cm und 7,5 cm lang.

9

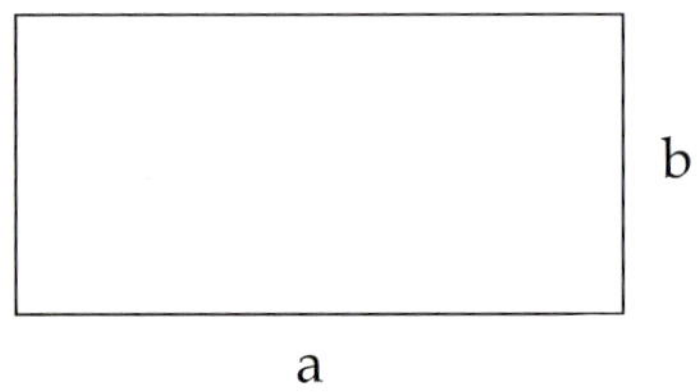

a) Der Umfang eines Rechtecks beträgt 36 cm. Die Seite a ist doppelt so lang wie die Seite b.
b) Der Umfang eines Rechtecks beträgt 84 cm. Wie lang sind die beiden Seiten, wenn die Seite a um 7 cm länger ist als die Seite b?
c) In einem Rechteck ist die Seite b um 17,5 cm kürzer als die Seite a. Wie lang sind die Seiten, wenn das Rechteck einen Umfang von 154 cm hat?

10 Der Flächeninhalt eines Trapezes mit einer Höhe von 6,5 cm beträgt 45,5 cm^2. Die obere Grundseite ist um 3 cm kürzer als die untere.

11 Herr Petermann möchte seinen Garten an drei Seiten neu einzäunen. Dazu muss er insgesamt 31 Meter Jägerzaun kaufen. Die längere Seite ist fünf Meter länger als die kürzere.
Wie lang und wie breit ist der Garten, wenn das Haus die kürzere Seite begrenzt?

12 Peter und Daniel fahren um 11 Uhr in zwei 137,5 Kilometer voneinander entfernt liegenden Orten ab. Wie schnell fahren beide, wenn sie sich nach 2 h 45 min treffen und Daniel mit seinem Fahrrad zehn Stundenkilometer langsamer ist als Peter mit seinem Moped?

13 Eine Taxifahrt setzt sich aus dem Grundpreis und den Kosten für die gefahrenen Kilometer zusammen. Für eine 15 Kilometer lange Strecke bezahlt Frau Muster 13,50 €. Auf einer anderen Tour zahlt sie für eine 7 Kilometer lange Strecke 7,50 €.

a) Was kostet der gefahrene Kilometer?
b) Wie hoch ist die Grundgebühr?

14

a) David erhält sein Taschengeld in Höhe von 75 € in 5- und 10-Euro-Scheinen. Wie viele Scheine von jeder Sorte erhält er, wenn er insgesamt zwölf Scheine bekommt?
b) Claudia hat noch 12 € in Münzen im Portmonee. Wie viele Münzen zu 2 € bzw. 50 Cent hat sie, wenn es insgesamt neun Münzen sind?

Lösungen

9. a) Die Seite a ist 12 cm und die Seite b 6 cm lang. b) Die Seiten sind 17,5 bzw. 24,5 cm lang. c) Die Seite a ist 47,25 cm lang und die Seite b 29,75 cm. **10.** Die obere Seite ist 5,5 cm lang und die untere 8,5 cm. **11.** Der Garten ist 7 m lang und 12 m breit. **12.** Daniel fährt 20 km/h und Peter 30 km/h. **13.** a) Pro Kilometer zahlt sie 0,75 €. b) Die Grundgebühr beträgt 2,25 €. **14.** a) Er bekommt neun Scheine zu 5 € und drei zu 10 €; b) Sie hat fünf Münzen zu 2 € und vier Münzen zu 50 Cent.

4 Das Additionsverfahren

Nach der Vorstellung laden Philippo und seine Schwester einige Freunde zu Würstchen und Limonade ein. Philippo zahlt für fünf Würstchen und zehn Limonaden 17,50 €. Corinna muss für fünf Würstchen und sechs Limonaden 15,50 € bezahlen. Was kostet ein Würstchen bzw. eine Limonade?

1. Setze für den Preis einer Limonade die Variable x und für den Preis eines Würstchens die Variable y.

2. Bestimme die beiden Gleichungen.

$10x + $ _____ $y = $ __________

_____ $x + $ _____ $y = $ __________

3. Berechne den Preis für eine Limonade.

Anleitung:
a) Multipliziere die zweite Gleichung mit (−1).
b) Addiere die beiden Gleichungen.

____________________ = __________

____________________ = __________

$10x - 6x = 17{,}50 - 15{,}50$

$x = $ __________ Eine Limonade kostet ______________ €.

4. Was kostet ein Würstchen?
Anleitung: Setze den Wert von x in eine der beiden Ausgangsgleichungen ein.

$y = $ __________

Ein Würstchen kostet __________ €.

5. Beschreibe die Vorgehensweise zur Lösung des Systems und benenne es.

MEMO

So löst du ein Gleichungssystem mit dem Additionsverfahren:

1. Forme das Gleichungssystem so um, dass sich die Zahlenfaktoren einer der beiden Variablen nur durch das Vorzeichen unterscheiden.
2. Addiere die rechte und die linke Seite. So erhältst du eine Gleichung mit nur einer Variablen.
3. Berechne den Wert für x.
4. Setze den Wert in eine der beiden Gleichungen ein und berechne den Wert für y.

$$4x + 3y = 22 \mid \cdot 4$$
$$7x - 4y = 57 \mid \cdot 3$$
$$16x + 12y = 88$$
$$21x - 12y = 171$$
$$37x = 259$$
$$x = 7$$
$$4 \cdot 7 + 3y = 22$$
$$28 + 3y = 22$$
$$3y = -6$$
$$y = -2$$

Lösungen

2. $10x + 5y = 17{,}50$; $6x + 5y = 15{,}50$; **3.** $10x + 5y = 17{,}50$; $-6x - 5y = -15{,}50$; $x = 0{,}50$; Eine Limonade kostet 0,50 €; **4.** $y = 2{,}50$; Ein Würstchen kostet 2,50 €.

Übersetze die folgenden Texte in Gleichungen. Die Buchstaben vor den richtigen Lösungen nennen dir einen deutschen Basketballspieler, der in der NBA (amerikanische Basketball-Liga) für Furore sorgt.
Setze für die erste Variable immer x und für die zweite y ein.

1 Die Summe zweier Zahlen ist 128. Wenn du von dem Dreifachen der ersten Zahl die zweite subtrahierst, erhältst du 45.

(A) $x - y = 34$
(T) $x + y = 2x - 7$
(I) $x = y + 10$

2 Corinna stellt ihrem Bruder ein Zahlenrätsel:
Die erste Zahl ist um 17 größer als die zweite Zahl.
Das Vierfache der zweiten Zahl ist um 5 größer als das Dreifache der ersten.

(B) $x + 10 = y$
(K) $100 + 10x + y < 200$
(N) $x + y = 11$

3 Die Quersumme einer zweistelligen Zahl sei 11.
Die zweite Ziffer ist halb so groß wie die erste.

(X) $3x - 2y = 32$
(D) $x + y = 128$

4 Der Umfang eines Rechteckes beträgt 245 cm.
Die eine Seite ist 10 cm länger als die andere.

(K) $4y - 5 = 3x$
(W) $2x + 2y = 245$

5 Zwei Zahlen sind zusammen so groß wie das Doppelte der ersten Zahl vermindert um 7.
Multipliziere ich die erste Zahl mit 5, so erhalte ich die zweite vermindert um 17.

(I) $x = y - 3$
(P) $x + 2y = 49$
(I) $3x - y = 45$
(M) $x + y = 2x + 9$

6 Eine dreistellige Zahl ist kleiner als 200. Die zweite Ziffer ist um 3 kleiner als die dritte.

(O) $x = 2y$
(Z) $5x = y - 17$
(R) $x = y - 17$

Lösung

Dirk Nowitzki

1 Löse die folgenden Gleichungssysteme mithilfe des Additionsverfahrens:

a) $7x + 8y = 58$
$15x - 8y = 19$

b) $7{,}8x - 5{,}4y = 16{,}3$
$7{,}8x + 5{,}4y = 67{,}8$

c) $a + 6b = 47$
$a + 5b = 40$

d) $1{,}8u + 0{,}9v = 6{,}4$
$7u - 4{,}5v = 1{,}7$

e) $\frac{1}{2}x + \frac{1}{3}y = \frac{5}{6}$
$\frac{7}{8}x + 2y = 6\frac{3}{4}$

f) $2t - 8m = 4$
$8t + m = 17$

2 Das Vierfache einer Zahl vermindert um das Zweifache einer anderen Zahl ergibt 16. Die zweite Zahl ist um 7 größer als die erste Zahl.

3 Die Quersumme einer zweistelligen Zahl ist 13. Welche Zahl ist gesucht, wenn die Zehnerziffer um 3 größer ist als die Einerziffer?

4 Philippo ist zusammen mit seinem Vater 58 Jahre alt. Vor drei Jahren war Philippos Vater dreimal so alt wie sein Sohn. Wie alt sind beide jetzt?

5 In einem gleichschenkligen Dreieck sind die Basiswinkel α zusammen um 70° größer als der Winkel γ. Wie groß ist jeder Winkel?

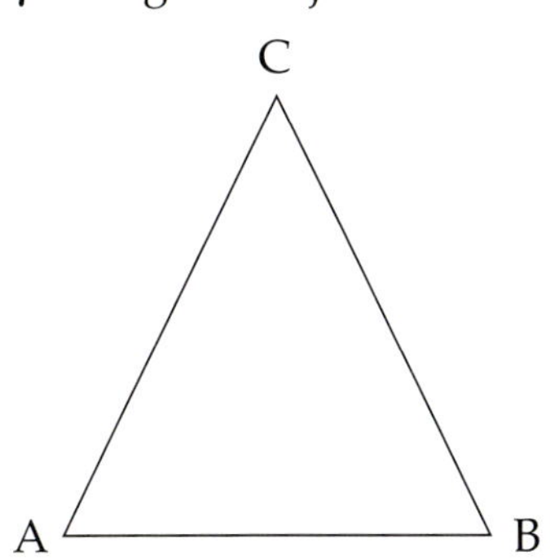

6 Lena hat auf zwei Sparbüchern zusammen 2381 € Guthaben. Wie hoch sind die beiden Guthaben, wenn das eine um 650 € höher ist als das andere?

7 Familie Bauermann finanziert ihr 345 000 € teures Einfamilienhaus mithilfe zweier Bauspardarlehen. Das eine wird mit 7,3 % und das andere mit 6 % verzinst. Pro Jahr werden 22 390 € an Zinsen fällig. Wie hoch sind die beiden Darlehen?

8 Jan fährt jeden Morgen mit dem Fahrrad zum Bahnhof und dann mit der Bahn zur Schule. Er fährt mit einer Geschwindigkeit von 20 km/h mit dem Rad und benötigt bis zum Bahnhof 12 Minuten. Die gesamte Fahrstrecke von zu Hause bis zur Schule beträgt 35 km. Wie lang sind die beiden Teilstrecken?

9 Simone und ihre Freundin Sarah kaufen in einem Supermarkt ein. Simone zahlt für drei Tafeln Schokolade und zwei Flaschen Limonade 3,85 €. Sarah zahlt für zwei Flaschen Limonade und fünf Tafeln Schokolade 5,15 €.

a) Was kostet eine Tafel Schokolade?
b) Was kostet eine Flasche Limonade?

Lösungen

1. a) $x = 3{,}5$, $y = 4{,}1875$; b) $x \approx 5{,}39$, $y \approx 4{,}77$; c) $b = 7$, $a = 5$; d) $u \approx 2{,}11$, $v \approx 2{,}89$; e) $x = -\frac{14}{17}$, $y = 3\frac{25}{34}$; f) $t \approx 2{,}12$, $m \approx 0{,}04$; **2.** $x = 15$, $y = 22$; **3.** Die Zahl heißt 85; **4.** Philippo ist 16 und sein Vater ist 42 Jahre alt; **5.** $\alpha = 62{,}5°$, $\gamma = 55°$; **6.** Das eine Sparbuch weist ein Guthaben von 865,50 € und das andere ein Guthaben von 1515,50 € auf; **7.** Das kleinere Darlehen beläuft sich auf 130 000 € und das größere auf 215 000 €. **8.** Er fährt vier Kilometer mit dem Rad und 31 Kilometer mit der Bahn. **9.** a) Eine Tafel Schokolade kostet 65 Cent. b) Eine Flasche Limonade kostet 0,95 €.

5 Quadratische Funktionen

Philippo, der auch Skateboard-Fan ist, will in der nächsten Saison in der Manege einige Kunststücke an der Halfpipe zeigen. Damit sie auch seinen Vorstellungen entspricht, will er sich seine eigene bauen, die eine horizontale Länge von 1,50 m hat.

Um die Höhe einer Trägerstrebe zu berechnen, bedient man sich der Formel
$y = 0{,}0025 \cdot x^2$.
Daraus ergibt sich bei einer Bodenlänge von 25 cm eine Höhe von 1,56 cm.

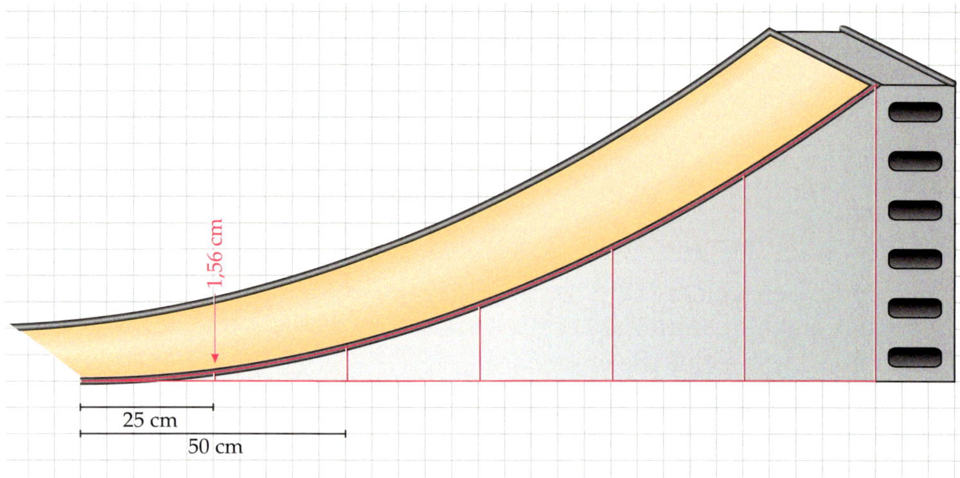

1. Welche Höhe ergibt sich nach 50 cm? ____________

2. Wie groß ist der Höhenunterschied zwischen beiden Streben bei 25 und bei 50 cm?
Der Höhenunterschied beträgt ____________ cm.

3. Erstelle eine Tabelle für die Länge der Trägerstreben, wenn sie im Abstand von ca. 25 cm angebracht werden sollen.

x in cm	0						
Länge der Strebe							

4. Wie verändert sich die Strebenlänge, wenn sich der Abstand verdoppelt?

a) Die Höhe wird etwa ________________ so hoch.
b) Unterstreiche die richtige Formulierung:
Dieses Wachstum ist linear / nicht linear.

MEMO

Quadratische Funktionen

Funktionen der Form $y = ax^2$ nennen wir quadratische Funktionen, da die Variable x als Potenz mit dem Exponenten 2 vorkommt und kein höherer Exponent vorhanden ist.

Lösungen

1. 6,25 cm; **2.** 4,69 cm; **3.**

0	25	50	75	100	125	150
0	1,56	6,25	14,06	25	39,06	56,25

4. a) viermal; b) nicht linear

Täglich passieren im Straßenverkehr viele Unfälle, weil Fahrer von Fahrzeugen den von der Geschwindigkeit abhängigen Anhalteweg unterschätzen. Dies gilt nicht nur für Autos, sondern auch für Motorroller und Fahrräder. In der Fahrschule lernt ihr, dass der Anhalteweg aus dem Reaktionsweg und dem Bremsweg besteht.
Wir berechnen den Reaktionsweg aus der Geschwindigkeit multipliziert mit 0,3. Den Bremsweg erhältst du, indem du das Quadrat aus dem Quotienten aus der Geschwindigkeit und 10 bildest.

1 Du fährst mit deinem Fahrrad mit einer Geschwindigkeit von 30 km/h. In einer Entfernung von zehn Metern siehst du ein Hindernis, dass du nicht umfahren kannst. Kannst du dein Fahrrad vor dem Hindernis anhalten?

2 Herr Petermann fährt mit einer Geschwindigkeit von 100 km/h auf einen Stau zu. Wie lange vorher muss er anfangen zu bremsen, um rechtzeitig zum Stehen zu kommen?

3 Wie verändert sich der Bremsweg, wenn sich die Geschwindigkeit verdoppelt (verdreifacht, vervierfacht)?

4 Fülle die Tabelle zur Berechnung des Reaktions-, Brems- und Anhalteweges bei verschiedenen Geschwindigkeiten mit deinem Fahrrad aus.

Geschwindigkeit (km/h)	**10**	**15**	**17**	**20**
Reaktionsweg				
Bremsweg				
Anhalteweg				

Lösungen

1. Nein, da der Anhalteweg 18 Meter beträgt. **2.** Er muss 100 Meter vor dem Stau anfangen zu bremsen. **3.** Der Bremsweg vervierfacht (verneunfacht, versechzehnfacht) sich.
4.

Geschwindigkeit (km/h)	**10**	**15**	**17**	**20**
Reaktionsweg	3 m	4,5 m	5,1 m	6 m
Bremsweg	1 m	2,25 m	2,89 m	4 m
Anhalteweg	4 m	6,75 m	7,99 m	10 m

6 Die Normalparabel

Philippos Schwester kommt aus der Schule nach Hause und meint zu ihrem Bruder: „Heute sollen wir verschiedene Quadratzahlen bestimmen und dann in ein Koordinatenkreuz einzeichnen. Das ist doch langweilig.“
Philippo holt sofort die quadratischen Tücher seiner letzten Jonglage hervor und sagt: „Bestimme doch einfach den Flächeninhalt meiner Tücher.“ Corinna macht sich ans Werk.

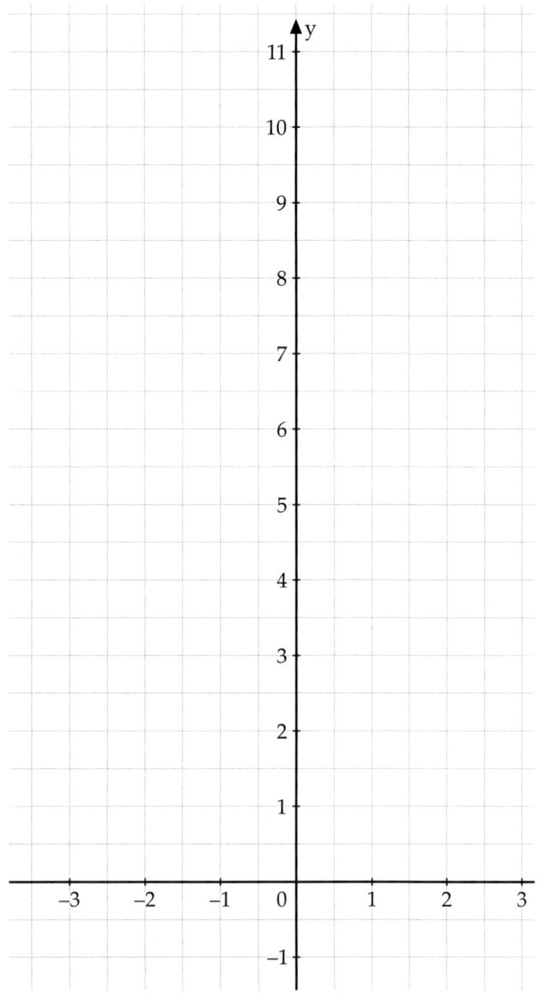

1. In der Tabelle sind die Kantenlängen von Philippos quadratischen Tüchern eingetragen. Bestimme die Flächeninhalte:

x	0,5	1	1,5	2	2,5	3	4	4,5	5
y									

2. Trage die Werte in das Koordinatenkreuz rechts ein.

3. Trage in die folgende Tabelle die Gegenzahlen der obigen x-Werte ein und bestimme deren Quadrate.

x								–0,5	0
y									

Trage die Werte in das Koordinatenkreuz rechts ein und verbinde alle Punkte miteinander. Was fällt dir auf?
Die beiden Stränge der Darstellung ergeben ____________

____________________________________.

4. Welche Eigenschaften kannst du erkennen?

a) Der Graph ist ____________________ geöffnet.
b) Der Graph hat den tiefsten Punkt (Scheitelpunkt) im Punkt (|).
c) Die y-Achse ist die ______________________.

MEMO

Eigenschaften der Normalparabel

Für die Normalparabel gilt:

- Sie fällt im zweiten Quadranten bis zum Ursprung (0|0) und steigt dann im ersten Quadranten. Sie ist nach oben geöffnet.
- Der Scheitelpunkt S(0|0) ist der tiefste Punkt der Normalparabel.
- Die Normalparabel ist symmetrisch zur y-Achse.

Lösungen

3. … eine zur y-Achse symmetrisch verlaufende Kurve, s. Lösungen S. 43; **4.** a) nach oben; b) (0|0); c) Symmetrieachse

Hier siehst du den Graphen einer Normalparabel.

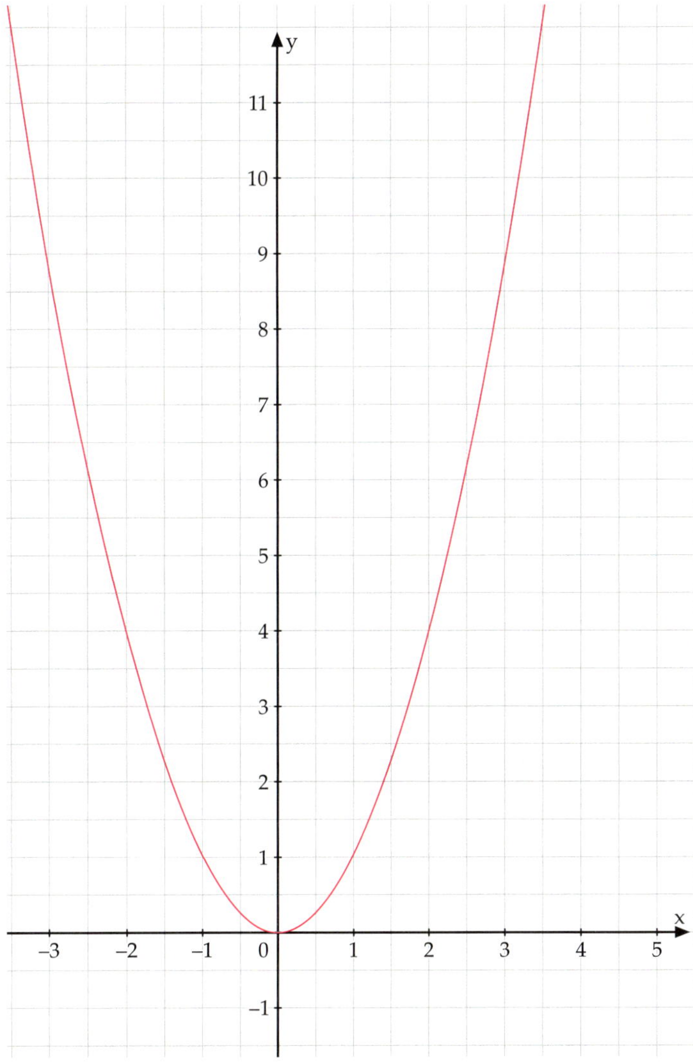

1 Bestimme anhand der Zeichnung die fehlende Koordinate der angegebenen Punkte möglichst genau.

A(2|____); B(1|____); C(1,4|____); D(____|3);
E(____|6,25); F(−2,5|____); G(2,5|____);
H(____|4,6); I(−____|8,5); K(−0,7|____);
L(3,2|____)

2 Entscheide anhand der Zeichnung:
Liegen die folgenden Punkte auf, oberhalb oder unterhalb der Normalparabel?

A(2,4|5,2); B(1,5|2,25); C(−1,4|1,9); D(−0,4|−0,1); E(3|9); F(−2|3); G(0|0); H(1,2|1,5); I(0,8|0,8)

3 Erstelle eine Wertetabelle für die Funktion $y = -x^2$ und vergleiche die y-Werte mit denen der Normalparabel.

x	−3	−2,5	−2	−1,5	−1	−0,5	0	0,5	1	1,5	2	2,5	3
y													

Lösungen

1. (2|4); B(1|1); C(1,4|1,96); D(1,7|3); E(2,5|6,25); F(−2,5|6,25); G(2,5|6,25); H(2,1|4,6); I(−2,9|8,5); K(−0,7|0,5); L(3,2|10,24); **2.** A: unterhalb; B: auf; C: unterhalb; D: unterhalb; E: auf; F: unterhalb; G: auf; H: oberhalb; I: oberhalb; **3.**

x	−3	−2,5	−2	−1,5	−1	−0,5	0	0,5	1	1,5	2	2,5	3
y	−9	−6,25	−4	−2,25	−1	−0,25	0	−0,25	−1	−2,25	−4	−6,25	−9

7 Verschobene Normalparabeln

Auch bei den nebenstehenden Graphen handelt es sich um Normalparabeln.

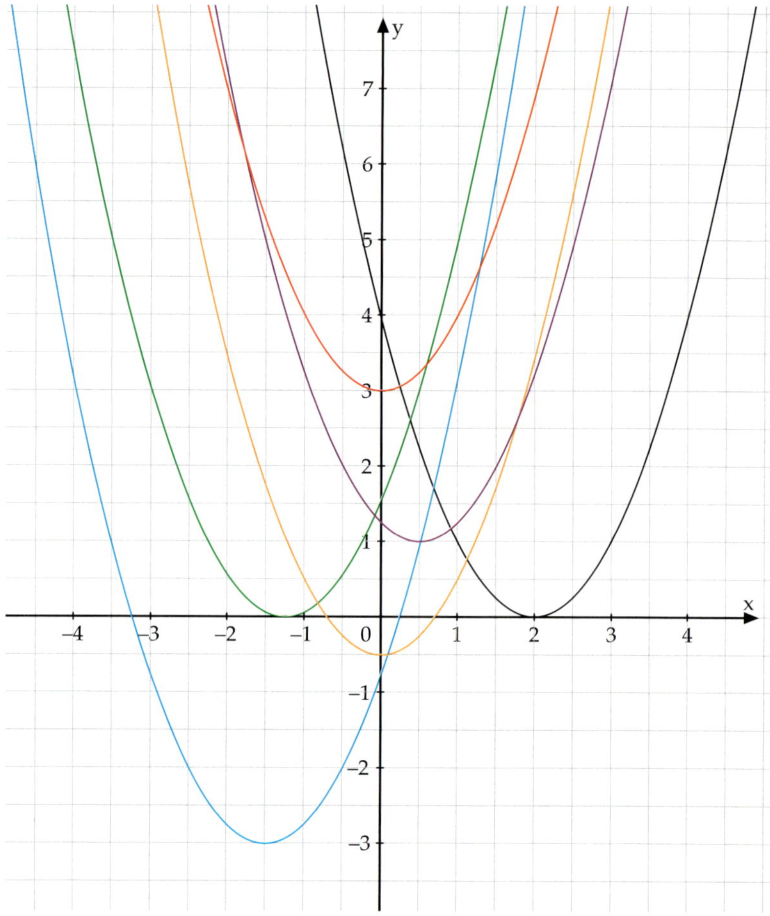

1. Wodurch unterscheiden sich alle Parabeln von der Normalparabel?

Bei allen Parabeln liegt der Scheitelpunkt

______________________________.

2. Bestimme jeweils die Koordinaten der Scheitelpunkte.
Der Scheitelpunkt liegt bei dem ...

a) roten Funktionsgraph auf: __________

b) orangenen Funktionsgraph auf: __________

c) grünen Funktionsgraph auf: __________

d) violetten Funktionsgraph auf: __________

e) blauen Funktionsgraph auf: __________

f) schwarzen Funktionsgraph auf: __________

3. Welche Funktionsgraphen sind
a) nach oben

____

b) nach unten

____

c) nach links

____

d) nach rechts verschoben?

____

MEMO

Auch die Graphen der Funktionen $y = x^2 + c$ und $y = (x + d)^2$ sind Normalparabeln. Ihre Scheitelpunkte liegen allerdings nicht im Punkt (0|0).
Der Summand c bestimmt eine Verschiebung des Scheitelpunkts entlang der y-Achse und der Summand d eine solche parallel zur x-Achse.

Lösungen

1. nicht im Punkt (0|0); **2.** a) S(0|3); b) S(0|−0,5); c) S(−1,25|0); d) S(0,5|1); e) S(−1,5|−3); f) S(2|0); **3.** a) der rote und der violette; b) der blaue und der orangene; c) der grüne und der blaue; d) der schwarze und der violette

1 Welcher Graph gehört zu welcher Funktionsgleichung?

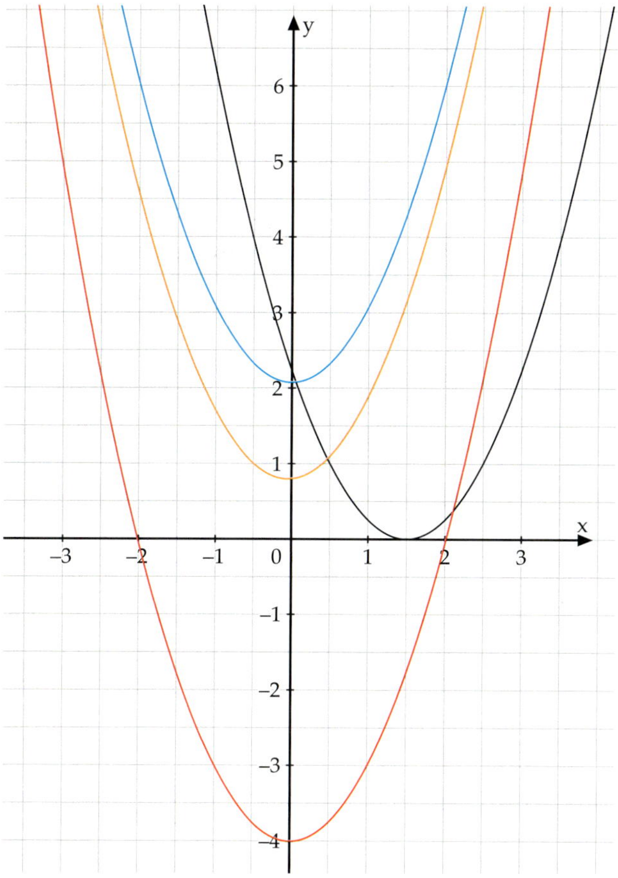

a) $y = x^2 - 4$
b) $y = (x - 1{,}5)^2$
c) $y = x^2 + 2{,}1$
d) $y = x^2 + 0{,}8$

2 Vergleiche die Parabeln miteinander:

$y = x^2 + 1{,}5$
$y = x^2 - 1{,}5$
$y = x^2$
Was fällt dir auf?

3 Gib ohne Zeichnung die Koordinaten der Scheitelpunkte folgender Funktionen an.

a) $y = x^2 + 2$
b) $y = (x - 5)^2$
c) $y = -x^2 - 3$
d) $y = (x + 0{,}8)^2$
e) $y = x^2 + 3{,}2$
f) $y = (x - 2{,}4)^2$

4 Zeichne den Graphen der folgenden Funktionen in das Koordinatenkreuz.

a) $y = x^2 - 0{,}6$
b) $y = x^2 + 1{,}3$
c) $y = (x - 1{,}5)^2$
d) $y = (x + 0)^2$
e) $y = -x^2$
f) Was fällt dir bei dem Graphen der Funktion e auf?

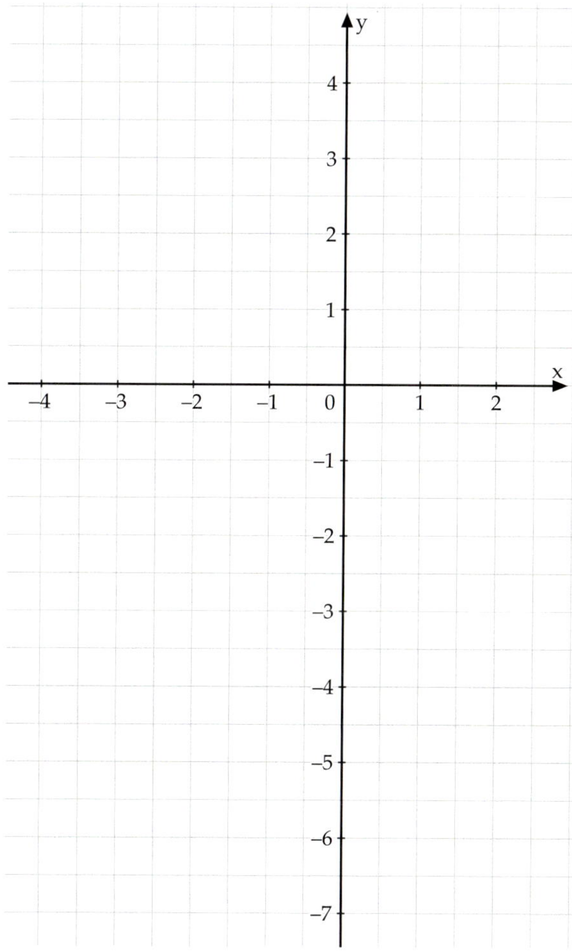

Lösungen

1. rot: $y = x^2 - 4$; schwarz: $y = (x - 1{,}5)^2$; blau: $y = x^2 + 2{,}1$; orange: $y = x^2 + 0{,}8$; **2.** Die Parabeln sind Normalparabeln, die sich lediglich im Scheitelpunkt unterscheiden: a: (0|1,5); b: (0|–1,5); c: (0|0); **3.** a) (0|2); b) (5|0); c) (0|–3); d) (–0,8|0); e) (0|3,2); f) (2,4|0); **4.** s. Lösungen S. 44; f) Der Graph ist nach unten geöffnet.

8 Gemischt quadratische Funktionen

Bei der Durchsicht ihrer Urlaubsbilder finden Philippo und Corinna das nebenstehende Foto.
Corinna: „Sag mal, Philippo, hat das nicht auch etwas mit Parabeln zu tun?“
Philippo: „Im Prinzip ja.“

1. Es gibt aber bei den auf dem Foto zu sehenden Bögen Unterschiede zur Normalparabel, denn:

Sie sind nach ____________________ geöffnet.

Sie sind ____________________ als die Normalparabel.

2. Gegeben seien die Funktionen $y = x^2 + 6x + 3$ und $y = (x + 3)^2 - 6$.

a) Vervollständige die Wertetabelle.

x	−5	−4	−3	−2	−1	0	1	2	3	4
$y = x^2 + 6x + 3$	−2									
$y = (x + 3)^2 - 6$	−2									

b) Was fällt dir auf?

c) Wo liegt jeweils der Scheitelpunkt der Funktion?
Der Scheitelpunkt liegt in S(|).

3. Erkläre durch Umformung der zweiten Funktionsgleichung die Erkenntnisse aus den ersten Aufgaben.

4. Zeichne in ein Koordinatenkreuz die Graphen der Funktionen $y = 2x^2 + 3x + 5$ und $y = -2x^2 - 2x - 1$.

MEMO

Der Graph einer gemischt quadratischen Funktion ist eine Parabel. Die Funktionsgleichung kannst du in die Scheitelform $y = a\,(x - x_s)^2 + y_s$ umwandeln.

Beispiel: $y = 1{,}5x^2 + 3x - 9 \Leftrightarrow y = 1{,}5(x^2 + 2x - 6)$
$\Leftrightarrow y = 1{,}5((x^2 + 2x + 1) - 7)$
$\Leftrightarrow y = 1{,}5((x + 1)^2 - 7)$
$\Leftrightarrow y = 1{,}5(x + 1)^2 - 10{,}5$

Lösungen

1. unten; breiter; **2.** a)

x	−5	−4	−3	−2	−1	0	1	2	3	4
$y = x^2 + 6x + 3$	−2	−5	−6	−5	−2	3	10	19	30	43
$y = (x + 3)^2 - 6$	−2	−5	−6	−5	−2	3	10	19	30	43

b) Die Funktionswerte sind immer gleich; c) (−3|−6); **3.** $(x + 3)^2 - 6 = x^2 + 6x + 9 - 6 = x^2 + 6x + 3$; **4.** s. Lösungen S. 44

In der folgenden Abbildung siehst du die Graphen einer Normalparabel und verschiedener gemischt quadratischer Funktionen:

a) Vergleiche die Lage der Scheitelpunkte miteinander.
b) Welche Graphen sind breiter und welche schmaler als der Graph der Normalparabel?
c) Ordne die folgenden Funktionsgleichungen den entsprechenden Graphen zu.
$y = x^2$ $\quad$ $y = 2x^2 + 3x + 2$ $\quad$ $y = 0{,}5x^2 - 4x - 1$ $\quad$ $y = -x^2 - 6x - 5$
$y = -1{,}5x^2 + 3x - 3$ $\quad$ $y = -0{,}2x^2 + 0{,}2x - 3$

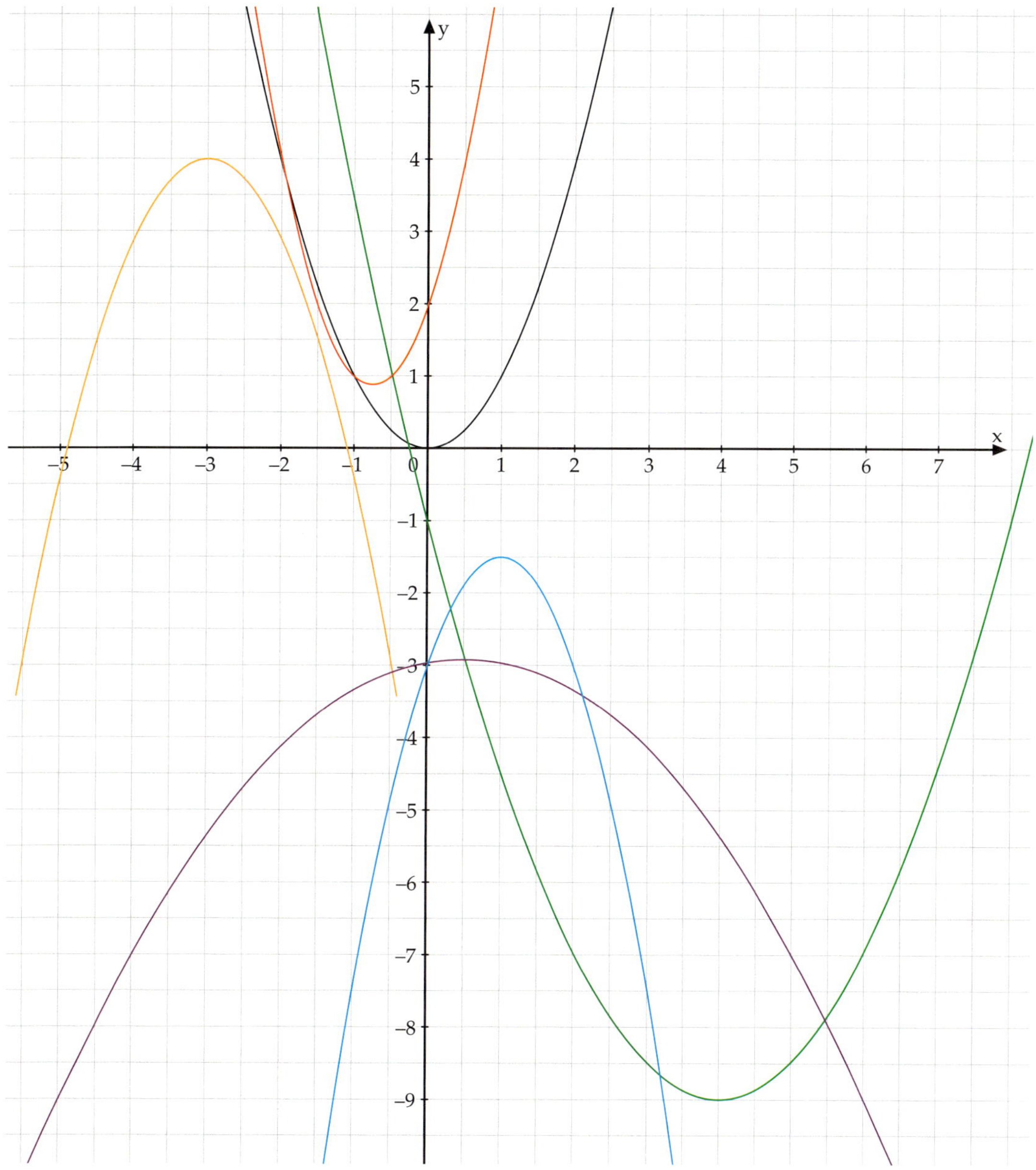

Lösungen

rot: $y = 2x^2 + 3x + 2$; orange: $y = -x^2 - 6x - 5$
schwarz: $y = x^2$; violett: $y = -0{,}2x^2 + 0{,}2\,x - 3$; grün: $y = 0{,}5x^2 - 4x - 1$; blau: $y = -1{,}5x^2 + 3x - 3$.

9 Die Scheitelform quadratischer Funktionen

Corinna hat mal wieder Probleme beim Zeichnen des Graphen quadratischer Funktionen. Da hat Philippo für sie einen Tipp parat und zeigt ihr, wie sie den Graphen der Funktion $y = x^2 + 3x - 1$ einfach zeichnen kann.
Philippo: „Durch quadratische Ergänzung erhältst du aus

$$y = x^2 + 3x - 1: \quad y = x^2 + 3x + 1{,}5^2 - 1 - 2{,}25$$
$$y = (x - 1{,}5)^2 - 3{,}25$$
$$S = (1{,}5 \mid -3{,}25)\text{“.}$$

1. Bestimme jeweils die quadratische Ergänzung:
a) $y = x^2 + 4x$ b) $y = x^2 - 2x$

2. Forme anhand des Beispiels in die Scheitelform um:
a) $y = x^2 + 4x + 3$ b) $y = x^2 - 2x - 2$
=   =
=   =
c) $y = x^2 + 9x + 21$
=
=

3. Bestimme den Scheitelpunkt der Funktionen aus Aufgabe 2.
a) ______________________
b) ______________________
c) ______________________

4. Zeige durch Umformung, dass der Scheitelpunkt der Funktion $y = x^2 - 6x + 2$ im Punkt $S = (3 \mid -7)$ liegt.

MEMO

Durch Faktorisieren einer Funktionsgleichung mithilfe binomischer Formeln erhältst du die Scheitelform einer quadratischen Funktion.

Beispiel: $y = x^2 - 2x - 1$
$y = (x - 1)^2 - 2$
$S(1 \mid -2)$

Bei Funktionen der Form $y = ax^2 + bx + c$ musst du in der Gleichung erst a ausklammern.

Beispiel: $y = 0{,}5x^2 + 3x + 2 \Rightarrow y = 0{,}5(x^2 + 6x + 4)$
$\Rightarrow y = 0{,}5((x + 3)^2 - 5)$
$\Rightarrow S(-3 \mid -2{,}5)$

Lösungen

1. a) +4; b) +1; **2.** a) $y = (x + 2)^2 - 1$; b) $y = (x - 1)^2 - 3$; c) $y = (x + 4{,}5)^2 + 0{,}75$; **3.** a) $S(-2 \mid -1)$; b) $S(1 \mid -3)$; c) $S(-4{,}5 \mid 0{,}75)$; **4.** $y = (x - 3)^2 - 7$

1 Bestimme jeweils die Scheitelform der Funktion und ordne den richtigen Scheitelpunkt zu. Die Buchstaben nennen dir in der richtigen Reihenfolge die Hauptstadt eines deutschen Bundeslandes.

Funktionsgleichung	Scheitelform	Buchstabe	Scheitelpunkt S
$y = x^2 + 4x - 3$		E	S(−0,4|−6,32)
$y = x^2 - 2{,}5x + 2$		N	S(2,5|3,25)
$y = 2x^2 + 1{,}6x - 6$		N	S(−4|0)
$y = -x^2 + 5x - 3$		H	S(−1,5|−11,25)
$y = 0{,}5x^2 - 2{,}5x - 2{,}5$		E	S(4|−4,375)
$y = -3x^2 - 9x - 18$		M	S(−2|−7)
$y = \frac{1}{4}x^2 - 2x - \frac{3}{8}$		C	S(2,5|−5,625)
$y = 0{,}125x^2 + x + 2$		U	S(1,25|0,4375)

2

I
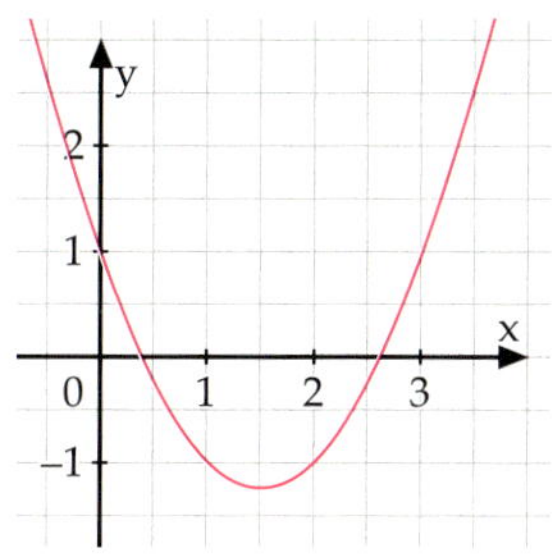

II
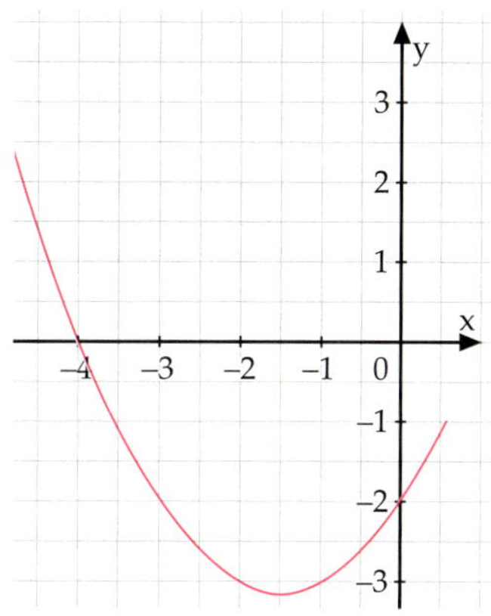

III
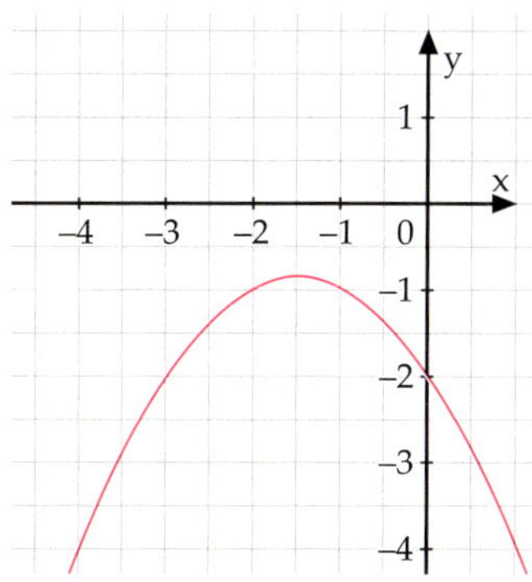

IV
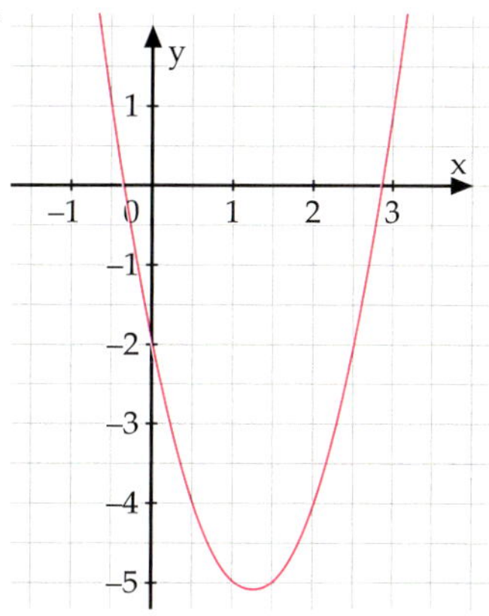

a) Bestimme die Scheitelpunkte der Funktionen.

b) Wo schneiden die Graphen jeweils die x-Achse?

Lösungen

1. München; 2. a) I: S(1,5|−1,3); II: S(−1,5|−3,1); III: S(−1,5|−0,6); IV: S(1,3|−5,1); b) I: (0,4|0), (2,6|0); II: (1|0), (−4|0); III: schneidet x-Achse nicht; IV: (−0,4|0), (2,8|0)

Übungen

1 Faktorisiere mithilfe geeigneter binomischer Formeln.

a) $x^2 + 16x + 64$
b) $a^2 - 7a + 12{,}25$
c) $3z^2 - 9z + 6{,}75$
d) $4m^2 + 20m + 25$
e) $b^2 - 9b + \frac{81}{4}$
f) $\frac{1}{2}x^2 + \frac{1}{4}x + \frac{1}{32}$

2 Bestimme anhand der Scheitelform einer quadratischen Funktion die Funktionsgleichung.

a) $y = (x - 3)^2 + 7$
b) $y = 3(x + 2)^2 - 2$
c) $y = -(x + 1{,}5)^2$
d) $y = 0{,}5(x + 4)^2 + 5$
e) $y = -2(x - 4)^2 - 6$
f) $y = (x + 3{,}5)^2$
g) Welche Graphen sind nach oben und welche nach unten geöffnet?
h) Welche Graphen sind breiter bzw. schlanker als die Normalparabel?

3 Gib den Scheitelpunkt an und mache Aussagen zu Form und Verlauf der Parabel.

a) $y = (x - 3)^2 + 1$
b) $y = (x - 5)^2 - 4$
c) $y = 0{,}5(x - 1)^2 - 1$
d) $y = -(x + 1{,}5)^2 - 7$
e) $y = -2(x + 2{,}5)^2 - 8$

4 Gegeben seien der Scheitelpunkt S und ein weiterer Punkt P der Funktion. Bestimme die Funktionsgleichung.

a) S(−3|4) P(2|0)
b) S(1|3) P(5|3)
c) S(−2|6) P(2|2)
d) S(2|−1) P(−2|7)

5 Forme in die Scheitelform um und zeichne den Graphen der Parabel.

a) $y = x^2 + 7x - 3$
b) $y = x^2 - 3x + 3$
c) $y = x^2 - 5x + 2{,}25$
d) $y = 2x^2 - 6x - 3$
e) $y = -1{,}5x^2 + 6x - 12$
f) $y = 0{,}1x^2 - 10x + 100$

6 Eine Normalparabel schneidet die x-Achse in den Punkten P(−2|0) und Q(6|0).

a) Zeichne den Graphen in ein Koordinatensystem.
b) Lies den Scheitelpunkt ab.
c) Bestimme die Funktionsgleichung.

7 Eine Normalparabel wurde um 4 nach links und um 2 nach oben verschoben.

a) Bestimme die Funktionsgleichung.
b) Zeichne den Graphen in ein Koordinatensystem.
c) Schneidet der Graph die x-Achse?

8 Gegeben sei der Scheitelpunkt S(1,6|−1) einer verschobenen Normalparabel.

a) Bestimme die Funktionsgleichung.
b) Welche der folgenden Punkte liegen auf der Parabel?

P_1(−2|18,36) P_2(−1|5)
P_3(0|1,56) P_4(1,6|−1)
P_5(3,2|1,56) P_6(4|3)

Lösungen

1. a) $(x + 8)^2$; b) $(a - 3{,}5)^2$; c) $3(z - 1{,}5)^2$; d) $(m + 2{,}5)^2$; e) $(b - 4{,}5)^2$; f) $\frac{1}{2}(x + \frac{1}{4})^2$; **2.** a) $x^2 - 6x + 16$; b) $3x^2 + 12x + 10$; c) $-x^2 - 3x - 2{,}25$; d) $0{,}5x^2 + 4x + 13$; e) $-2x^2 + 16x - 38$; f) $x^2 + 7x + 12{,}25$; g) a, b, d, f sind nach oben und c und e nach unten geöffnet; h) d ist breiter und b, e sind schmaler; **3.** a) S(3|1), nach oben geöffnete Normalparabel; b) S(5|−4), nach oben geöffnete Normalparabel; c) S(1|−1), Parabel nach oben geöffnet und breiter; d) S(−1,5|−7), nach unten geöffnete Normalparabel; e) S(−2,5|−8), nach unten geöffnete schmalere Parabel; **4.** a) $a(x + 3)^2 + 4$, $-\frac{4}{25}x^2 - \frac{24}{25}x + \frac{64}{25}$; b) $a(x - 1)^2 + 3$, $y = 3$; c) $a(x + 2)^2 + 6$, $-0{,}25x^2 - x + 5$; d) $a(x - 2)^2 - 1$, $0{,}5x^2 - 2x + 1$; **5.** a) $(x + 3{,}5)^2 - 15{,}25$; b) $(x - 1{,}5)^2 + 0{,}75$; c) $(x - 2{,}5)^2 - 4$; d) $2(x - 1{,}5)^2 - 7{,}5$; e) $-1{,}5(x - 2)^2 - 6$; f) $0{,}1(x - 50)^2 - 150$; s. Lösungen S. 45; **6.** a) s. Lösungen S. 46; b) S(2|−16); c) $y = x^2 - 4x - 12$; **7.** a) $y = x^2 + 8x + 18$; b) s. Lösungen S. 46; c) Nein, er schneidet sie nicht.; **8.** a) $x^2 - 3{,}2x + 1{,}56$; b) P_1 ja, P_2 nein, P_3 ja, P_4 ja, P_5 ja, P_6 nein

10 Rechnerische Lösung rein quadratischer Gleichungen

Die Manege des aktuellen Zirkuszeltes hat eine Fläche von 113,10 m^2. Wie groß ist der Radius?
Da Corinna diese Aufgabe zeichnerisch nicht lösen kann, fragt sie Philippo. Dieser erklärt ihr ein schriftliches Rechenverfahren:

1. Erstelle eine Gleichung zur Berechnung der Kreisfläche.

A = ______________________

2. Ersetze alle bekannten Variablen und schreibe die Gleichung noch einmal auf.

__________ = __________

3. Löse die Gleichung nach r^2 auf und anschließend nach Null.

r^2 = ____________ 0 = ____________

4. An welche binomische Formel erinnert die rechte Seite der Gleichung?

Sie erinnert an die __________ binomische Formel.

5. Faktorisiere mithilfe dieser binomischen Formel.

0 = (   )(   )

6. Wie heißen die beiden Lösungen der Gleichung?

r_1 = ____________ r_2 = ____________

7. Löse ebenso: $x^2 - 1{,}69 = 0$.

Tipp: Ein Produkt ist dann Null, wenn einer der beiden Faktoren Null ist.

MEMO

So kannst du rein quadratische Gleichungen lösen:

Zerlege die Gleichung mithilfe der dritten binomischen Formel in ihre Linearfaktoren.

Beispiele:

$x^2 - 256 = 0$
$(x - 14)(x + 14) = 0$
$L = \{14; -14\}$

$7x^2 - 448 = 0$ (Hier musst du erst durch 7 dividieren!)
$x^2 - 64 = 0$
$(x - 8)(x + 8) = 0$
$L = \{8; -8\}$

Lösungen

1. $A = \pi r^2$; **2.** $113{,}1 = \pi r^2$; **3.** $r^2 = 36$, $0 = r^2 - 36$; **4.** dritte; **5.** $(r - 6)(r + 6)$; **6.** 6; −6; **7.** $(x + 1{,}3)(x - 1{,}3) = 0$,
$x_1 = 1{,}3$; $x_2 = -1{,}3$

1 Löse die folgenden Gleichungen im Kopf.

a) $x^2 = 36$	b) $a^2 = 225$	c) $m^2 = 0{,}64$
d) $s^2 = 1{,}69$	e) $y^2 = 3{,}24$	f) $b^2 = \frac{16}{81}$
g) $y^2 - 1{,}44 = 0$	h) $t^2 - 0{,}09 = 0$	i) $x^2 = \frac{1}{4}$
j) $v^2 - \frac{4}{25} = 0$	k) $x^2 = \frac{64}{100}$	l) $f^2 = \frac{289}{441}$

2 Löse die folgenden Gleichungen. (Runde auf zwei Nachkommastellen.)

a) $x^2 - 31 = 0$	b) $z^2 - 40 = 0$
c) $3y^2 - 12 = 0$	d) $2a^2 + 17 = 25$
e) $5e^2 = 732$	f) $\frac{3}{4}x^2 = 51$

3 Löse die Gleichungen.

a) $x^2 - 21 = 15$

b) $a^2 + \frac{3}{4} = 21$

c) $5b^2 + 361 = 732$

d) $3x^2 + 17 = x^2 - 4$

e) $4x^2 - 17 + x^2 = 3(5 - x^2)$

f) $x^2 = 2x^2 - 1{,}96$

g) $2(1{,}5 - 1{,}5x^2) = 3x^2$

4 a) $(x + 3)^2 = 6x - 5$

b) $(x - 5)^2 = 47 - 10x$

c) $(2x - 1{,}5)^2 = 21 - 6x$

d) $-2(x + 7)^2 = -28x$

e) $(5x + 11)^2 = 3x^2 + 110x + 187$

5

a) $\frac{1}{3}x^2 = 81$	b) $\frac{2x^2}{5} = 32$
c) $\frac{1}{4}x^2 = \frac{9}{25}$	d) $\frac{2}{3}x^2 = \frac{2}{3}$
e) $\frac{x^2}{7} + 3 = 11$	f) $\frac{3}{5}x^2 - 9 = 24$

6 a) Verminderst du das Quadrat einer Zahl um 7, so erhältst du 57. Wie heißt die Zahl?

b) Addierst du zum doppelten Quadrat einer Zahl 19, so erhältst du 31,5. Wie heißt die Zahl?

c) Multiplizierst du das Quadrat einer Zahl mit 3, so erhältst du 27. Wie heißt die Zahl?

d) Dividiere das Quadrat einer Zahl durch 8, so erhältst du 0,08. Wie heißt die Zahl?

7 Der Giebel des Hauses unten ist ein gleichschenkliges Dreieck. Wie breit ist der Giebel, wenn er etwa so hoch wie breit ist und einen Flächeninhalt von 32 m^2 hat?

8 Der Flächeninhalt eines Quadrates ist um 24 m^2 kleiner als der Flächeninhalt eines Rechtecks, dessen eine Seite viermal so lang ist und dessen andere Seite zwei Fünftel der Quadratseiten beträgt. Wie lang sind die Quadratseiten?

9 Der Flächeninhalt eines gleichschenklig-rechtwinkligen Dreiecks beträgt 78,125 cm^2.

a) Wie lang sind die Katheten?

b) Wie lang ist die Hypotenuse?

10 Wie groß ist der Radius eines Kreises, dessen Flächeninhalt 3217 cm^2 beträgt?

Lösungen

1. a) $x = \pm 6$; b) $a = \pm 15$; c) $m = \pm 0{,}8$; d) $s = \pm 1{,}3$; e) $y = \pm 1{,}8$; f) $b = \pm \frac{4}{9}$; g) $y = \pm 1{,}2$; h) $t = \pm 0{,}3$; i) $x = \pm \frac{1}{2}$; j) $v = \pm \frac{2}{5}$; k) $x = \pm \frac{4}{5}$; l) $f = \pm \frac{17}{21}$; **2.** a) $x = \pm 5{,}57$; b) $z = \pm 6{,}32$; c) $y = \pm 2$; d) $a = \pm 2$; e) $e = \pm 12{,}10$; f) $x = \pm 8{,}25$; **3.** a) $x = \pm 6$; b) $a = \pm 4{,}5$; c) $b = \pm 8{,}61$; d) Keine Lösung; e) $x = \pm 2$; f) $x = \pm 1{,}4$; g) $x = \pm 0{,}71$; **4.** a) Keine Lösung; b) $x = \pm 4{,}69$; c) $x = \pm 2{,}17$; d) Keine Lösung; e) $x = \pm 1{,}73$; **5.** a) $x = \pm 15{,}59$; b) $x = \pm 8{,}94$; c) $x = \pm \frac{6}{5}$; d) $x = \pm 1$; e) $x = \pm 7{,}48$; f) $x = \pm 7{,}42$; **6.** a) $x = \pm 8$; b) $x = \pm 2{,}5$; c) $x = \pm 3$; d) $x = \pm 0{,}8$; **7.** Der Giebel ist acht Meter breit. **8.** Die Quadratseiten sind 6,32 cm lang. **9.** a) Die Katheten sind 12,5 cm lang. b) Die Hypotenuse ist 17,68 cm lang. **10.** Der Radius beträgt 32 cm.

11 Rechnerische Lösung gemischt quadratischer Gleichungen

Der Zirkus Cojoballi hat ein Engagement in Bonn. Für den Aufbau der Zeltstadt benötigt der Zirkus ein Grundstück, das 76 Ar groß ist. In den Verhandlungen mit der Stadt legt Philippo dar, dass die eine Seite 15 m länger sein muss als die andere. Ist der Aufbau auf einem 104,04 a großen quadratischen Grundstück möglich?

1. Erstelle eine Gleichung zur Berechnung der Seitenlängen des Rechtecks.

(__________)(__________)__________ = 7 600

2. Löse die Klammern auf. ____________________ = 7 600

3. Ergänze die Gleichung quadratisch, so dass die linke Seite eine binomische Formel ergibt.

____________________ = 7 600 + __________

4. Faktorisiere die linke Seite der Gleichung.

(__________)^2 = ____________________

5. Wie lang sind die beiden Seiten des Grundstücks?

Die Seiten sind __________ m bzw. __________ m lang.

6. Reicht das quadratische Grundstück? ____________________

MEMO

Gemischt quadratische Gleichungen lassen sich mithilfe der quadratischen Ergänzung lösen. Dazu gehst du folgendermaßen vor:

1. Isoliere die Terme mit Variablen auf einer Seite der Gleichung.
2. Addiere auf beiden Seiten der Gleichung die quadratische Ergänzung 3^2.

Beispiel:

$$x^2 + 6x - 16 = 0$$
$$x^2 + 6x = 16$$
$$x^2 + 6x + 9 = 16 + 9$$
$$(x + 3)^2 = 25$$
$$x + 3 = 5 \quad \text{oder} \quad x + 3 = -5$$
$$x = 2 \qquad\qquad x = -8$$

Lösungen

1. $x(x + 15) = 7\,600$; **2.** $x^2 + 15x = 7\,600$; **3.** $x^2 + 15x + 56{,}25 = 7600 + 56{,}25$; **4.** $(x + 7{,}5)^2 = 7\,656{,}25$; **5.** Die Seiten sind 80 bzw. 95 m lang. **6.** Das angebotene Grundstück reicht, da die Seiten 102 m lang sind.

In der folgenden Tabelle siehst du einige quadratische Gleichungen. Führe jeweils die quadratische Ergänzung durch und trage sie in die Tabelle ein. Alle Ergebnisse findest du in der rechten Spalte. Wenn du den hinter jeder Aufgabe stehenden Lösungsbuchstaben vor der entsprechenden Lösung einträgst, weißt du, in welcher Stadt die nebenstehende Dampfuhr steht.

Gleichung		Quadratische Ergänzung		Lösung
$b^2 - 4b + 3 = 0$	E			$2x^2 + 10x + 21{,}5 = 12{,}5$
$x^2 + 7x + 14 = 9$	U			$c^2 + dc + \frac{d^2}{4} - e = \frac{d^2}{4}$
$a^2 - 12a - 18 = 3$	V			$x^2 - \frac{6}{7}x + \frac{44}{49} = \frac{9}{49}$
$d^2 - 8d + 21 = 7$	R			$1{,}5x^2 + 9x + 6{,}5 = 18{,}5$
$c^2 + dc - e = 0$	A			$z^2 + \frac{12}{17}z + \frac{36}{289} - \frac{3}{4} = \frac{36}{289} + \frac{2}{5}$
$2x^2 + 10x + 9 = 0$	V			$x^2 + 7x + 26{,}25 = 21{,}25$
$1{,}5x^2 + 9x - 7 = 5$	C			$a^2 - 12a + 18 = 39$
$x^2 - \frac{6}{7}x + \frac{5}{7} = 0$	N			$b^2 - 4b + 4 + 3 = 4$
$z^2 + \frac{12}{17}z - \frac{3}{4} = \frac{2}{5}$	O			$(d - 4)^2 = 2$

Lösungswort: __ __ __ __ __ __ __ __ __

Lösung

Vancouver (Kanada)

1 Löse die folgenden Gleichungen.

a) $(x-4)^2 = 20$

b) $(x+6)^2 + 9 = 0$

c) $(x+7)^2 = 169$

d) $(x-8)^2 = 64$

e) $(x-2{,}5)^2 - 2{,}25 = 0$

f) $(x-1{,}6)^2 - 11{,}56 = 0$

g) $(x+\frac{1}{6})^2 - \frac{1}{36} = 0$

h) $(x-\frac{1}{3})^2 = 1$

2 Forme die linke Seite der Gleichung in ein Binom um und löse dann.

a) $x^2 + 6x + 9 = 64$

b) $x^2 - 3x + 2{,}25 = 12{,}25$

c) $x^2 + 11x + 30{,}25 = 9$

d) $x^2 + 0{,}8x + 0{,}16 = 1{,}96$

e) $x^2 - 7{,}6x + 14{,}44 = 2{,}25$

f) $x^2 + 13{,}2x + 43{,}56 = 49$

g) $x^2 - \frac{3}{4}x + \frac{9}{64} = \frac{9}{25}$

h) $x^2 + \frac{12}{15}x + \frac{36}{225} = \frac{49}{225}$

3 Löse die Gleichungen mittels quadratischer Ergänzung.

a) $x^2 + 7x + 12 = 0$

b) $x^2 + 11x = 80$

c) $x^2 - 8x = -12$

d) $x^2 - 4{,}5x = -2$

e) $x^2 + 11{,}6x = -32{,}2$

f) $x^2 - 4{,}8x = 37{,}8$

g) $x^2 + \frac{4}{5}x = \frac{12}{5}$

h) $x^2 - \frac{1}{2}x = 0$

4 Bestimme jeweils die Koeffizienten p und q.

a) $x^2 - 8x + 15 = 0$

b) $x^2 - 17x - 18 = 0$

c) $x^2 + 2{,}6x - 1{,}4 = 0$

d) $x^2 - 5{,}6x + 2 = 0$

TIPP
Die Lösung quadratischer Gleichungen geht viel einfacher, wenn du zur Lösung die Formel

$$x_{1/2} = -\frac{p}{2} \pm \sqrt{\left(\frac{p}{2}\right)^2 - q}$$

anwendest.

5 Setze in der Lösungsformel für p und q die entsprechenden Werte ein und bestimme die Lösung.

a) $x^2 - 3x - 4 = 0$

b) $x^2 - 17x - 18 = 0$

c) $x^2 - 0{,}4x - 1{,}92 = 0$

d) $x^2 + 3{,}6x + 1{,}28 = 0$

e) $x^2 + 21x + 20 = 0$

f) $x^2 - 2{,}5x + 1{,}5 = 0$

g) $x^2 - \frac{3}{5}x + \frac{2}{25} = 0$

h) $x^2 - \frac{6}{11}x - \frac{40}{121} = 0$

6 Bei den folgenden Aufgaben kennst du die Koeffizienten p und q. Bei welchen Vorgaben ergibt die Einsetzung in die Lösungsformel die Wurzel aus einer negativen Zahl?

a) $p = 4; q = -3$

b) $p = 12; q = 13$

c) $p = 9; q = 21$

d) $p = 11; q = 31$

e) $p = -0{,}8; q = -0{,}4$

f) $p = -0{,}2; q = 0{,}3$

g) $p = 9{,}5; q = 16$

h) $p = -2{,}4; q = -19$

Lösungen

1. a) 8,47|−0,47; b) keine Lösung; c) −20|6; d) 0|16; e) 4|1; f) 5|−1,8; g) 0|$-\frac{1}{3}$; h) $\frac{4}{3}$|$-\frac{2}{3}$; **2.** a) 5|−11; b) 5|−2; c) −2,5|−8,5; d) −1,8|1; e) 5,3|2,3; f) −13,6|0,4; g) $\frac{39}{40}$|$-\frac{9}{40}$; h) $\frac{1}{15}$|$-\frac{13}{15}$; **3.** a) −4|−3; b) −16|5; c) 2|6; d) 4|0,5; e) −7|−4,6; f) 9|−4,2; g) 1,2|−2; h) 0,5|0; **4.** a) p = −8, q = 15; b) p = −17, q = −18; c) p = 2,6, q = −1,4; d) p = −5,6, q = 2; **5.** a) 4|−1; b) 18|−1; c) 1,6|−1,2; d) −3,2|−0,4; e) −1|−20; f) 1,5|1; g) 0,4|0,2; h) $\frac{10}{11}$|$-\frac{4}{11}$; **6.** Bei den Aufgaben c, d und f ergibt sich die Wurzel aus einer negativen Zahl.

7 Die Lösungen zu den folgenden Aufgaben findest du in dem Bild der Schildkröte. Die zugehörigen Buchstaben verraten dir das Lösungswort.

a) $x^2 + 15x - 7{,}75 = 0$
b) $x^2 - 11x + 5{,}25 = 0$
c) $x^2 - 2{,}8x - 2{,}2 = 1{,}4x + 3$
d) $x^2 - 4{,}5x = 8{,}01 + 3{,}5x$
e) $x^2 + 0{,}8x - 7{,}13 = 0$
f) $x^2 - \frac{2}{9}x = \frac{8}{81}$

8 Bringe zunächst auf die Normalform und löse dann:

a) $3x^2 + 7x + 42 = 15 - 5x$
b) $2x^2 + 32x - 114 = 0$
c) $0{,}5x^2 - 9x + 40 = 0$
d) $7x^2 - 84x + 224 = 0$
e) $0{,}2x^2 + 4x - 13{,}8 = 0$
f) $\frac{3}{4}x^2 - \frac{4}{5}x + \frac{6}{7} = 0$
g) $0{,}1x^2 + 0{,}2x - 4{,}8 = 0$

9 Die Summe aus dem Quadrat einer natürlichen Zahl und der Zahl ist 56. Wie lautet die Zahl?

10 Der Quotient aus dem Quadrat einer Zahl und der Zahl ist 32. Wie lautet die Zahl?

11 Die Fläche eines Dreiecks beträgt 63 cm^2. Wie lang ist die Grundseite, wenn die Höhe um 5 cm kürzer ist als die Seite?

12 Löse die folgenden Gleichungen auf zwei Nachkommastellen.

a) $(x - 3)(x + 2) = 43$
b) $(z + 4)(z + 5) = 53$
c) $(y + 3)^2 = 7y + 23$
d) $(2s - 5)^2 = 67$
e) $(3a + 3)(6a - 6) = 2(a + 5)$
f) $2(a - 7)^2 - 45 = 3a$
g) $z(z + 5) = 4z^2 - 21$
h) $(b + 3)^2 + (b - 4)^2 = (b + 5)^2 - 14$
i) $(x^2 - 2x + 3)(4x - 5) + (2 + 3x - 4x^2)(5 + x) - 4 = 0$

13 In einem rechtwinkligen Dreieck sei die eine Kathete doppelt so lang wie die andere. Wie lang sind die beiden Katheten, wenn der Flächeninhalt 64 cm^2 beträgt?

14 In einem rechtwinkligen Dreieck ist die Hypotenuse 25 cm lang. Wie lang sind die beiden Katheten, wenn die eine fünf Zentimeter kürzer ist als die andere?

15 In einem rechteckigen Baugrundstück sei die eine Seite acht Meter länger als die andere. Wie lang sind die beiden Seiten des Grundstücks, wenn der Flächeninhalt 3,08 Ar beträgt?

16 Ein Rechteck hat einen Umfang von 134 cm. Wie lang sind die Seiten, wenn der Flächeninhalt 1 050 cm^2 beträgt?

17 In dem Rechteck sei die Diagonale 17 cm lang. Wie groß ist der Umfang des Rechtecks, wenn die eine Seite sieben Zentimeter länger ist als die andere?

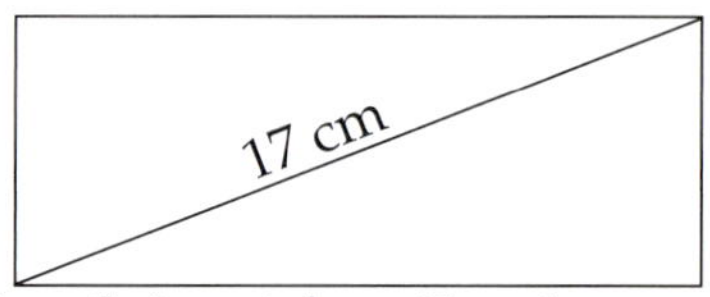

18 Die Figur im Springbrunnen speit das Wasser aus ca. drei Meter Höhe mit der Gleichung $w = -2h^2 + 2h + 3$ in den Brunnen. Wie weit entfernt vom Fuße der Figur trifft das Wasser in das Becken?

Lösungen

7. PANZER; **8.** a) keine Lösung; b) 3|–19; c) 10|8; d) 8|4; e) 3|–23; f) keine Lösung; g) –8|6; **9.** Die Zahl heißt 7. **10.** Die Zahl heißt 32. **11.** Die Seite ist 14 cm lang. **12.** a) 7,52|–6,52; b) –11,8|2,8; c) 4,27|–3,23; d) 6,59|–1,59; e) 1,31|–1,19; f) 13,54|1,96; g) 3,61|–1,94; h) 10,69|1,31; i) 0,3|1; **13.** Die Katheten sind 8 bzw. 16 cm lang. **14.** Die Katheten sind 15 bzw. 20 cm lang. **15.** Die Grundstücksseiten sind 14 m bzw. 22 m lang. **16.** Die Seiten sind 42 cm und 25 cm lang. **17.** Der Umfang beträgt 46 cm. **18.** Der Strahl trifft etwa in einer Entfernung von 1,82 m in das Becken.

12 Der Satz von Vieta

Nachdem Corinna mal wieder lange über ihren Hausaufgaben saß, macht Philippo, der schon immer sehr gut mit Zahlen umgehen konnte, seiner Schwester einen Vorschlag. Am nächsten Tag will er ihren Unterricht besuchen und den Schülerinnen und Schülern anhand der Lösungen einer Gleichung die Ausgangsgleichung nennen. Corinna zweifelt zwar an Philippos Aussage, verabredet sich aber mit ihm für den nächsten Tag.

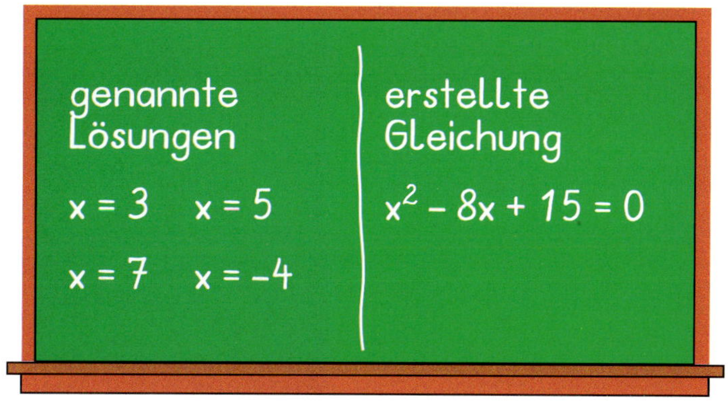

1. An der Tafel siehst du die ersten Lösungen von Corinnas Mitschülern und Philippos Gleichung. Prüfe die Richtigkeit der Gleichung für die vorgegebenen Lösungen.

$x^2 - 8x + 15 = 0 \quad \Leftrightarrow \quad x_{1/2} =$ ______________

$x_1 =$ ______________ $\quad x_2 =$ ______________

2. Bestimme die Summe und das Produkt der beiden Lösungen:

$x_1 \cdot x_2 =$ ______________ $\quad x_1 + x_2 =$ ______________

3. Vergleiche die Ergebnisse aus Aufgabe 2 mit den Koeffizienten p und q. Was fällt dir auf?

a) Das Produkt ist ____________________________.

b) Die Summe ____________________________.

4. Wie lautet die quadratische Gleichung, die Philippo bei der zweiten Aufgabe angeben müsste?

x^2 ____________________________ $= 0$

5. Bestimme anhand der Aufgaben 1 bis 4 die Lösungen der Gleichung $x^2 + 5x + 4 = 0$

$x_1 =$ ______________

$x_2 =$ ______________

MEMO

Der Satz von Vieta lautet:

Sind x_1 und x_2 Lösungen einer quadratischen Gleichung, so gilt:

$p = -(x_1 + x_2) \qquad q = x_1 \cdot x_2$

Lösungen

1. $x_{1/2} = 4 \pm \sqrt{16 - 15}$; $x_1 = 3$; $x_2 = 5$; **2.** 15; 8; **3.** a) Das Produkt ist gleich q; b) Die Summe entspricht minus p;
4. $-3x - 28$; **5.** $x_1 = -1$; $x_2 = -4$

Übungen

In der folgenden Tabelle sind die Lösungen quadratischer Gleichungen eingetragen.
Wenn du die Tabelle vollständig ausfüllst und die Buchstaben vor den Lösungen in die richtige Reihenfolge bringst, so nennen sie dir den Namen der Stadt, aus der dieses Bild stammt.

x_1	x_2	$x_1 \cdot x_2$	$x_1 + x_2$	Gleichung	Buchstabe	Lösung
2	−3				B	$x^2 - 2{,}9x + 1 = 0$
−2,5	7				L	$x^2 + 3{,}5x = 0$
−6	−5				E	$x^2 - 4{,}5x - 17{,}5 = 0$
5	−16				I	$x^2 + 11x + 30 = 0$
$\frac{1}{8}$	$\frac{1}{4}$				H	$x^2 + x - 6 = 0$
0	−3,5				R	$x^2 - 2{,}25 = 0$
0,4	2,5				G	$x^2 - 1{,}2x - 5{,}4 = 0$
−4	3				D	$x^2 + 11x - 80 = 0$
1,5	−1,5				E	$x^2 + x - 12 = 0$
3	−1,8				E	$x^2 - \frac{3}{8}x + \frac{1}{32} = 0$

Lösungswort: __ __ __ __ __ __ __ __ __ __

Lösung

Heidelberg

1 Bestimme die Lösungen der folgenden Gleichungen durch Probieren mithilfe des Satzes von Vieta.

a) $x^2 - 8x - 48 = 0$ b) $x^2 + 7x + 12 = 0$
c) $x^2 - 17x + 72 = 0$ d) $x^2 - 11x - 80 = 0$
e) $x^2 + 3x - 54 = 0$ f) $x^2 - 21x + 20 = 0$
g) $x^2 + 5{,}5x + 7 = 0$ h) $x^2 - x - 15{,}75 = 0$

2 Überprüfe die Lösungen der quadratischen Gleichungen mithilfe des Satzes von Vieta.

a) $x^2 - 9x + 20 = 0$ $x_1 = 4$; $x_2 = 5$
b) $x^2 + 2x - 48 = 0$ $x_1 = 6$; $x_2 = -8$
c) $x^2 + x - 42 = 0$ $x_1 = -7$; $x_2 = 6$
d) $x^2 - 12x = -35{,}75$ $x_1 = 5{,}5$; $x_2 = 6{,}5$
e) $x^2 - 11{,}4x + 28{,}49 = 0$ $x_1 = 3{,}7$; $x_2 = 7{,}7$
f) $x^2 + 3{,}6x - 53{,}01 = 0$ $x_1 = -9{,}3$; $x_2 = 5{,}7$

3 Lies die Lösungen direkt ab. Multipliziere dann aus und überprüfe deine Lösungen der quadratischen Gleichungen mit dem Satz von Vieta.

a) $(x - 3)(x + 4) = 0$ b) $(x + 6)(x - 7) = 0$
c) $(x - 8)(x - 3) = 0$ d) $(x + 11)(x + 9) = 0$
e) $(x + 2{,}5)(x - 7{,}5) = 0$ f) $(x - 4{,}9)(x + 2{,}3) = 0$
g) $(x + 9{,}8)(x - 5{,}8) = 0$ h) $\left(x + \frac{1}{2}\right)\left(x - \frac{2}{3}\right) = 0$

4 Gegeben seien die Lösungen x_1 und x_2 quadratischer Gleichungen. Bestimme mithilfe des Satzes von Vieta die Gleichungen.

a) $x_1 = 7$; $x_2 = 5$ b) $x_1 = 6$; $x_2 = -4$
c) $x_1 = 9$; $x_2 = -17$ d) $x_1 = -2{,}5$; $x_2 = -1{,}5$
e) $x_1 = 2{,}4$; $x_2 = -5{,}6$ f) $x_1 = -9{,}6$; $x_2 = 7{,}2$
g) $x_1 = 12$; $x_2 = 17$ h) $x_1 = -16$; $x_2 = -19$
i) $x_1 = \frac{1}{3}$; $x_2 = \frac{5}{6}$

5 Die folgenden Gleichungen sind nicht in der Normalform angegeben. Bestimme die zugehörigen Gleichungen.

a) $2x^2 + 2px + 2q = 0$ $x_1 = 7$; $x_2 = 3$
b) $0{,}5x^2 + 0{,}5px + 0{,}5q = 0$ $x_1 = 8$; $x_2 = -7$
c) $5x^2 + 5px + 5q = 0$ $x_1 = -9$; $x_2 = 4$
d) $0{,}25x^2 + 0{,}25px + 0{,}25q = 0$ $x_1 = -9$; $x_2 = -7$

6 Bestimme in den quadratischen Gleichungen die fehlende Angabe x_1, x_2, p oder q.

a) $x^2 + px + 7 = 0$ $x_1 = -2$
b) $x^2 - 5x + q = 0$ $x_1 = 6$
c) $x^2 + 12x + q = 0$ $x_1 = -8$
d) $x^2 + px - 42 = 0$ $x_1 = -21$
e) $x^2 + px - 18 = 0$ $x_1 = -3$
f) $x^2 - 11x + q = 0$ $x_2 = 7$
g) $x^2 - 7{,}4x + q = 0$ $x_2 = 3{,}7$
h) $x^2 + px + 34{,}45 = 0$ $x_2 = 5{,}3$

7 a) Die Summe zweier Zahlen sei 13. Wie lauten die Zahlen, wenn das Produkt 42 ist?
b) Bestimme die beiden Zahlen, deren Produkt −170 ist und deren Summe 29 beträgt.
c) Für welche Zahlen gilt dies:
Die Summe ist −8 und das Produkt ergibt −105?
d) Das Produkt zweier Zahlen ist 144. Um welche Zahlen handelt es sich, wenn ihre Summe −25 ergibt?

8 Bestimme die Länge der Quadratseiten.

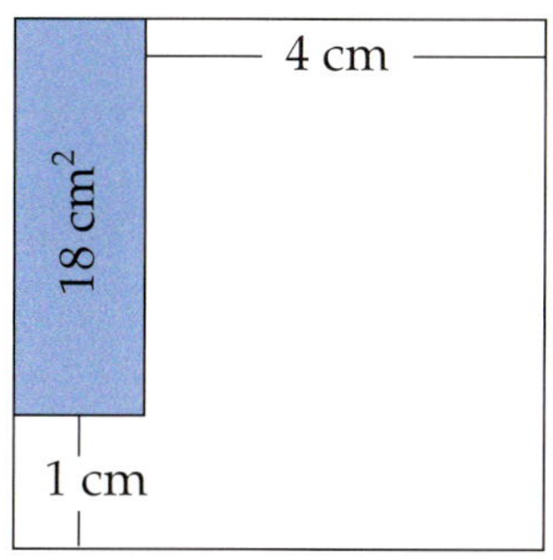

Lösungen

1. a) (12|−4); b) (−3|−4); c) (9|8); d) (16|−5); e) (−9|6); f) (20|1); g) (−3,5|−2); h) (−3,5|4,5); **2.** Alle Ergebnisse gehören zu den entsprechenden Gleichungen. **3.** a) $x^2 + x - 12 = 0$; b) $x^2 - x - 42 = 0$; c) $x^2 - 11x + 24 = 0$; d) $x^2 + 20x + 99 = 0$; e) $x^2 - 5x - 18{,}75 = 0$; f) $x^2 - 2{,}6x - 11{,}27 = 0$; g) $x^2 + 4x - 56{,}84 = 0$; h) $x^2 - \frac{1}{6}x - \frac{1}{3} = 0$; **4.** a) $x^2 - 12x + 35 = 0$; b) $x^2 - 2x - 24 = 0$; c) $x^2 + 8x - 153 = 0$; d) $x^2 + 4x + 3{,}75 = 0$; e) $x^2 + 3{,}2x - 13{,}44$; f) $x^2 + 2{,}4x - 69{,}12$; g) $x^2 - 29x + 204$; h) $x^2 + 35x + 304 = 0$; i) $x^2 - \frac{7}{6}x + \frac{5}{18} = 0$; **5.** a) $2x^2 - 20x + 42 = 0$; b) $0{,}5x^2 - 0{,}5x - 28 = 0$; c) $5x^2 + 25x - 180 = 0$; d) $0{,}25x^2 + 4x + 15{,}75 = 0$; **6.** a) $x_1 = -3{,}5$; $p = 5{,}5$; b) $x_2 = -1$, $q = -6$; c) $x_2 = -4$, $q = 32$; d) $x_2 = 2$, $p = 19$; e) $x_2 = 6$, $p = -3$; f) $x_1 = 4$, $q = 28$; g) $x_1 = 3{,}7$, $q = 13{,}69$; h) $x_1 = 6{,}5$, $p = -11{,}8$; **7.** a) Die Zahlen lauten 6 und 7. b) Die gesuchten Zahlen sind −5 und 34. c) Es gilt für die Zahlen −15 und 7. d) Die Zahlen heißen −16 und −9. **8.** Die Seiten sind 7 cm lang.

Seite 6, 4.

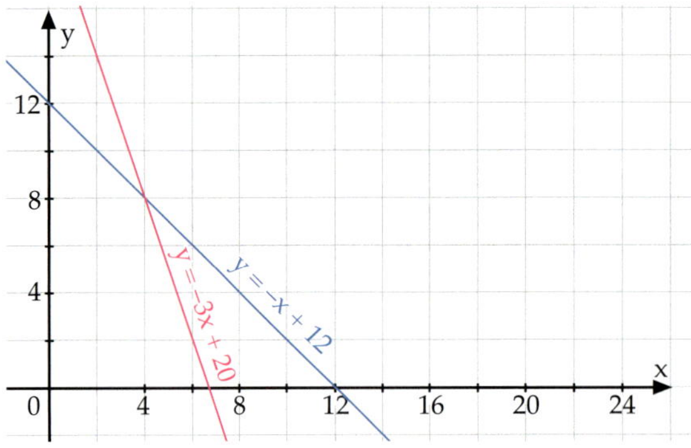

Seite 8, 1. c)

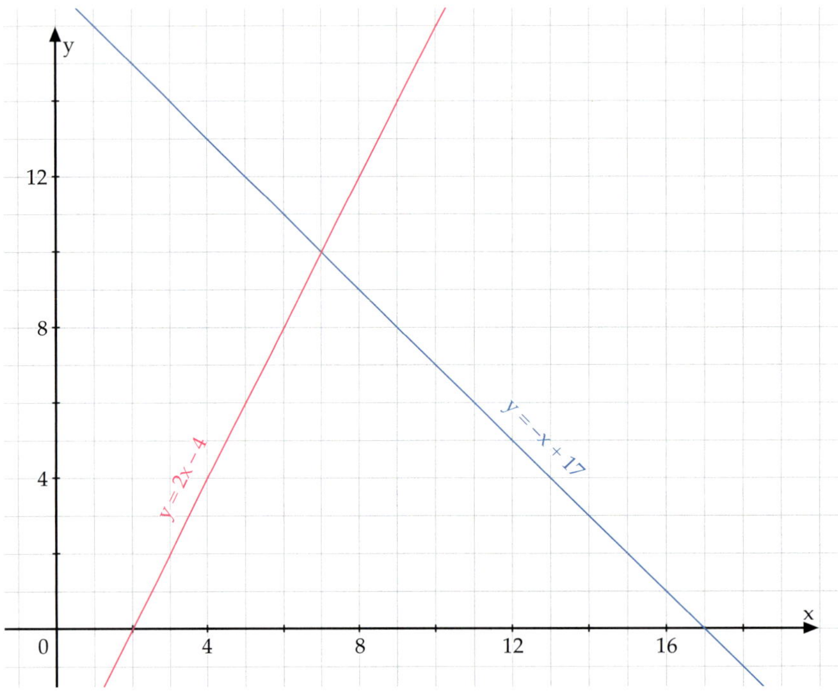

Seite 8, 2. a)

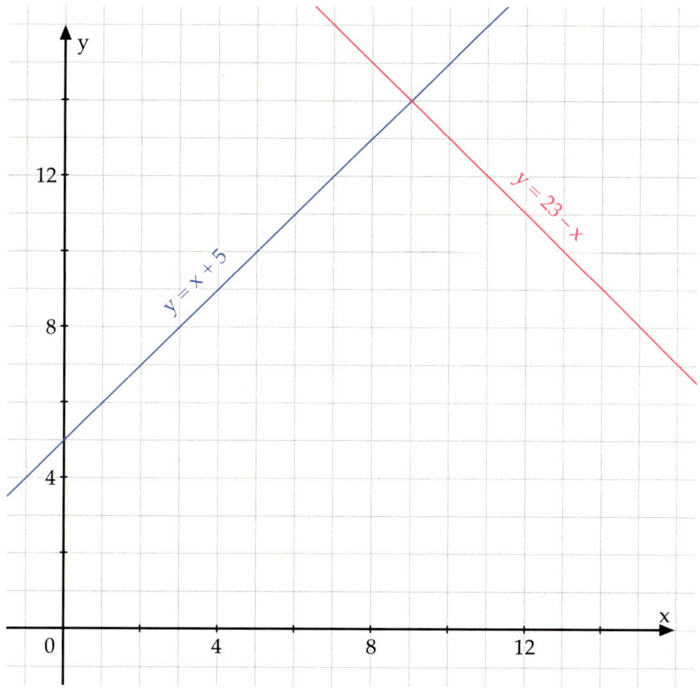

Seite 8, 2. b)

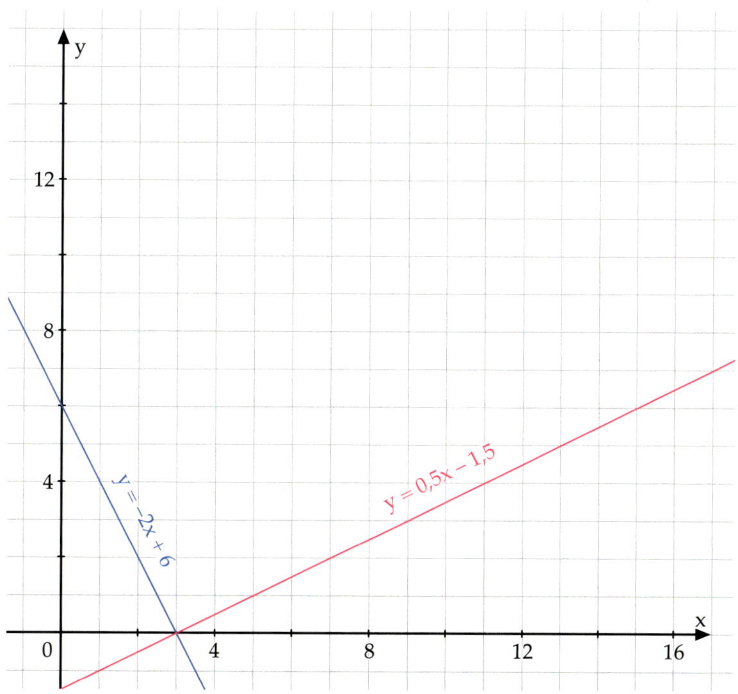

Seite 8, 4. a)

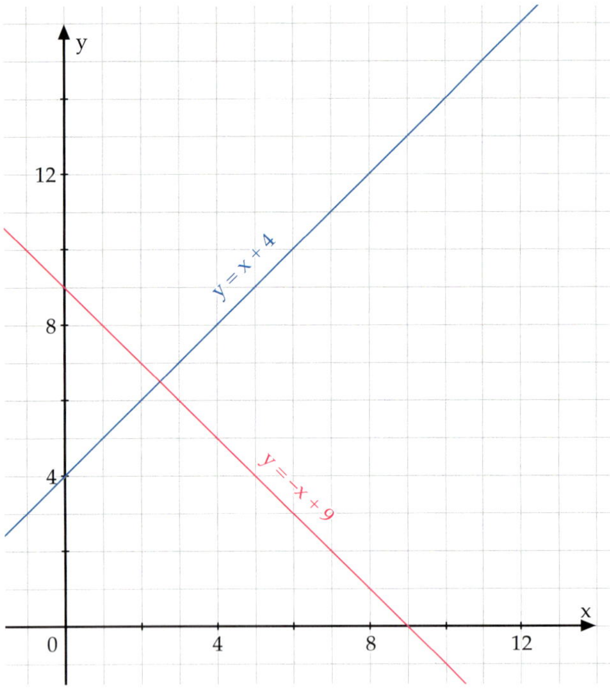

Seite 8, 4. b)

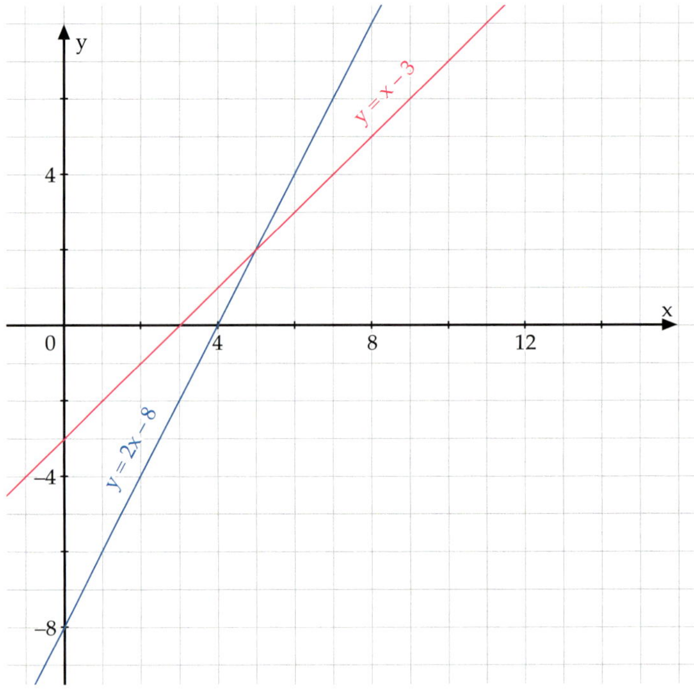

Seite 8, 7.

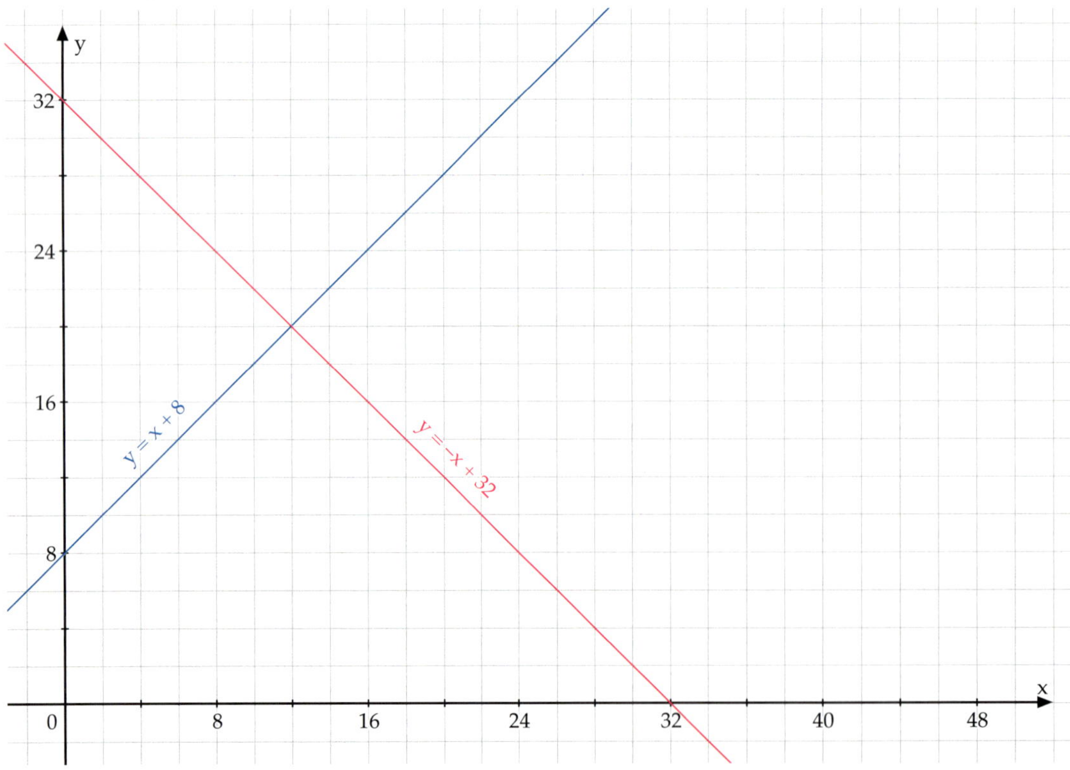

Seite 8, 8.

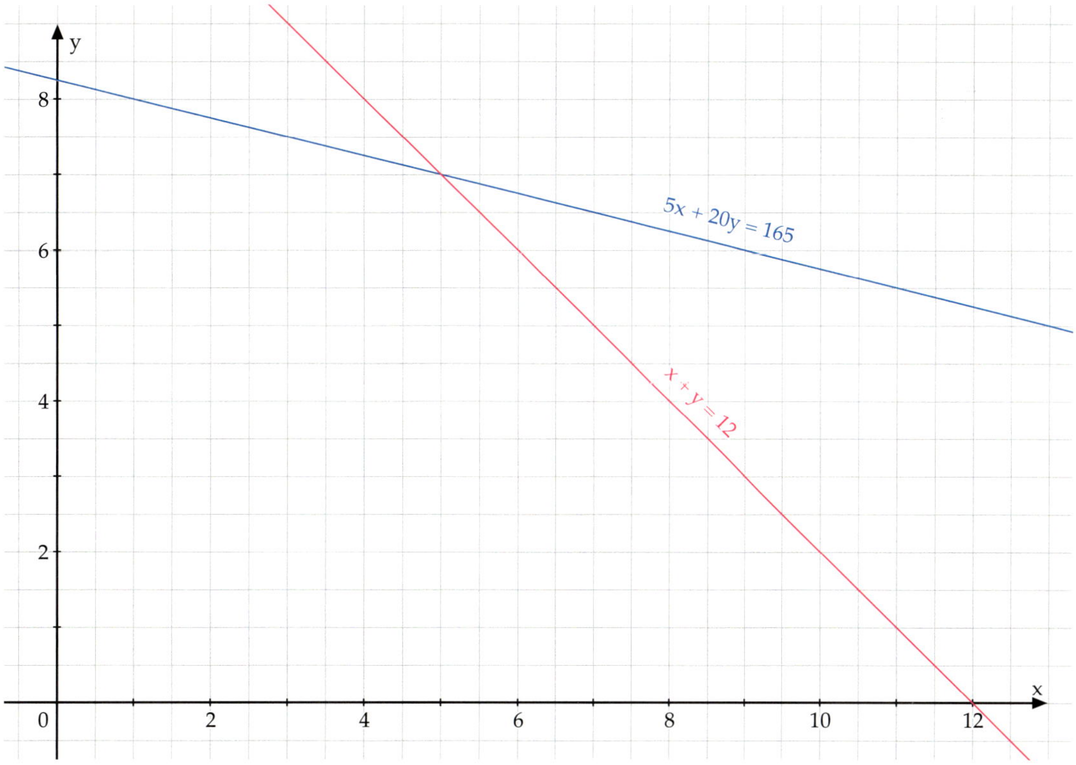

Seite 22, 3.

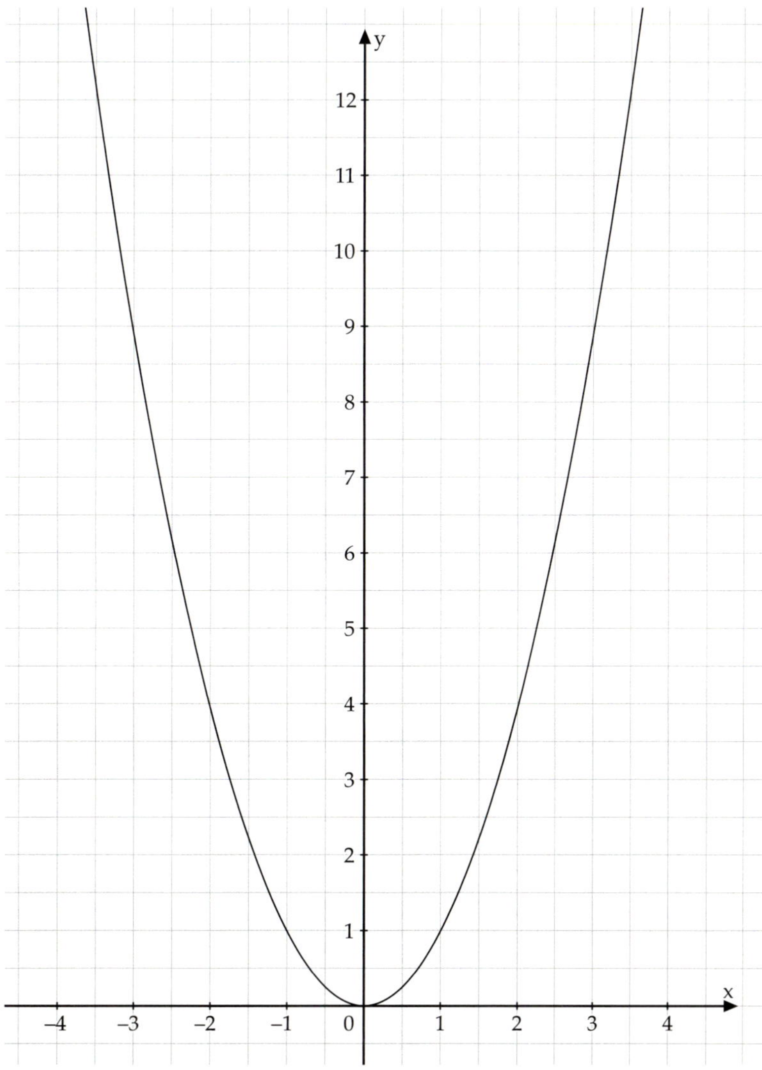

Seite 25, 4.

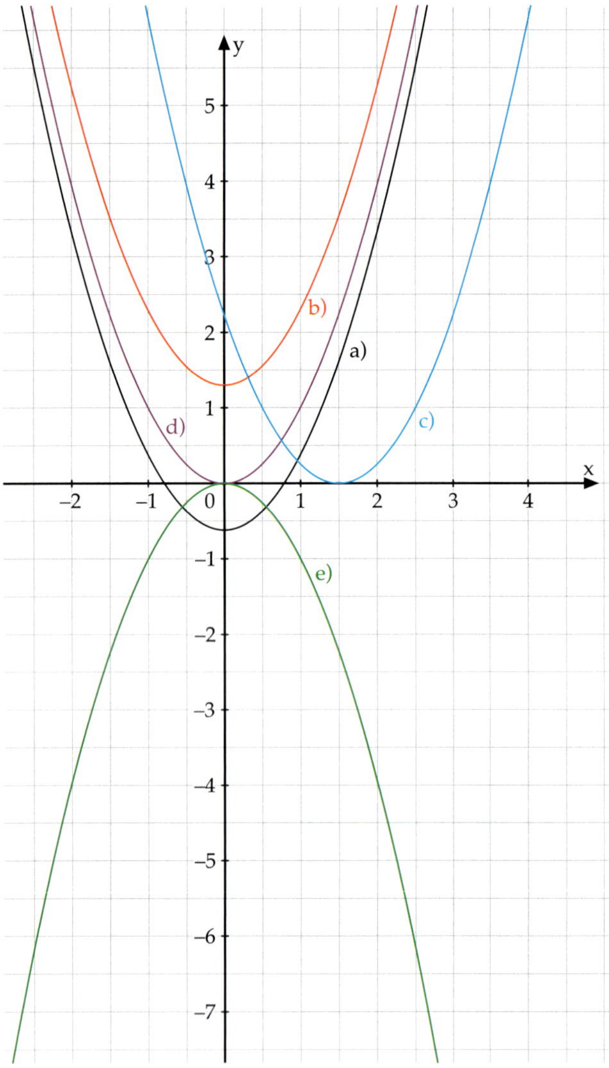

Seite 26, 4.

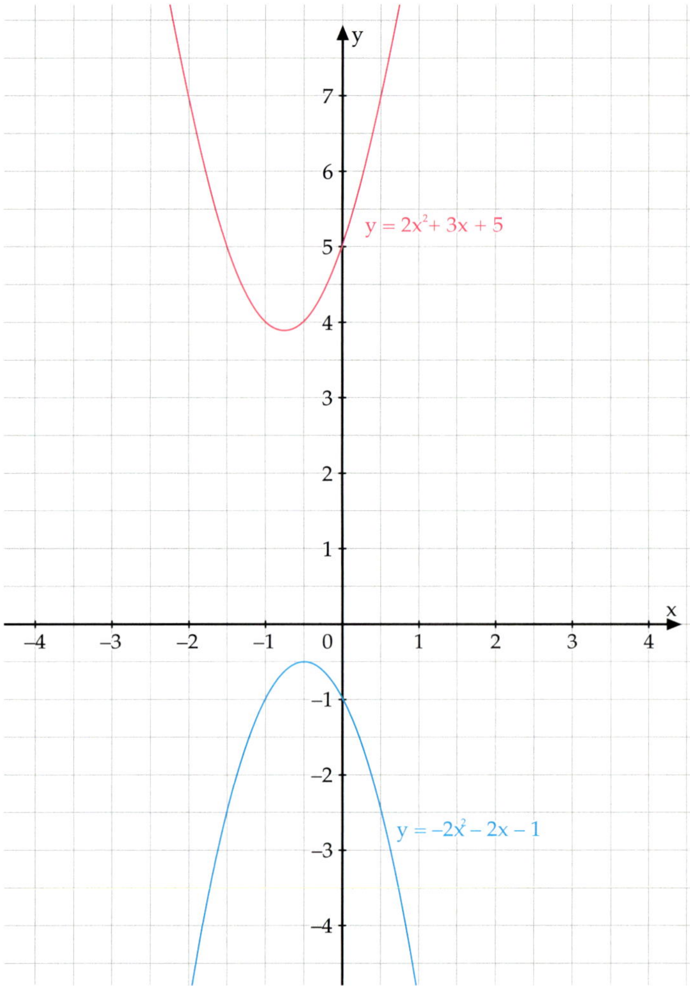

Seite 30, 5. a) – e)

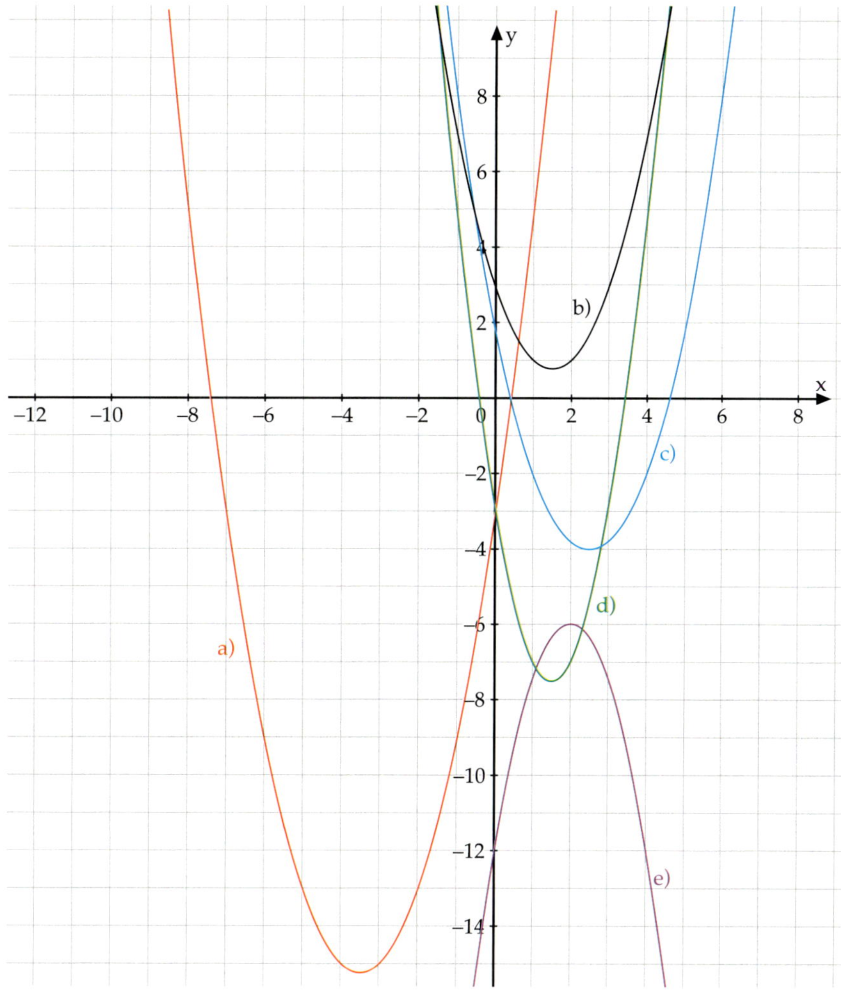

Seite 30, 5. f)

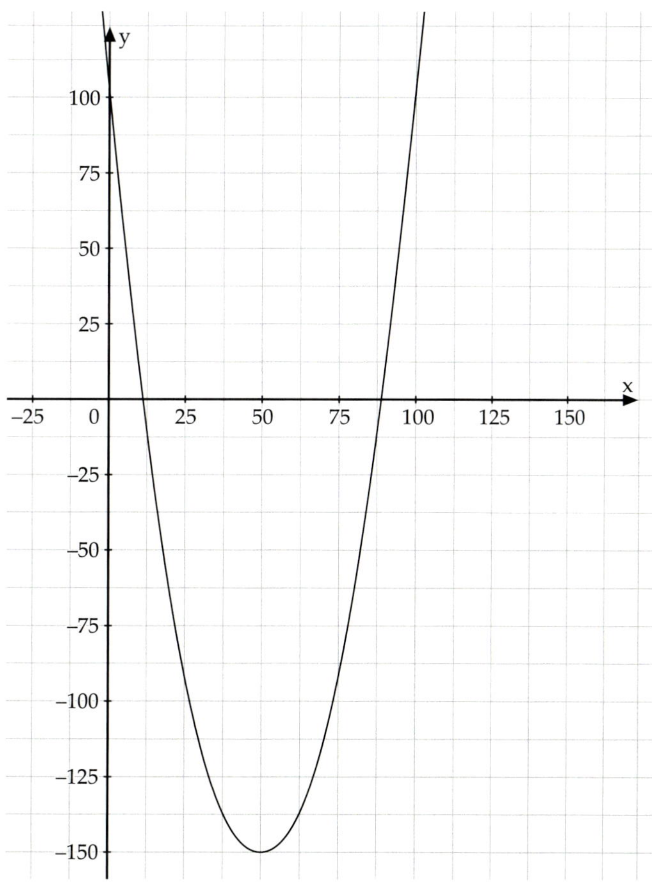

Seite 30, 6. a)

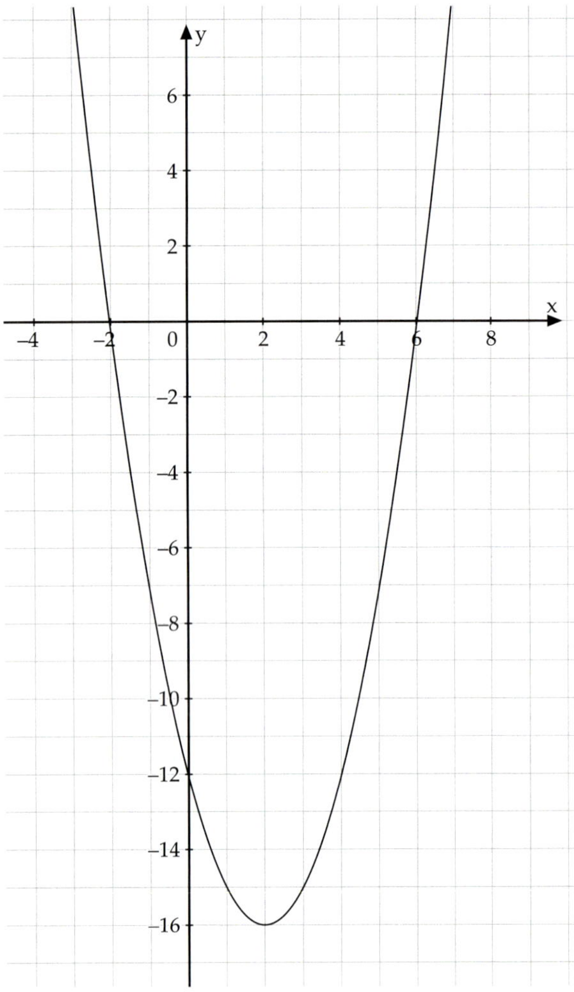

Seite 30, 7. b)

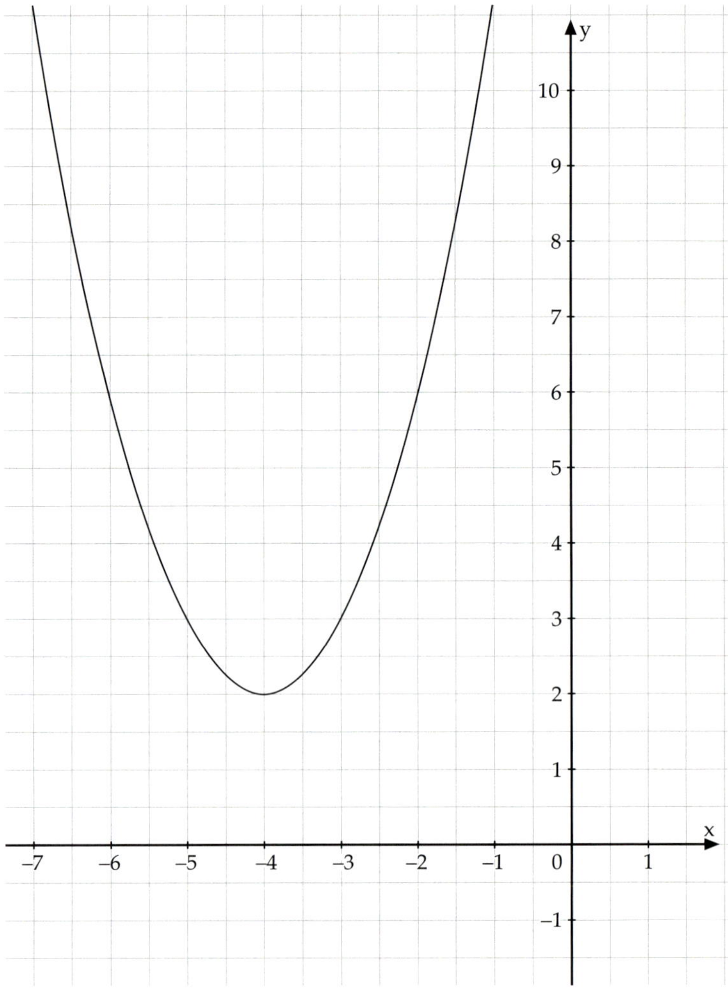

LERNHILFEN

EIN FACH MATHE

Erarbeitet von Hans-Peter Anders, Karl-Heinz Barth, Konrad Fecke, Sigurd Hein, Petra Kunert, Gernot Mahn, Hans-Joachim Püffke, Jürgen Thomann, Thomas Wessel, Heyo Wulff

Natürliche Zahlen – Addition und Subtraktion
53 Seiten, vierfarbig, DIN A4, kart., 5. Schuljahr
Best.-Nr. 037300

Teiler, Vielfache und Brüche
58 Seiten, vierfarbig, DIN A4, kart., 6. Schuljahr
Best.-Nr. 037301

Grundlagen der Geometrie
55 Seiten, vierfarbig, DIN A4, kart., 5./6. Schuljahr
Best.-Nr. 037302

Größen und ihre Darstellung
50 Seiten, vierfarbig, DIN A4, kart., 5./6. Schuljahr
Best.-Nr. 037303

Bruchrechnung
47 Seiten, vierfarbig, DIN A4, kart., 6. Schuljahr
Best.-Nr. 037304

Flächen und Körper
66 Seiten, vierfarbig, DIN A4, kart., 5./6. Schuljahr
Best.-Nr. 037305

Multiplikation und Division natürlicher Zahlen
55 Seiten, vierfarbig, DIN A4, kart., 5. Schuljahr
Best.-Nr. 037310

Projekt: Meine neue Schule
20 Seiten, vierfarbig, DIN A4, kart., 5. Schuljahr
Best.-Nr. 037311

Rechnen mit Dezimalbrüchen
43 Seiten, vierfarbig, DIN A4, kart., 6. Schuljahr
Best.-Nr. 037312

Prozent- und Zinsrechnung
48 Seiten, vierfarbig, DIN A4, kart., 7./8. Schuljahr
Best.-Nr. 037313

Terme
54 Seiten, vierfarbig, DIN A4, kart., 7./8. Schuljahr
Best.-Nr. 037314

Statistik und Wahrscheinlichkeitsrechnung
78 Seiten, vierfarbig, DIN A4, kart., 7./8. Schuljahr
Best.-Nr. 037316

Trigonometrie
53 Seiten, vierfarbig, DIN A4, kart., 10. Schuljahr
Best.-Nr. 037321

Gleichungslehre
46 Seiten, vierfarbig, DIN A4, kart., 9./10. Schuljahr
Best.-Nr. 037315

Statistik und Wahrscheinlichkeitsrechnung
45 Seiten, vierfarbig, DIN A4, kart., 9./10. Schuljahr
Best.-Nr. 037317

Lineare Gleichungen und Ungleichungen
52 Seiten, vierfarbig, DIN A4, kart., 7./8. Schuljahr
Best.-Nr. 037325

Modellieren mit Excel
62 Seiten, vierfarbig, DIN A4, kart., 9./10. Schuljahr
Best.-Nr. 037319

Geometrie
86 Seiten, vierfarbig, DIN A4, kart., 7./8. Schuljahr
Best.-Nr. 037322

Rationale Zahlen
49 Seiten, vierfarbig, DIN A4, kart., 7./8. Schuljahr
Best.-Nr. 037326

Übungen zum mittleren Schulabschluss
38 Seiten, vierfarbig, DIN A4, kart., 9./10. Schuljahr
Best.-Nr. 037327

Wachstumsfunktionen
54 Seiten, vierfarbig, DIN A4, kart., 9./10. Schuljahr
Best.-Nr. 037318

Informationen zum Nulltarif ✆ 08 00 / 1 81 87 87

SCHÖNINGH VERLAG
Postfach 2540 · 33055 Paderborn

Schöningh

E-Mail: info@schoeningh.de
Internet: www.schoeningh-schulbuch.de

Mit „EinFach Mathe“ wird Mathe einfach:

- ✓ Verstehen und Üben in kleinen Schritten
- ✓ verständliche, jugendgerechte Beispiele
- ✓ alle wichtigen Regeln im Memo-Kasten
- ✓ Angabe der Lösungen zur Selbstkontrolle
- ✓ attraktives, motivierendes Layout
- ✓ für die Vorbereitung der nächsten Klassenarbeit
- ✓ ideal zum Selber-Lernen

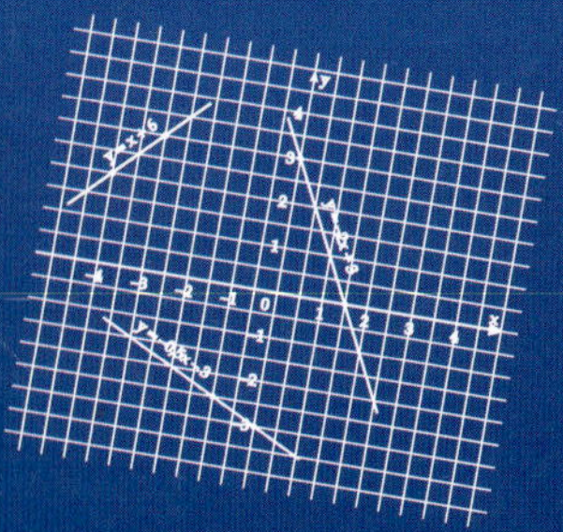

$\frac{3}{4}x^2 - \frac{4}{5}x + \frac{6}{7} = 0$

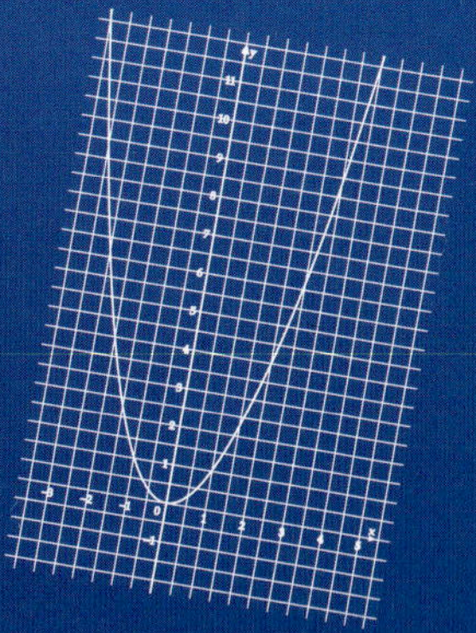

$x^2 + 15x - 7{,}75 = 0$

Satz von Vieta

Variable

$5x + y = 8$
$y = 3x$

I. $x + y = 3$
II. $2y = 3x - 2$

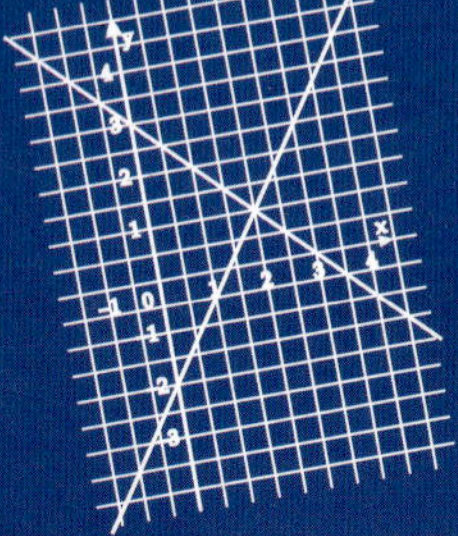

Normalparabel

Gleichsetzungsverfahren

Graph

Scheitelform

Gleichungssystem

quadratische Gleichung

ISBN 978-3-14-037315-9
9 783140 373159

Schöningh Schulbuch

EinFach Mathe

Gleichungsleh

Schöningh

Vorwort

Einen Berg zu besteigen, macht Vielen Spaß. Um schließlich die Aussicht genießen zu können, nehmen sie die Strapazen des Aufstiegs gerne in Kauf. Es sei denn, das Unternehmen erscheint von vornherein aussichtslos, weil der Weg zu steil ist. Doch auch ein schwieriger Weg ist machbar, wenn es eine Treppe gibt, die die unüberwindliche Höhe in kleine Stufen aufteilt. Wenn immer nur 30 cm auf einmal zu bewältigen sind, lässt sich auch ein steiler Gipfel erklimmen.

Kirchengeschichte macht Spaß. Die Beschäftigung mit der Vergangenheit kann ausgesprochen reizvoll sein. Und nicht nur das: Sie ist auch sinnvoll. Der christliche Glaube und die Theologie sind ohne (Kirchen-)Geschichte schlichtweg unvorstellbar. Warum das?

Welche Bedeutung die Geschichte für die Gegenwart hat, zeigt sich schnell, wenn ein bestimmtes Denken oder Handeln begründet werden soll. »Das machen wir so, weil es schon immer so war«, ist etwa eine historische Begründung. Historische Argumente wiegen schwer. Gerade die Kirchen werden oft mit Vorwürfen aus der Geschichte konfrontiert: »Wie war das mit Kreuzzügen oder Zwangsbekehrungen?« Ein differenziertes Wissen über die Vergangenheit ist für die Diskussionen der Gegenwart unverzichtbar.

Dabei geht es nicht nur darum, Geschichte als einen »sachlichen« Gegenstand zu verstehen. Jeder Mensch ist zu einem wesentlichen Teil auch selbst »Geschichte«. Der Einzelne wie die Gesellschaft als Ganzes sind geprägt durch ihre jeweilige Vergangenheit – und nicht zu verstehen ohne diese. Die Wiedervereinigung Deutschlands Anfang der Neunziger zum Beispiel, der Zusammenbruch der moralischen und politischen Ordnung infolge der NS-Zeit, die Industrialisierung des 19. Jh.s, die Aufklärung des 18. Jh.s usw. – all diese Ereignisse prägen die Gesellschaft insgesamt, aber auch Kirchen und Einzelpersonen, ob offensichtlich oder unterschwellig. Derartige Zusammenhänge ignorieren zu wollen, macht geschichtslos und gegenwartsblind.

Warum die Geschichte ein unverzichtbares Thema für Glaube und Theologie ist, hat jedoch noch einen tieferen Grund: Nach dem Zeugnis der Bibel hat sich Gott selbst auf die Geschichte eingelassen. Gott begegnet den Menschen inmitten von (Lebens-)Geschichten und geschichtlichen Erfahrungen. In Jesus Christus wird er gar selbst Mensch. Er tritt herein in Raum und Zeit und macht nicht nur Geschichte, sondern erleidet sie in letzter Konsequenz. Damit erscheint der scheinbar zufällige und richtungslose Lauf der Weltgeschichte in neuem Licht. Die Zählung der Jahre »nach Christus« ist Ausdruck dieser neuen Perspektive.

Nicht, dass nun Gottes Handeln im Gang der Ereignisse aufgewiesen werden könnte oder sollte. Kirchengeschichte erforscht, welche Gestaltungen der christliche Glaube hervorgebracht hat – und zu welchen Verirrungen es dabei kam. Davon zu wissen, ist unverzichtbar, um den christlichen Glauben heute zu leben und Theologie zu treiben. Kirchengeschichte hält die Frage wach, wie Gott inmitten der alltäglichen Ereignisse erfahren werden kann, und erinnert daran, dass der Glaube nicht auf ein geschichtsloses allgemein-gültiges System von Wahrheiten reduziert werden darf.

2000 Jahre Geschichte des Christentums zu überblicken, macht also nicht nur Spaß, sondern hat auch Sinn. Bis dieser Ausblick aber genossen werden kann, ist ein nicht ganz leichter Weg zu bewältigen. Sich all die kirchengeschichtlichen Fakten einzuprägen – etwa für ein theologisches Examen –, erscheint ziemlich strapaziös, ja bisweilen unmöglich. Es sei denn, es gelingt, den Berg an Arbeit in lauter kleine »Häppchen« aufzuteilen.

Bei unseren eigenen Studien und in der Arbeit mit Studierenden und kirchlichen Gruppen haben wir ein bestimmtes Hilfsmittel für die Kirchengeschichte immer wieder vermisst: Übersichten. Wir vermissten einerseits übersichtliche Chronologien, die den Zusammenhang der unzähligen Fakten und Jahreszahlen einer Epoche wie in einem Querschnitt deutlich machen und das besonders Wichtige hervortreten lassen. Andererseits suchten wir vergeblich nach Tabellen, die historische Entwicklungen über größere Zeiträume hinweg wie in einem Längsschnitt aufzeigen und doch zugleich die Parallelität geschichtlicher Ereignisse erkennen lassen. An Kartenmaterial vermissten wir die Zusammenstellung einer *beschränkten* Anzahl spezifisch *kirchen*geschichtlicher Karten.

Nun lohnt es sich gewiss für jeden, der sich mit Kirchengeschichte beschäftigt, eigene Tabellen und Übersichten anzufertigen; der Zwang, selbst auszuwählen, zu gewichten, anzuordnen, ist an sich schon äußerst gewinnbringend. Freilich fehlen häufig Zeit und Kraft, fehlt gute Literatur mit entsprechenden Anregungen und Informationen, fehlt in manchen Bereichen schlichtweg das Grundwissen.

Deshalb haben wir uns entschlossen, die vorliegenden Übersichten zu veröffentlichen. Sie sollen ein Raster bieten (»Anhaltspunkte« im wörtlichen Sinn), das die Beschäftigung mit Kirchengeschichte strukturiert und erleichtert. Sie können dabei *nicht* die Lerninhalte abdecken und sind sinnvollerweise nur zusammen mit einem Lehrbuch zu gebrauchen. Wir empfehlen beispielsweise das zweibändige »Lehrbuch der Kirchen- und Dogmengeschichte« von Wolf-Dieter Hauschild oder das dreibändige »Handbuch der Dogmen- und Theologiegeschichte« von Carl Andresen und Adolf Martin Ritter; weitere Angaben finden sich in den Literaturhinweisen am Ende des Buches.

Wenn diese Übersichten dazu beitragen, den faszinierenden Überblick über das gewaltige Massiv der Kirchengeschichte zu fördern und damit auch den Durchblick, hätten sie ihren Zweck erfüllt.

Für ihre Unterstützung und Korrekturarbeit gilt unser Dank Angelika Weber, Klaus Weber, Anika Kohls, Erwin Sergel, Friederike Meltzer, Susanne Hötzel und Prof. Dr. Wolfgang Sommer – stellvertretend für alle, die uns auf dem Weg zu dieser Veröffentlichung ermutigt haben. Jan-Peter Schlesinger hat für uns den Hintergrund der Landkarten erstellt.

Falkenstein/Unterweissach/Nürnberg,
im Juni 2000

Manfred Sitzmann
Christian Weber

Inhalt

Verzeichnis der Abkürzungen und Zeichen 8

Einführung 9

Übersichten 13

50–300	1) Alte Kirche vor Konstantin	13
300–450	2) Alte Kirche seit Konstantin	19
450–900	3) Frühmittelalter	25
900–1300	4) Hochmittelalter	31
1300–1500	5) Spätmittelalter	37
1500–1550	6) Reformationszeit	43
1550–1650	7) Konfessionelles Zeitalter	51
1650–1800	8) Pietismus und Aufklärung	57
1800–1900	9) Neunzehntes Jahrhundert	63
Ab 1900	10) Zwanzigstes Jahrhundert	69

Häufige Verwechslungen 75

Literaturhinweise 81

Register 82

Verzeichnis der Abbildungen 82

Verzeichnisse der Karten, Grafiken und »Großen Linien« (chronologisch/thematisch) 82

Namen- und Sachregister 84

Verzeichnis der Abkürzungen und Zeichen

Ahd. Lesebuch	Althochdeutsches Lesebuch, zus.gest. v. Wilhelm Braune, fortgef. v. Karl Helm, bearb. v. Ernst A. Ebbinghaus, Tübingen [17]1994
BSLK	Die Bekenntnisschriften der evangelisch-lutherischen Kirche, Göttingen [9]1982
CA	Confessio Augustana (Augsburger Bekenntnis)
Dt.	Deutschland
EBKG	Erzählbuch zur Kirchengeschichte, hg. v. Dietrich Steinwede, 2 Bde., Göttingen/Lahr [2]1988/[1]1987
FC	Formula Concordiae (Konkordienformel)
Frkr.	Frankreich
gg.	gegen
ggü.	gegenüber
Glasenapp	Glasenapp, Helmuth von: Die fünf Weltreligionen, München 1991
GW	Gesammelte Werke
IMR	Internationaler Missionsrat
Jh.[s]	Jahrhundert[s]
KdP	Klassiker des Protestantismus, hg. v. Christel Matthias Schröder, 7 Bde., Bremen 1967, Nachdruck Wuppertal 1988
KTGQ	Kirchen- und Theologiegeschichte in Quellen. Ein Arbeitsbuch, hg. v. Heiko A. Oberman u. a., 4 Bde. in 5 Teilen, Neukirchen-Vluyn 1977 ff.
ntl.	neutestamentlich
ÖRK	Ökumenischer Rat der Kirchen (Weltkirchenrat)
sog.	so genannt[e/r]
WA	D. Martin Luthers Werke. Kritische Gesamtausgabe, Weimar 1883 ff.
⇒	Querverweis zu einer ergänzenden Information. Die folgenden Zahlen bezeichnen die Seite eines Kapitels (⇒ 5.2b = Seite 2 von Kapitel 5) und den entsprechenden Seitenbereich: a = links oben (bzw. der Rahmen links oben), b = rechts oben, c = links unten d = rechts unten. Im Kapitel »Häufige Verwechslungen« verweist der Pfeil auf andere Stichwörter im gleichen Kapitel.

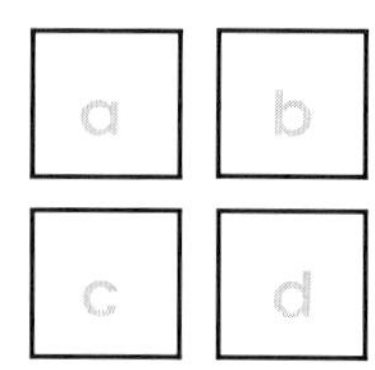

Einführung

Worum es in der Kirchengeschichte geht

Gegenstand der Kirchengeschichtsschreibung ist die Kirche in ihren verschiedenen Erscheinungsformen, in ihrem Werden und in ihrer Entwicklung im Laufe der Jahrhunderte. Die Kirchengeschichte ist damit jene Teildisziplin der allgemeinen Geschichtswissenschaft, die sich mit der Geschichte des Christentums von den Anfängen bis zur Gegenwart beschäftigt. Die Abgrenzung zu anderen Bereichen der historischen Forschung (wie der Sozial-, Rechts-, Wirtschafts- und allgemeinen politischen Geschichte) ist fließend und hängt jeweils vom spezifischen Untersuchungsgegenstand sowie von der speziellen Fragestellung ab. Zur Kirchengeschichtsschreibung zählt im übrigen auch der Kirchenbegriff als solcher; seine Entwicklung und jeweilige theologische Ausformung ist selbst ein historisches Phänomen und folglich Gegenstand kirchengeschichtlicher Forschung.

Um diese Geschichte zu erfassen, ist Übersicht wichtig. Nur wer sich nicht im Dschungel von Einzelheiten verliert, sondern den Überblick bewahrt, kann sich das Wesentliche einprägen. Und nur wenn Einzelfakten im Gerüst des Ganzen geortet werden können, wird ihre Bedeutung sichtbar.

Geschichte im hier präsentierten Sinn ist zunächst das Ergebnis von Geschichts*schreibung* und nicht die Sache selbst. Jede historiografische Darstellung – und sei sie noch so umfangreich – wählt aus, bewertet, kürzt. Dies gilt natürlich in noch höherem Maße für *Übersichten zur Kirchengeschichte.*

Wie Übersichtlichkeit zu erreichen ist

Übersichtlichkeit erfordert Vereinfachung, und zwar in dreifacher Hinsicht:

Vereinfachung 1: Gliederung

Das »Ganze« von mittlerweile rund 2000 Jahren Kirchengeschichte muss erstens durch ein einprägsames zeitliches Raster klar gegliedert werden. Die Einteilung in Epochen bleibt dabei notwendigerweise ein umstrittenes Konstrukt. So kommt etwa die Vorstellung von drei Epochen »Altertum«, »Mittelalter«, »Neuzeit« im spätmittelalterlichen Humanismus auf, der in der römischen Antike den Gipfel der bisherigen Entwicklung sieht. Dieses Periodisierungsschema setzt sich mit den Lehrbüchern des Christoph Cellerarius (1634/38–1707) zwar allgemein durch, ist jedoch wegen der damit verbundenen inneren Wertigkeit auch immer wieder Gegenstand kritischer Auseinandersetzung.

Für die vorliegenden *Übersichten* wird ein zehnstufiges Raster gewählt, wie die unten stehende Grafik zeigt. Diesem Raster ist rechts eine (ebenso hypothetische) Einteilung in 5 Abschnitte zugeordnet, wie sie öfter für Vorlesungszyklen verwendet wird. Die Probleme, die mit den vorgeschlagenen Epocheneinteilungen zusammenhängen, können hier nicht eingehender diskutiert werden; unter der Überschrift »Zeitliche Abgrenzung« wird in jedem Kapitel begründet, wie und warum eine Epoche abgegrenzt werden *kann.* Entscheidend ist, die Problematik und Vorläufigkeit des Rasters im Auge zu behalten – umso mehr, als die Epochen mit möglichst »glatten« Zahlen datiert werden.

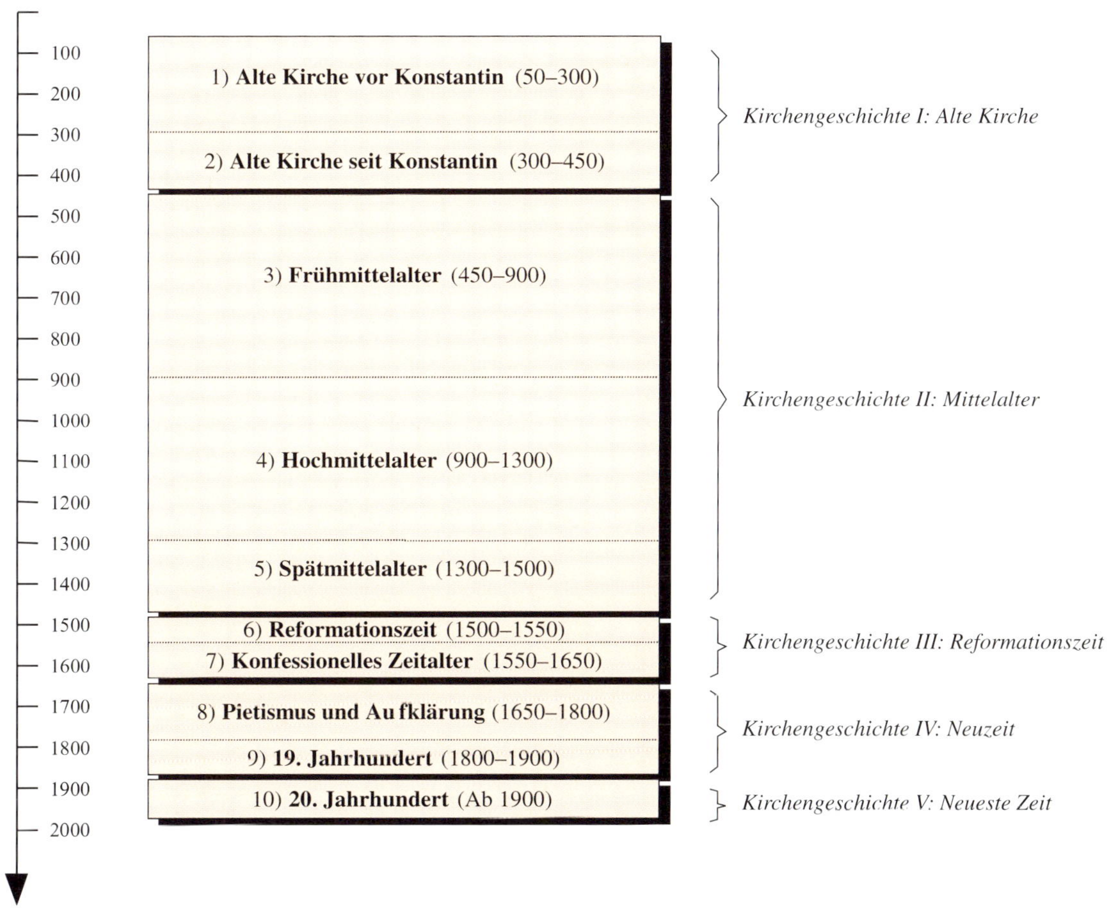

Vereinfachung 2: Systematisierung
Die zweite Vereinfachung betrifft die einzelnen Fakten: Um eine Übersicht zu erreichen, ist es notwendig, die geschichtlichen Ereignisse in inhaltliche Zusammenhänge einzuordnen. Jede historische Systematisierung aber reduziert die Sicht auf einige wenige – eben verbindende – Gesichtspunkte.

Vereinfachung 3: Kürzung
Schließlich ergibt sich eine dritte Vereinfachung daraus, dass der Umfang der *Übersichten* stark zu begrenzen war. Eine Tabelle bleibt nur übersichtlich, solange sie mit einem Blick erfasst werden kann, sie also nicht über eine Seite hinausgeht. Ähnliches gilt für das Kartenmaterial: Nur die Beschränkung auf wenige und wesentliche Geschichtskarten hilft beim Repetieren des Stoffes. Insgesamt konnte es um nichts anderes gehen als um die Zusammenfassung von Grundwissen.

Dass die Vorgänge stets vielschichtiger und komplizierter waren, als es im Überblick erscheint, wird man dann nicht vergessen, wenn man diese *Übersichten* parallel zu Lehrbüchern verwendet oder zur Wiederholung von Gelesenem und Gehörtem gebraucht. Darauf ist nun allerdings ausdrücklich hinzuweisen: So notwendig die Übersicht ist, so unerlässlich ist es, mit der Information über die inhaltlichen Vorgänge einzusetzen. Erst danach – oder auch schon begleitend – haben diese *Übersichten* ihren Platz.

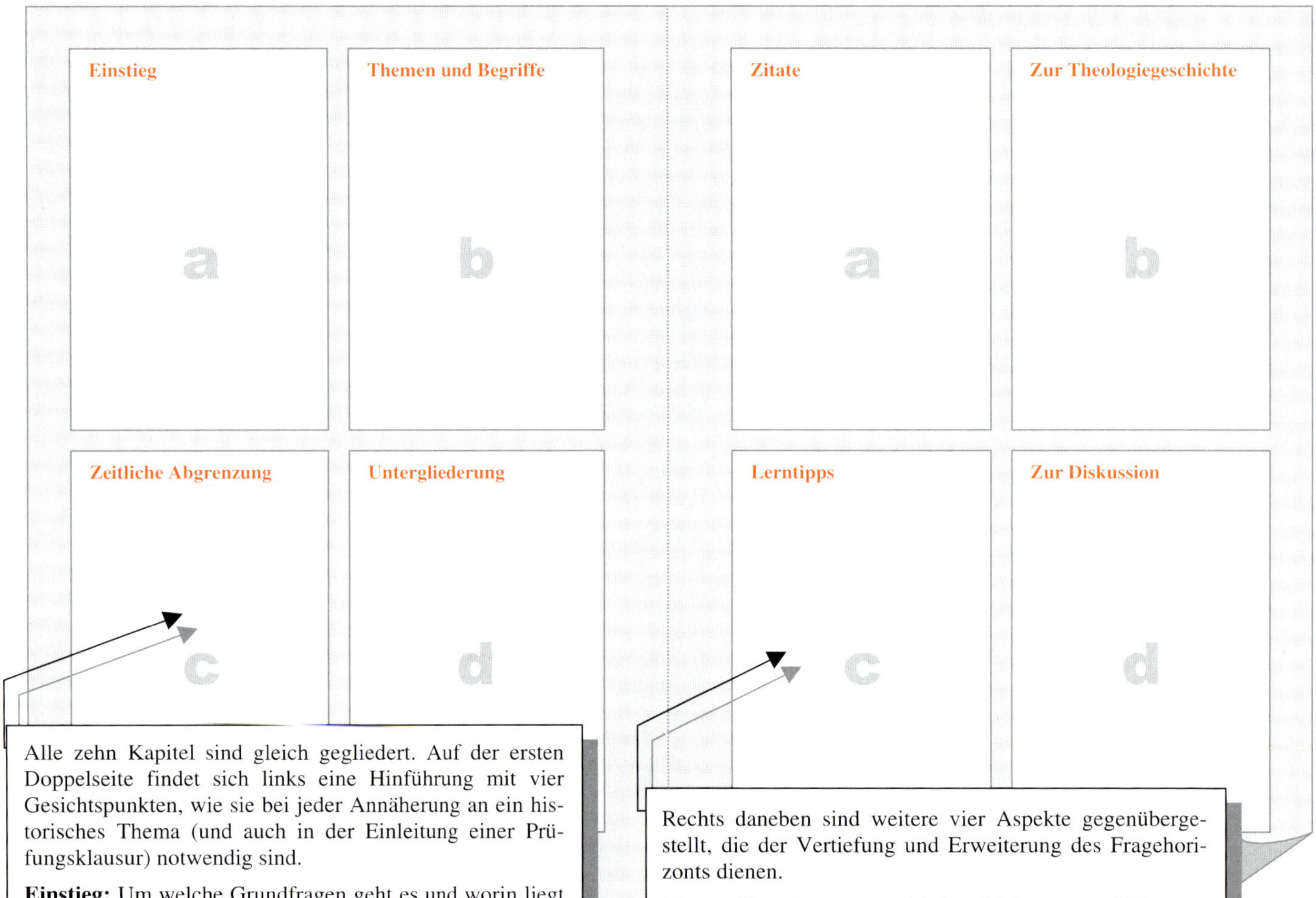

Alle zehn Kapitel sind gleich gegliedert. Auf der ersten Doppelseite findet sich links eine Hinführung mit vier Gesichtspunkten, wie sie bei jeder Annäherung an ein historisches Thema (und auch in der Einleitung einer Prüfungsklausur) notwendig sind.

Einstieg: Um welche Grundfragen geht es und worin liegt ihre Aktualität?

Themen und Begriffe: Wie lässt sich der Zeitabschnitt *sachlich* eingrenzen, wie lassen sich relevante Fachbegriffe präzise erklären?

Zeitliche Abgrenzung: Durch welche Ereignisse lässt sich die Epoche *zeitlich* nach vorne hin abgrenzen? (Die Abgrenzung nach hinten ist jeweils aus dem folgenden Kapitel ersichtlich.)

Untergliederung: Welche Schlüsseldaten gliedern den Zeitraum und markieren wichtige Entwicklungen?

Rechts daneben sind weitere vier Aspekte gegenübergestellt, die der Vertiefung und Erweiterung des Fragehorizonts dienen.

Zitate: Sie erinnern an wichtige Stichworte und Konzeptionen, bleiben jedoch ohne vorangehende Studien oft unverständlich. Sie wurden nach Möglichkeit dem Standardwerk KTGQ entnommen und sind z.T. sprachlich geglättet.

Zur Theologiegeschichte: Angaben zu theologischen und philosophischen Entwürfen und Zusammenhängen einer Epoche machen wichtige Stationen der Theologiegeschichte deutlich.

Lerntipps machen auf Wege und Aspekte aufmerksam, die das Lernen erleichtern können.

Zur Diskussion: Fragen weisen auf exemplarische Punkte hin, die der Diskussion (etwa in einer Lerngruppe) bedürfen und die auch in der Forschung nicht einheitlich beantwortet werden.

Wie die Kapitel aufgebaut sind

Jedes Kapitel umfasst eine Titelseite, zwei Doppelseiten und eine abschließende Seite. Die beiden Doppelseiten sind jeweils durch identische Felder gegliedert, die durch elf Stichworte überschrieben sind: **Einstieg – Themen und Begriffe – Zeitliche Abgrenzung – Untergliederung – Zitate – Zur Theologiegeschichte – Lerntipps – Zur Diskussion – Zusammenhänge – Geografie – Chronologie.**

Ausnahme ist hierbei die Reformationsgeschichte, die drei Doppelseiten in Anspruch nimmt. Dies entspricht der Bedeutung, die dieser Epoche nicht nur in der evangelischen Theologie eingeräumt wird.

Auf der abschließenden Seite finden sich links **Prüfungsthemen**, die zum Wiederholen anregen sollen. Es sind die 97 Essaythemen aus der Theologischen Aufnahmeprüfung in Bayern der Jahrgänge 1975/I bis 1999/II, soweit sie im Kirchlichen Amtsblatt veröffentlicht sind. Betrifft ein Thema mehrere Epochen, wird es (mit Querverweis) mehrfach genannt. Diese Themenstellungen können auch außerhalb Bayerns als exemplarisch gelten, was die Anzahl von Themen pro Epoche und die Formulierungen angeht. Sie zeigen, wo Schwerpunkte liegen – und in Einzelfällen auch, wie irritierend eine unklare Ausdrucksweise sein kann.

Unter der Überschrift **Große Linien** ist in der rechten Spalte der abschließenden Seite ein exemplarischer Längsschnitt dargestellt, der die jeweilige Epoche mit anderen Epochen verknüpft.

Die chronologischen Tabellen

Im Mittelpunkt jedes der zehn Kapitel steht eine als Tabelle dargestellte **Chronologie**, die auf jeweils einer (Doppel-)Seite eine Epoche der Kirchengeschichte zusammenfasst. Diese Tabellen sind folgendermaßen aufgebaut:

- Zunächst wurden jeder Epoche Themen bzw. Bereiche zugeordnet. Für die ersten eineinhalb Jahrtausende sind dies die vier Begriffe »Politik«, »Kirche«, »Theologie« und »Häre-

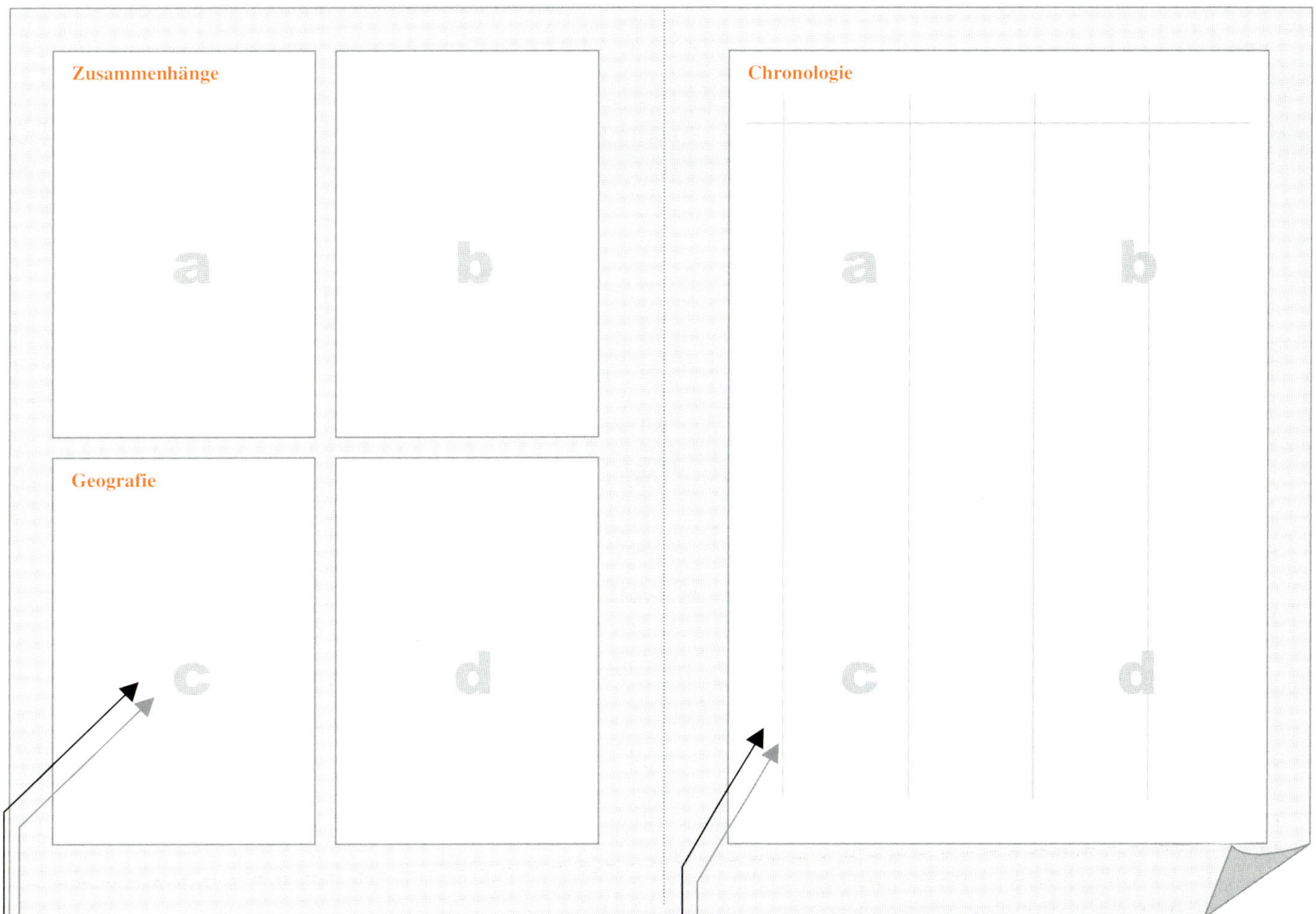

Auf der zweiten Doppelseite findet sich links Material zur thematischen und geografischen Veranschaulichung.

Zusammenhänge werden durch ein oder zwei Grafiken dargestellt. Ein Längsschnitt etwa wird aufgezeigt, der helfen kann, Entwicklungen zu verstehen und sich Daten einzuprägen.

Geografie: Ein oder zwei Landkarten zeigen wichtige Handlungsorte der Epoche, Beschriftungen und Pfeile machen Beziehungen anschaulich.

Die als Tabelle dargestellte **Chronologie** folgt auf der zweiten Doppelseite rechts.

sie«, wobei die Bezeichnung »Häresie« nur eine formale Abgrenzung bedeuten kann ⇒ 1.2c. Ab der Reformationszeit musste stärker differenziert werden, doch auch dann war die Zahl der Themen möglichst klein zu halten, um eine »Zerfaserung« zu vermeiden. Diesen Themen wurde je eine Spalte zugeordnet, die die wichtigsten Ereignisse enthält, um einen *Längsschnitt* sichtbar zu machen. So wird beispielsweise auf einen Blick deutlich, welche häretischen Strömungen in der Alten Kirche auftraten ⇒ 1.4 und 2.4.

- Die Spalten wurden so nebeneinander gestellt, dass auch *Querschnitte* möglich sind: Zeitgleiche Ereignisse, die zu unterschiedlichen Themenbereichen gehören, stehen nach Möglichkeit nebeneinander. Diese Ordnung wird dann (besonders ab der Neuzeit) durchbrochen, wenn eine systematische Zusammenstellung von *Unterthemen* (in farbiger Schrift) wichtiger erscheint. Wichtige Päpste der Alten Kirche etwa sind zu einem Block zusammengefasst (⇒ 1.4), erst danach werden die frühen Vertreter des Mönchtums genannt (⇒ 2.4).
- Die *Jahreszahlen* wurden auf ein Minimum reduziert. Doch auch die verbliebenen Angaben dienen weniger dem Auswendiglernen als vielmehr der Orientierung. Dies gilt insbesondere für die Lebensdaten (die den Personennamen in Klammern nachgestellt sind) und Regierungsdaten (die ohne Klammern vorangestellt sind): Wichtiger als genaue Jahreszahlen ist die Zuordnung in ein Zeitalter und dessen Ereignisse! Da diese *Übersichten* zum Wiederholen und Vertiefen gedacht sind, konnte auch darauf verzichtet werden, unsichere Datierungen durch ein Fragezeichen zu markieren (z. B. die Taufe Chlodwigs 498).
- *Kurzbiografien* weniger hervorgehobener Persönlichkeiten stehen in gestrichelter Umrahmung. Wo ein Thema keine eigene Spalte erhielt, stehen die zugehörigen Daten in durchgezogener Umrahmung.

Geschichte der Kirchengeschichtsschreibung

Als »Vater der Kirchengeschichte« im engeren Sinn gilt **Eusebius von Cäsarea**, dessen epochemachende *Historia ecclesiastica* bis 324 reicht und im Laufe des 5. und 6. Jh.s zahlreiche Fortsetzungen findet. Größten Einfluss auf Geschichtsverständnis und Geschichtsdeutung der Folgezeit haben die apologetische Schrift *De civitate Dei* des Augustinus (413 ff.) sowie die Weltgeschichte *Historiae adversus paganos* von Orosius (417/18). Dionysius Exiguus begründet schließlich im 6. Jh. die Zeitrechnung »nach Christus« anstelle der bis dahin üblichen Datierung nach Kaiser-, Papst- und Königsjahren.

Das **mittelalterliche Geschichtsbild** ist universalistisch-heilsgeschichtlich geprägt. Der christlich interpretierten Weltgeschichte werden verschiedene Schemata zu Grunde gelegt, die allesamt einen statischen Grundzug aufweisen und auf die Identität und Kontinuität der staatlich-politischen Ordnung abheben. Anders bei Joachim von Fiore: Indem er in seinem Gegenentwurf erstmals eine Art »Fortschrittsdenken« einführt, wird er für die Zukunft ausgesprochen wirkungsvoll. Neben diesen universalgeschichtlichen Entwürfen nimmt die Hagiografie (Beschreibung von Heiligenleben) einen besonderen Platz in der mittelalterlichen Geschichtsschreibung ein; auch andere Gattungen wie Chroniken, Annalen oder Gesta (Novellensammlung mit moralischen Betrachtungen) spielen eine hervorgehobene Rolle.

Im Zeitalter von **Humanismus und Renaissance** vollzieht sich in der Kirchengeschichtsschreibung eine ähnliche Wende wie in der allgemeinen Historiografie. Neue methodische Prinzipien wie Quellenerschließung und Quellenkritik führen zur »kritischen« Edition der Kirchenväter, und die Unechtheit mancher Dokumente (Konstantinische Schenkung) und Legenden wird erkannt. Die konfessionellen Differenzen des 16. Jh.s wirken insgesamt fördernd auf die Kirchengeschichtsschreibung; die hier zunächst dominierenden apologetischen oder polemischen Interessen treten im Laufe der Zeit in den Hintergrund. Im 17. Jh. folgen monumentale Editionsunternehmen, aber auch nonkonformistische Entwürfe (etwa G. Arnold).

Mit der **Aufklärungshistoriografie** werden die Kirchen erstmalig konsequent als menschliche Zusammenschlüsse und die Dogmen als variable Lehrmeinungen behandelt; als neue Deutungskategorie tritt neben der geschichtlichen Zufälligkeit oder der allgemeinen Vorsehung Gottes insbesondere der Grundgedanke des Fortschrittsglaubens in Erscheinung.

Auch im **19. Jh.** macht die Kirchengeschichte den erneuten Aufschwung der Geschichtswissenschaft mit. Im Gefolge Hegels entstehen spekulative geschichtsphilosophische Entwürfe (F. C. Baur). Diese werden in der zweiten Jahrhunderthälfte durch die stärkere Bindung an das historisch Dokumentierte und das positiv Erwiesene in Frage gestellt. Die historische Methodenlehre wird wissenschaftlich befestigt (J. G. Droysen). Allerdings erliegen die Historikergenerationen eines L. von Ranke oder A. von Harnack mitunter den Gefahren des Historismus (»alles ist einmalig historisch geworden und somit relativ«).

Im Gefolge der dialektischen Theologie findet die Dominanz der Historie in der deutschsprachigen protestantischen Theologie zunächst ein Ende; K. Barth weist der Kirchengeschichte nur noch die dienende Funktion einer »Hilfswissenschaft« zu. Dagegen ist die Entwicklung **seit 1945** wieder stärker bemüht, den Stellenwert der Kirchengeschichte neu (und positiv) zu formulieren: G. Ebeling versteht sie als genuin *theologisches* Unternehmen. Seit den 60er Jahren wird sie im Rahmen der Sozial- und Gesellschaftswissenschaften betrieben. Im Horizont der ökumenischen Entwicklungen erscheint sie als interkonfessionelle Aufgabe.

50-300 Alte Kirche vor Konstantin

Kapitel 1

Christus im Römischen Reich: Mosaik aus der Mitte des 3. Jh.s
Das Mosaik von der Decke eines christlichen Mausoleums in Rom zeigt »Christus als Sonnengott«. Es ist die einzige erhaltene christliche Wanddarstellung eines oberirdischen Bauwerks vor Konstantin (außer den Gemälden von Dura-Europos/Syrien). Christus wird mit den Attributen Apolls gezeigt: als Gott des Lichts mit der Quadriga (Triumphwagen) zwischen Weinlaub. Das Mosaik zeigt damit die Bemühung der Alten Kirche, das Evangelium in den hellenistischen Kontext hinein zu übersetzen und eine Christologie auszubilden.

1) Alte Kirche vor Konstantin (50-300)
2) **Alte Kirche seit Konstantin** (300-450)
3) **Frühmittelalter** (450-900)
4) **Hochmittelalter** (900-1300)
5) **Spätmittelalter** (1300-1500)
6) **Reformationszeit** (1500-1550)
7) **Konfessionelles Zeitalter** (1550-1650)
8) **Pietismus und Aufklärung** (1650-1800)
9) **19. Jahrhundert** (1800-1900)
10) **20. Jahrhundert** (Ab 1900)

1.1

Einstieg

- Die Kirchengeschichte setzt dort ein, wo »die Kirche« erstmals als historische Größe fassbar wird, d. h. **um 50** mit der planmäßigen Mission des Paulus, der Gründung von zahlreichen Ortsgemeinden im griechischen Osten und (lokal begrenzten) Zusammenstößen mit staatlichen Behörden. Parallel dazu verläuft der Prozess der Loslösung vom Judentum.
- Vier Themenkomplexe, die für die Geschichte der Alten Kirche von besonderer Bedeutung sind, werden schon in der **neutestamentlichen Theologie** behandelt:
  - Urgemeinde und hellenistische Gemeinde
  - Apostelkonzil
  - Kirchliche Entwicklung bis Ende des 1. Jh.s
  - Entwicklung von frühen Ämtern
- Die historische Aufgabe der frühen Kirche besteht in der allmählichen Entwicklung ihres **Selbstverständnisses** in Hinblick
  - auf ihre *Stellung zum Judentum* und insgesamt zur geschichtlich vorfindbaren Welt;
  - auf *kirchliche Organisation und verbindliche Lehre* (in Auseinandersetzung mit antiker Philosophie und häretischen Bewegungen);
  - auf die systematische *Verfolgung* durch den römischen Staat.
- Die Bezeichnungen des Phänomens **»Großkirche«** als »nachapostolische«, »frühkatholische« oder »vorkonstantinische« Kirche verraten den jeweiligen Blickwinkel: Ist die Entwicklung der Kirche nach 100 als Abfall von der »urchristlichen Reinheit« oder als Entfaltung zur Katholizität zu beurteilen?

Zeitliche Abgrenzung

48 Das **Apostelkonzil** in Jerusalem legitimiert die gesetzesfreie Heidenmission des Paulus. Kurz darauf werden die Juden(christen) aus Rom vertrieben: »Judaeos impulsore Chresto assidue tumultuantes Roma expulit.« (Sueton, Vita Caes. V,25,3)

64 Die Apostel **Petrus und Paulus** werden in Rom hingerichtet. Der schriftliche Traditionsprozess beginnt.

70 Eine Beteiligung am Aufstand der Juden gegen die römische Besatzung im **ersten jüdischen Krieg** wird von den Christen abgelehnt. Die Niederschlagung des Aufstandes durch Titus und die Zerstörung des herodianischen Tempels werden als Gericht Gottes gedeutet (Mk 13,2). Die judenchristliche Gemeinde von Jerusalem wandert nach Pella im Ostjordanland ab.

100 Der Schwerpunkt der kirchlichen Entwicklung liegt im hellenistischen Bereich und ist an den sog. **Apostolischen Vätern** ablesbar, einer frühchristlich-nichtkanonischen Schriftengruppe ⇒ 1.1d.

135 Der Aufstand der Juden unter Bar Kochba (**zweiter jüdischer Krieg**) endet mit der Eroberung Jerusalems durch Hadrian. Die letzte Schrift des späteren ntl. Kanons (2 Petr) ist entstanden.

Themen und Begriffe

- **Judaisten**: Palästinensische Judenchristen, die den Gehorsam der Christen gegenüber dem mosaischen Gesetz (einschließlich der Beschneidung) und ihre Integration in den Verband des Judentums fordern. Dagegen wenden sich die **Hellenisten**, die sich unter dem Einfluss der griechischen Sprache und Kultur bereits weitgehend aus dem jüdischen Volks- und Religionsverband gelöst haben.
- **Parusieverzögerung**: Die Verzögerung der unmittelbar erwarteten Wiederkunft Jesu führt zwar nicht zu einer »Grundlagenkrise« der frühen Kirche, hat jedoch eine verstärkte Ausrichtung auf die irdischen Gegebenheiten zur Folge (z. B. Ausbau der Gemeindeverfassung).
- **Gnosis** (von griech. γνῶσις = Erkenntnis): Eine spekulativ-religiöse Bewegung der Spätantike mit einem spezifischen Existenzverständnis und vielen Richtungen. Kennzeichnend sind u.a.: Dualismus von Gott und Welt; Erlösungsbedürftigkeit der menschlichen Seele von der Materie; Vereinigung mit dem Göttlichen durch Einsicht in die kosmischen Zusammenhänge; mythologische Redeweise; Elite von auserwählten Geistmenschen. **Gnostizismus** bezeichnet die synkretistischen Systeme des 2. Jh.s.
- **religio licita**: Nach römischem Verständnis basiert das Wohlergehen des Staates auf der Ehrfurcht gegenüber den Göttern. Trotz Ablehnung des Polytheismus genießt auch das Judentum religiöse Toleranz und gilt als *religio licita,* als staatlich erlaubte kultische Praxis. Folglich sind Juden von der Teilnahme an der röm. Staatsreligion, an Lokalkulten und vom Militärdienst befreit. Solange das Christentum als jüdische Sekte gilt, genießt es prinzipiell Rechtssicherheit. Erst mit der stärkeren Betonung des Kaiserkults gegen Ende des 1. Jh.s und der Trennung von Judentum und Christentum kommt es zu systematischen staatlichen **Verfolgungen**, wobei deren juristische Grundlage in der Forschung noch immer umstritten ist ⇒ 1.1d, 2.1c.

Untergliederung

100 **Zeitalter der Apostolischen Väter**: Das junge Christentum löst sich vollends vom Judentum und tritt in die griechische Welt ein. Die Großkirche gewinnt Konturen. Die Schriftengruppe der Apostolischen Väter gibt innerkirchliche Unterweisung.

150 **Zeitalter der Apologeten**: Der Anspruch des Christentums an die Welt wird formuliert, die Konfrontation mit Häresien führt zur Normenbildung. Die Großkirche konsolidiert sich. Erstmals werden zielbewusst Nichtchristen angesprochen. Die christologischen Auseinandersetzungen beginnen.

200 **Zeitalter der Frühkatholischen Väter**: Mit den Antignostischen Vätern (Irenäus, Tertullian) und den Alexandrinern (Clemens, Origenes) treten hervorragende Theologen auf, die erstmals die christliche Lehre zu systematisieren versuchen. In dieser Friedenszeit gewinnt die Kirche zunehmend Selbstbewusstsein. Der Monarchianische Streit bricht auf.

250 **Zeit der großen Christenverfolgungen**: Nach lokalen Repressalien seit Nero und Domitian kommt es im 3. Jh. zu reichseinheitlichen Verfolgungen: um 200 (Septimius Severus) und seit 250 (Decius, Valerian). Unter Diokletian erreicht die Auseinandersetzung zwischen Römischem Staat und jungem Christentum ihren blutigen Höhepunkt (303–305; im Osten: bis 313). Der politische Druck kann den Einfluss des Christentums jedoch nicht mehr brechen.

Zitate

»Am Herrentag sollt ihr zusammenkommen, Brot brechen und Dank sagen, nachdem ihr eure Übertretungen bekannt habt, auf dass euer Opfer rein sein.« *(Didache, ca. 100 – KTGQ 1,12 f.)*

»All die [heidnischen] Schriftsteller konnten kraft der ihnen innewohnenden Aussaat des Logos nur schattenhaft das Seiende schauen.« *(Justin, Apologie, 155 – KTGQ 1,37)*

»Tres personae – una substantia« *(vgl. Tertullian, Adversus Praxean, 213 – vgl. KTGQ 1,66)*

»Semen est sanguis Christianorum [Ein Same ist das Blut der Christen].« *(Tertullian, Apologeticum, 197 – KTGQ 1,63)*

»Nach Wesen und Kraft seiner Natur wird *ein* Gott erwiesen; als Vollführer des Plans unseres Heils indes ist er sowohl Sohn als auch Vater.« *(Irenäus, Adversus haereses, ca. 180 – KTGQ 1,54)*

»Christus kam zu mir in Gestalt einer Frau und in leuchtendem Gewand und legte in mich seine Weisheit und offenbarte mir, dass dieser Ort [Pepuza in Phrygien] heilig sei und hierhin das himmlische Jerusalem herabkommen werde.« *(Vision der Montanistin Quintilla nach Epiphanius, Panarion, 377 – KTGQ 1,30)*

»Es lässt sich nichts allgemein Gültiges verfügen, das sozusagen als feste Norm gelten könnte. Fahnden soll man nicht nach ihnen [den Christen]; wenn sie aber angezeigt und überführt werden, muss man sie bestrafen. Anonyme Anzeigen dürfen freilich bei keiner Anklage berücksichtigt werden.« *(Trajan an Plinius d. J., 113 – KTGQ 1,15)*

Lerntipps

Die kirchengeschichtlichen Ereignisse dieser und der folgenden Epoche lassen sich sinnvoll in die Bereiche »Politik«, »Kirche«, »Theologie« und »Häresie« gliedern. Dabei zeigen die ersten beiden Kategorien das Ringen um die äußere Gestalt der Kirche und das Verhältnis zum Staat, die letzten beiden die theologisch-philosophische Auseinandersetzung als Innenaspekt der Kirche. »Häresie« ist dabei nicht wertend zu verstehen, sondern als eine Position, die von der offiziellen Lehre der (damaligen!) Kirche abweicht. Deutlich ist dies bei Tertullian – Kirchenvater und (ab 207) Häretiker in einer Person.
Im vorliegenden Zeitraum sind folgende Aspekte wichtig:

- **Politik**: Abfolge von Christenverfolgungen und Friedenszeiten, Verhältnis zum Judentum.
- **Kirche**: Ausbreitung, drei Elemente der Konsolidierung (= drei »katholische Normen«: **B**ibel, **B**ischof, **B**ekenntnis), Entstehung des Papsttums.
- **Häresie**: besonders die vier Strömungen (davon 3 mit **M**), denen die Elemente der kirchlichen Konsolidierung entsprechen. ⇒ 1.2b; 1.3a

3 kath. Normen als Reaktion auf Häresien:
Bibel: Kanonbildung als Antwort auf **M**arcions Antijudaismus
Bischof: Ämterausbildung im Gegensatz zum Enthusiasmus der **M**ontanisten
Bekenntnis: Bekenntnisbildung als Antwort auf **M**onarchianismus und Gnostizismus

- **Theologie**: Drei Gruppen und der erste große Streit: Apostolische Väter, Apologeten, Frühkatholische Väter und der Monarchianische Streit.

Zur Theologiegeschichte

Stichworte zu wichtigen Theologengruppen und Häretikern:
- **Apostolische Väter** (100–50): *Moralismus* (Evangelium als neues Gesetz), *Hellenisierung* (Abendmahl als φάρμακον ἀθανασίας), wachsendes *Selbstbewusstsein* (Kirche als wahres Israel, Amtslehre, Chiliasmus).
- **Apologeten** (150–200): *Hellenisierung* (Theologie als wahre Philosophie), *Intellektualisierung* (Begründung der universalen Geltung Jesu durch Wunder-, Weissagungs-, Alters- und Praxisbeweis). Die **Logos-Christologie** knüpft an die vorhandene Logosvorstellung an (vgl. Joh 1,1–14 evtl. in Anspielung auf Philo, die Stoa oder die Gnosis), um die universale Geltung Jesu zu beschreiben: Der Logos ist göttlichen Wesens, aber Gott untergeordnet (subordiniert).
- **Frühkatholische Väter** (200–250): theologische Vertiefung durch *begriffliche Klärung* (Tertullian), *heilsgeschichtlich-trinitarischen Ansatz* (Irenäus), systematische *Darstellung* (Origenes). Die Trinität wird mit Hilfe der Logos-Christologie ausgesagt.
- **Gnosis/Gnostizismus** ⇒ 1.1b
- **Marcionismus**: schroffer *Dualismus* von Gesetz und Evangelium angesichts des kirchlichen Moralismus, Antijudaismus und Ablehnung des AT, ethischer Rigorismus.
- **Montanismus**: *Betonung des Geistes* (Prophetie, Enthusiasmus) angesichts der Verfestigung des kirchlichen Amtes, *Askese* angesichts der Parusieerwartung.
- **Monarchianismus**: Wahrung der strengen Monarchie (Einzigartigkeit) Gottes gegen die aufkommende Logos-Christologie durch die These, dass in Jesus göttliche Kräfte wirken bzw. dass er nachträglich von Gott adoptiert worden sei *(Dynamismus bzw. Adoptianismus)* oder aber dass Jesus eine der Erscheinungsformen Gottes sei *(Modalismus)* ⇒ 2.1b.

Zur Diskussion

- Welche Faktoren beeinflussen die Ausbreitung des Christentums positiv oder negativ? Welche Bedeutung hat Neros »Polizeiaktion« für die folgenden Christenverfolgungen? Welcher Zusammenhang besteht zwischen Christenverfolgungen, gesellschaftlichen Spannungen der röm. Kaiserzeit und außenpolitischen Schwierigkeiten?
- Welche Gründe führen zur »Vergesetzlichung« der kirchlichen Lehre schon Anfang des 2. Jh.s? Inwieweit nimmt die hellenistische Philosophie und Terminologie Einfluss auf den Verlauf der dogmatischen Streitigkeiten?
- Wie ist die Bedeutung von Marcion zu beschreiben – ein Gnostiker (aufgrund seiner dualistischen und doketischen Theologie), der einzige echte Paulusschüler vor Augustin (aufgrund der Dialektik von Gesetz und Evangelium) oder ein Kirchenvater (als Auslöser und Katalysator der Kanonbildung)?
- Hat die Urkirche als »Gemeinschaft der Heiligen« für heute Vorbildfunktion oder muss sie als noch unreife Vorform gelten? Stand am Anfang eine rechtsfreie Geistkirche (R. Sohm) oder besaß schon die Urkirche eine rechtliche Ordnung (A. v. Harnack)? ⇒ 1.5c
- Gibt es Analogien zwischen der Trennung von Staat und Kirche in den ersten drei Jahrhunderten und der Situation in Deutschland seit 1919? Welche Perspektiven ergeben sich daraus für die Minderheiten-Kirche in der »nachchristlichen« Gesellschaft? ⇒ 10.1b

1.3

Zusammenhänge

*Wie lässt sich die **Entwicklung der Kirche des 2. bis 4. Jh.s** beschreiben?*

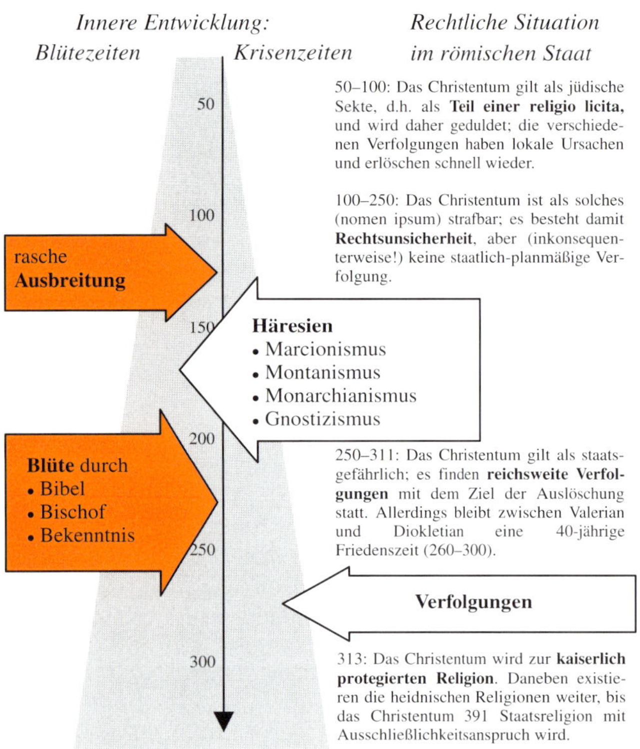

Geografie

Zentren der Theologie und Häresie

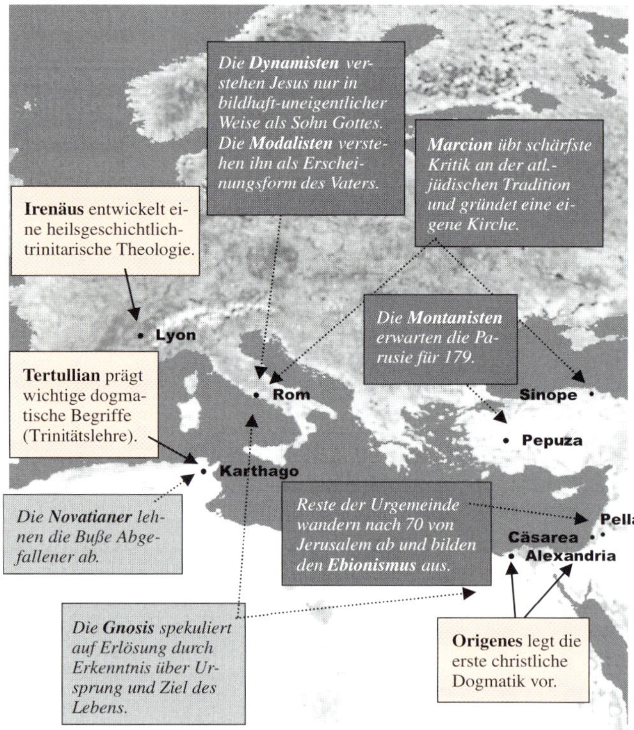

Geografie

Ausbreitung des Christentums und Verfolgungen

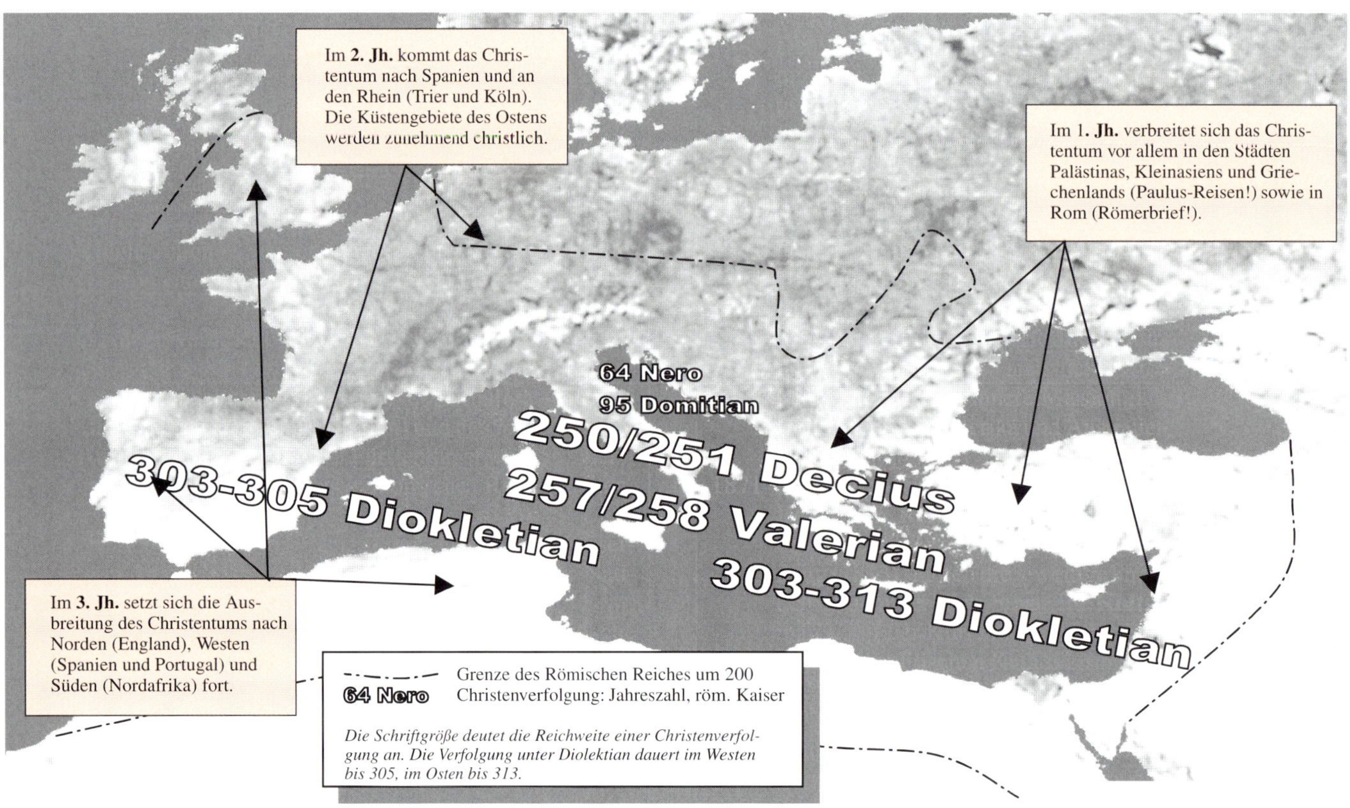

Chronologie

	Politik	Kirche	Theologie	Häresie
	Entfremdung von Judentum und Christentum 70/135 jüd. Aufstände, von *Titus* und *Hadrian* niedergeschlagen 90 Achtzehnbittengebet	**27-30 Öffentliches Wirken Jesu** **45-62 Missionsreisen des Paulus**	Auseinandersetzung mit der hellenistischen Welt	**Ebionismus** judaisierender Adoptianismus
100	**Erste Christenverfolgungen** 64 *Nero:* lokale Polizeiaktion 95 *Domitian:* Verfolgung (Anspielungen in Offb) 113 *Trajan:* Rescript an Plinius	**Ausbreitung**	**100-150 Apostolische Väter** *Clemensbriefe, Ignatius, Hirt des Hermas, Papias, Barnabas, Polykarp, Didache*	
150		Apologien an die röm. Kaiser	**150-200 Apologeten** *Justin, Aristides, Athenagoras, Tatian* Logos-Christologie Ausbildung erster theologischer Systeme	**Marcionismus** Dualismus von Gesetz und Evangelium 144 Ausweisung *Marcions* aus Rom **Montanismus** Geisterfahrung, Parusieerwartung für 179 *Montanus, Quintilla, Maximilla*
200		**Blüte/Konsolidierung** **Bibel/Kanon** um 200 Kanon Muratori Syrische und lat. Bibelübersetzung **Bischof/Amt/Kirchenstruktur** 180 Bischofsliste für Rom, Beginn der kirchlichen Sukzessionstheorie 220 erste erhaltene Kirchenordnung (Hippolyt von Rom) **Bekenntnis/Glaubensregel** (ab 180)	**200-250 Frühkatholische Väter** *Cyprian, Tertullian; Irenäus; Clemens, Origenes* Aufnahme der Logos-Christologie ***Irenäus** (130-200)* aus Kleinasien 177 Bischof von Lyon 180 »Adversus haereses« ***Tertullian** (160-220)* Rhetor und Katechumenenlehrer in Karthago 207 Anschluss an Montanisten ***Origenes** (185-254)* 203 Katechumenenlehrer in Alexandria 215 literarische Tätigkeit: »De principiis« 231 Schule in Cäsarea 254 Tod infolge der decischen Verfolgung	**Monarchianismus** Dynamisten: Jesus = Mensch *(Theodot, Paul v. Samosata)* Modalisten: Jesus = Gott *(Noetus, Praxeas, Sabellius)* **Gnostizismus** mythologische Spekulation *Simon Magus, Satornil, Basilides* *Valentinus (135-165)*
250	**Große Christenverfolgungen** 250/251 *Decius* 257/258 *Valerian*	**Entstehung des Papsttums** 115 *Ignatius:* monarchisches Bischofsamt 190 *Victor I.:* Passastreit 222 *Kalixt I.:* Bußpraxis 257 *Stephan I.:* Mt 16	**200-300 Monarchianischer Streit** **Dynamisten:** Jesus = Mensch **Modalisten:** Jesus = Gott **Logos-Christologie:** Einzigartigkeit Jesu mit dem λόγος-Begriff ausgesagt	**Novatianismus** heilige Gemeinde (251)
300	303-305 (-313) *Diokletian* Herrschaftsteilungen	342 *Julius I.:* Synode von Serdika		

1.5

Prüfungsthemen

- **Mission** und Ausbreitung des Christentums in den ersten drei Jahrhunderten *[1996/I]*
- Bildung und Abgrenzung der **»Großkirche«** im 2. Jahrhundert *[1995/II]*
- Die Entwicklung der **Lehre von der Kirche** vom Montanismus über Cyprian bis Augustin ist zu schildern. Welche Auswirkungen hatte Augustins Ekklesiologie? *[1979/II]*
- Die **Gnosis** und ihre Bedeutung für die alte *[sic!]* Kirche *[1976/II]*
- Die **Apologeten** der Alten Kirche bis zum 4. Jahrhundert *[1984/I]*
- Die **Christenverfolgungen** durch das Römische Reich und ihre Bedeutung für die Alte Kirche *[1975/I]*
- Die Christenverfolgung des 3. und 4. Jahrhunderts *[1991/I]*
- Schildern Sie die **christologische Entwicklung**, ausgehend von den apostolischen Vätern über Origenes und Tertullian bis zum Konzil von Nicaea. Erörtern Sie sodann die Gründe, die zum Konzil von Chalcedon (451) führten. Dabei sind Nestorius und Cyrill in den Vordergrund der Darstellung zu rücken. *[1976/I]*
- Die kirchliche **Buße** (einschließlich Privatbeichte und Ablass) von der altkirchlichen Zeit bis zum Vorabend der Reformation *[1981/I]*
- Die Entstehung des kirchlichen Bußinstituts (Christensünde und »zweite Buße« als altkirchliches Problem) *[1984/II]*
- **Martyrium** und Märtyrer in der Alten Kirche *[1998/I]*
- Amt und **Kirchenverfassung** in den ersten drei Jahrhunderten *[1999/II]*

Große Linien

Geschichte der Kirchenverfassung

Versteht die ältere Forschung (R. Sohm) die Ordnung der frühen christlichen Gemeinde als reine Liebesordnung ohne jeden Rechtscharakter, haben A. v. Harnack u. a. darauf hingewiesen, dass schon die **Urgemeinde** Grundelemente einer Organisation kennt: die Leitung durch die drei »Säulen« (Gal 2,9), die Gruppe der »Ältesten« sowie Gemeindeversammlungen. In den paulinischen Gemeinden gibt es die gemeindlichen Dienste von »Bischöfen und Diakonen« und die überörtlichen Aufgaben der »Apostel, Propheten und Lehrer«. Allerdings existiert weder eine feste Form von Kirchenverfassung noch eine überregionale kirchliche Gesamtorganisation.

In Auseinandersetzung mit inneren (Gnosis) und äußeren (Christenverfolgungen) Gefährdungen entsteht im **2. Jh.** das monarchische Bischofsamt. Im Verlauf des **4. Jh.s** wird die Rechtsstellung des Bischofs verstärkt, die Unterscheidung von Klerus und Laien vertieft und der Ausbau kirchlicher Ämter vorangetrieben. In enger Anlehnung an die römische Reichseinteilung entstehen über den Diözesen der Bischöfe Kirchenprovinzen (Metropolitanverbände) und Patriarchate, die mit Unterstützung von Bischofsversammlungen (Konzilien) von Erzbischöfen (Metropoliten) und Patriarchen geleitet werden. Der im Römischen Reich faktisch bestehende Vorrang des Bischofs von Rom entwickelt sich zu einer rechtlichen Vorrangstellung; das Papsttum wird im Westen zur beherrschenden Größe. Das im Prinzip bis heute fortbestehende zentralisierte Kirchenwesen der mittelalterlichen Kirche wird durch die **Reformpäpste** des **11./12. Jh.s** geschaffen.

Die theologisch begründete und in ihrer Grundstruktur bindend festgelegte Verfassung der **römisch-katholischen Kirche** findet ihren Ausdruck in der Lehre von den drei institutionellen Ämtern (munera): Lehramt (der gesamte Klerus), Priesteramt (mit unterschiedlicher Weihehierarchie von Priestern und Bischöfen), Hirtenamt (Bischöfe und Papst). Der Papst gilt als oberster Gesetzgeber, Richter und Regent; er wird beraten von den Kardinälen und unterstützt von der Kurie und den päpstlichen Legaten. Konzilien, regionale Bischofskonferenzen und Diözesansynoden haben nur beratende Funktion.

Die Kirchenverfassungen der **Ostkirchen** lassen sich als *episkopal-synodal* kennzeichnen: Die personale Amtsstruktur ruht auf dem Bischof; die einzelnen eigenständigen (autokephalen) Kirchen werden von Patriarchen oder Erzbischöfen geleitet, die jeweils einen Ehrenvorsitz ohne zusätzliche Jurisdiktionsgewalt inne haben. Die Bischöfe der Einzelkirchen treten regelmäßig zu Synoden zusammen, denen partikulares Gesetzgebungsrecht und Gerichtsbefugnisse zukommen.

Im 16. Jh. bringen die theologischen Erkenntnisse der **Reformatoren** eine entscheidende Änderung hin zu einer *Konsistorialverfassung*. Mit dem Versuch, die Kirche allein auf die Predigt des Evangeliums zu gründen, ist die Verwerfung der Apostolischen Sukzession, der grundsätzlichen Unterscheidung von Priestern und Laien und der rechtlichen Autorität des Papstes verbunden. Eine eigenständige Gemeindeverfassung kann auf Grund der politischen Verhältnisse jedoch nicht realisiert werden. Vielmehr wird die Neuordnung der Kirche durch Visitation der Pfarrer und Gemeinden auf die Landesfürsten übertragen (abschließend 1555). Damit entsteht die Landes(fürsten)kirche und das landesherrliche Kirchenregiment (= landesherrliches Summepiskopat). Die Verwaltung der Kirche wird zu einem Teil der Staatsverwaltung. Die eingesetzten Superintendenten bzw. Dekane sind Landesbeamte, die Konsistorien Landesbehörden.

Demgegenüber entwickelt sich in den von Zwingli und Calvin beeinflussten Gebieten ein *presbyterial-synodaler* Verfassungstyp. Als Reformator der zweiten Generation kommt es **Calvin** stärker als Luther von Anfang an auf die Organisation des Kirchenwesens an. Vor allem in England und Schottland, in Frankreich und in den Niederlanden sowie in den niederrheinischen Gebieten Deutschlands wird die Organisation der Kirche von unten her aufgebaut. Die Leitungsämter beruhen auf freier Gemeindewahl: auf Gemeindeebene durch das Presbyterium mit umfassenden Befugnissen, auf Provinzialebene durch die Synode.

Nachdem in der Zeit des Absolutismus die evangelische Kirche unmittelbar vom Staat verwaltet wird, ist die Entwicklung im **19. Jh.** gekennzeichnet durch eine *Verschmelzung der lutherischen Konsistorialverfassung mit der reformierten Presbyterial-Synodalverfassung*. Die Eingliederung der niederrheinischen Gemeindekirche in den preußischen Staat (1815), das Zustandekommen von Unionskirchen und die Entwicklung der konstitutionellen Monarchie führen zur Entstehung der konsistorial-synodalen Mischverfassung aus örtlichen Kirchengemeinden, überregionalen Kirchenkreisen (Dekanaten) und staatlich-kirchlichem Konsistorium. Mit der Abdankung der Landesfürsten (1918) geht das landesherrliche Kirchenregiment unter; erhalten bleibt allerdings das Landeskirchentum als solches. Beim Staat bleibt nur die allgemeine Aufsicht über die Kirchen. Die Kirche besitzt zum ersten Mal volle Verfassungsautonomie.

Die Kirchenverfassungen der deutschen evangelischen Kirchen **nach 1945** nehmen weithin die Erkenntnisse des Kirchenkampfes auf und weisen eine Reihe gemeinsamer Grundzüge auf: Kirchengemeinde als Basis, gewähltes Presbyterium, daneben Landeskirche als eigentliche Organisationsgestalt des deutschen evangelischen Kirchentums. Alle Landeskirchen weisen eine *Mischverfassung mit synodalen, episkopalen und konsistorialen Elementen* auf.

Andere Verfassungsmodelle zeigen die lutherischen Kirchen der skandinavischen Länder *(staatskirchlich-episkopal)* sowie die anglikanische Kirchengemeinschaft (mit starker Betonung des Bischofsamtes). Methodisten, Mennoniten, Baptisten und Freikirchen repräsentieren den *kongregationalistischen* Verfassungstyp. Demnach ist jede Gemeinde als Personalgemeinde im Grundsatz selbstständig, ohne staatliche, bischöfliche oder synodale Aufsicht. Es gibt nur lockere Zusammenschlüsse.

Die Mehrzahl der nicht der römisch-katholischen Kirche angehörenden Einzelkirchen ist in umfassenden Kirchenföderationen verbunden, die heute einen bedeutenden, die einzelnen Kirchenverfassungen ergänzenden Faktor darstellen (Lutherischer Weltbund, Reformierter Weltbund, Baptist World Alliance, World Methodist Council, Ökumenischer Rat der Kirchen).

300-450 Alte Kirche seit Konstantin

Kapitel 2

Jerusalem in einem christlichen Staat: die Madaba-Karte
Die Mosaikkarte von Madaba (um 550, Georgskirche in Madaba/Jordanien) enthält den ältesten »Stadtplan« Jerusalems und basiert auf einem Ortslexikon des frühen 4. Jh.s, dem »Onomastikon« des Euseb von Cäsarea. Die Karte veranschaulicht, wie Konstantin Jerusalem zur christlichen Stadt gemacht und nach drei Jahrhunderten die frühchristlichen Spuren gesichert hat. 326 ließ er den Aphrodite-Tempel niederreißen, den Hadrian 136 über den frühchristlichen Heiligtümern errichtet hatte, um die Erinnerung an Christus auszulöschen. Mit Unterstützung der Kaiserinmutter Helena, die 326-330 Jerusalem besuchte, waren 336 der Golgatha-Felsen und das Grab Jesu freigelegt und die Grabeskirche darüber erbaut worden.

Die geografisch exakte Abbildung der Nea-Kirche ermöglichte einerseits eine Datierung der Madaba-Karte (nach 542, als Justinian die Kirche erbauen ließ), führte andererseits 1970 zur Wiederentdeckung ihres Fundaments.

Das Neapolistor bzw. Damaskustor begrenzt bis heute die Jerusalemer Altstadt im Norden.

Deutlich erkennbar ist die Grabeskirche, die westlich an den Cardo anschließt, die heute wieder ausgegrabene Prachtstraße (in Nord-Süd-Richtung) des spätantiken Jerusalems.

Einstieg

- Die sog. **»Konstantinische Wende«** ist ein Urdatum der Kirchengeschichte, an dessen Beurteilung sich bis heute die Geister scheiden: War die Verbindung von Kirche und Staat Glück oder Unglück? Gab es einen anderen Weg für das aufstrebende Christentum, als auch in den staatlichen Bereich einzudringen? ⇒ 2.1b
- In die eineinhalb Jahrhunderte von Konstantin bis zum Untergang des weströmischen Reiches fallen die ersten vier **Ökumenischen Konzilien**, die bis heute als gemeinsame Grundlage der weltweiten Christenheit gelten ⇒ 2.3b.
- Ein weiterer Verbindungspunkt speziell der abendländischen Christenheit ist die überragende Gestalt des Kirchenvaters **Augustin**: Er beeinflusst wie nur wenige andere die (Kirchen-)Geschichte nach ihm und gilt bis heute als Gewährsmann bei Katholiken wie Protestanten ⇒ 2.2b.

Zeitliche Abgrenzung

306 Im Westen des römischen Reiches findet die letzte große Christenverfolgung ein Ende, als nach dem Tod von Konstantius Chlorus und Maximian Thronwirren ausbrechen: deren Söhne **Konstantin** und **Maxentius** haben kein Interesse an einer Weiterführung der Verfolgung.
Im Orient entsteht mit Antonius und Pachomius das Mönchtum.

311 Der todkranke Galerius verkündet in Nikomedien ein **Toleranzedikt**, das die Christenverfolgung auch im Osten beendet und das Christentum als religio licita anerkennt. Er gesteht damit de facto die politische Niederlage ein ⇒ 1.1b.

313 In der **Vereinbarung von Mailand** wird das (im Osten nicht mehr praktizierte) Toleranzedikt von 311 erneuert: Vermutlich übernimmt dabei Licinius die Position von Konstantin. Maximinus Daja hat bereits 312 seinen antichristlichen Kurs korrigiert.

Themen und Begriffe

- **Herrschaftsteilung**: Um die Stabilität des Römischen Reiches zu stärken, führt Diokletian 293 eine Tetrarchie ein: zwei Augusti regieren von Mailand bzw. Nikomedien aus über West- bzw. Ostrom; ihnen ist je ein Cäsar (»Juniorkaiser«) zugeordnet ⇒ 2.3a. Nach dem Tod von Theodosius I. d. Gr. bricht 395 das Imperium auseinander. Westrom erliegt im 5. Jh. den Germaneneinfällen (Völkerwanderung ⇒ 2.4cd, 3.1c), Ostrom behauptet sich bis 1453 (Eroberung Konstantinopels ⇒ 5.1d).
- Die **Konstantinische Wende** bezeichnet den Umschwung der staatlichen Religionspolitik, den Konstantin 312–324 auf seinem Weg zur Alleinherrschaft veranlasst. Meilensteine sind der Sieg bei der Milvischen Brücke 312 (verstärkte Hinwendung zum Christentum), die Vereinbarung von Mailand zwischen Konstantin und Licinius 313 (Toleranz auch für die Christen im Osten) und das Edikt von 324 (Begünstigung der Kirche).
- **Reichskirchentum**: Unter Konstantin und seinen Nachfolgern entwickelt sich zunehmend eine Reichskirche, eine Synthese von Kirche und Imperium unter staatlicher Oberherrschaft. Sie erreicht unter Theodosius I. einen ersten Höhepunkt. Aus ihr resultieren eine Verweltlichung der Kirche und starker gegenseitiger Einfluss von Kirchen- und Staatsämtern. Eine **Staatskirche** im engeren Sinn bildet Justinian I. ⇒ 3.3b. [Zum Reichskirchentum des Mittelalters ⇒ 4.1b]
- Im Monarchianischen Streit war es um die Grundfrage gegangen, wie die Einheit Gottes und die Trinität zusammengedacht werden können ⇒ 1.2b. Der **Trinitarische Streit** fragt weiter nach der Gottheit Christi: War er während seiner Präexistenz Gott gleich oder lediglich ein Halbgott? Der **Christologische Streit** beschäftigt sich mit dem Innenaspekt dieses Problems: Wie verhalten sich Gottheit und Menschheit in der Person Jesu Christi zueinander? ⇒ 2.2a, 2.3b

Untergliederung

325 Das **erste Ökumenische Konzil von Nicäa** zeigt die grundlegend gewandelte Situation für Kirche und Staat: Im Jahr nach Erlangung der Alleinherrschaft beruft Kaiser Konstantin die Synode ein, um die Einheit der Kirche als wichtigsten Integrationsfaktor des Reiches wiederherzustellen.

361 Die heidnische Restauration von **Julian Apostata** bedeutet nur eine kurze Unterbrechung der kirchenfreundlichen Politik in den langen Regierungszeiten von Konstantin, Konstantius II. und Theodosius I. ⇒ 2.3a.

381 Das **zweite Ökumenische Konzil von Konstantinopel** verständigt sich auf das Bekenntnis, dass Sohn und Heiliger Geist wesensgleich mit Gott-Vater sind ⇒ 2.3b.

411 **Augustin** beendet als Führer der afrikanischen Kirche den Kampf gegen den Donatismus (Kirchen- und Amtsverständnis). Die Ankunft von Pelagius und Caelestius in Nordafrika entfacht den Pelagianischen Streit (um die Gnadenlehre). Im Jahr vorher war Rom von den Westgoten erobert worden.

431 Das **dritte Ökumenische Konzil in Ephesus** führt zum Sturz des Nestorius, der sich dagegen gewandt hatte, Maria als »Gottesgebärerin« zu bezeichnen ⇒ 2.3b. Ein Jahr zuvor ist Augustin in Hippo Regius gestorben. Das Vordringen der Germanenstämme kündigt den Untergang des Weströmischen Reiches an ⇒ 3.1c.

Zur Theologiegeschichte: Zitate

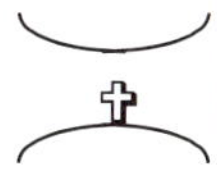

***Arianer:* Geschöpflichkeit des Sohnes**
»ἦν ὅτε ὁ θεὸς πατὴρ οὐκ ἦν [Es gab eine Zeit, da Gott nicht Vater war].« *(Lehre der Arianer nach der Enzyklika Alexanders von Alexandrien – KTGQ 1,131)*

***Orthodoxe/Homoousianer:* Vater und Sohn wesenseins**

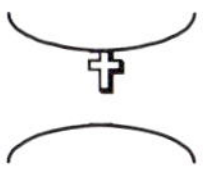

»Denn lediglich zu sagen, der Sohn sei dem Vater ›ähnlich auch hinsichtlich des Wesens‹, reicht bei weitem nicht an die Aussage heran, dass er ›aus dem Wesen des Vaters‹ sei, womit die Echtbürtigkeit der Beziehung zwischen Sohn und Vater bezeichnet wird.« *(Athanasius, De synodis, 359 – KTGQ 1,159)*

***Kappadozier:* Vater und Sohn wesensgleich**
(klare Begrifflichkeit, Interpretation des ὁμοούσιος als wesensgleich)

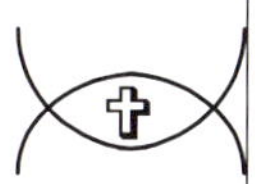

»Die Unterscheidung zwischen οὐσία und ὑπόστασις ist dieselbe wie zwischen Gemeinsamem und Besonderem. Weshalb wir auch bezüglich der Gottheit eine einzige οὐσία bekennen, sodass wir das Sein von Vater, Sohn und Hl. Geist nicht in verschiedenem Sinne aussagen, die Hypostase jedoch als eigentümlich, damit unser Begriff von Vater, Sohn und Hl. Geist distinkt und klar sei.« *(Basilius von Caesarea, Brief von 376 – KTGQ 1,176f.)*

Das Kreuz symbolisiert vereinfacht die Stellung Jesu im jeweiligen Lehrsystem, je nachdem, ob seine Göttlichkeit oder Menschlichkeit mehr betont wird. In Chalcedon wird die Paradoxie auszusagen versucht, dass Jesus zugleich der göttlichen wie der menschlichen Sphäre zugehört.

Lerntipps

Drei Themen beherrschen diesen Zeitraum:
- Die *politisch-kirchliche Entwicklung* von Konstantin bis Theodosius ⇒ 2.3a.
- Die *dogmatischen Streitigkeiten* und die ersten vier Ökumenischen Konzilien ⇒ 2.2a, 2.3b.
- Leben und Werk *Augustins* ⇒ 2.4a, 2.2b.

Ferner werden die **Voraussetzungen** geschaffen für die
- Entwicklung des *Mönchtums:* Ab 300 breitet sich die monastische Bewegung von Ägypten her aus ⇒ 5.5b.
- *Mission:* Die Germanen kommen durch Wulfila erstmals mit dem Christentum in Berührung ⇒ 3.3b.

Wer angesichts der altkirchlichen **Terminologie** (Homousianer, Homoiusianer, Homöer, Anhomöer . . .; ὑπόστασις, οὐσία, natura, persona . . .) ins (Ver-)Zweifeln gerät, sollte
1. die *begrifflichen* Schwierigkeiten der Christologie von den *sachlichen* Problemen (Subordination gegenüber Doketismus/Modalismus) unterscheiden und sich
2. darüber klar werden, dass die Verwirrung eine bereits zeitgenössische ist (z. T. aus taktischen Gründen ganz gezielt, z.T. weil sich ein Modus der theologischen Diskussion erst noch entwickeln musste). Die gesamte trinitarische Diskussion des 4. Jh.s lässt sich als Kampf um die Interpretation von Nicäa (325) verstehen.

Zur Theologie Augustins: Begriffe

- eine auf **Erfahrung** und Biografie aufbauende Theologie: »Unruhig ist unser Herz, bis es ruht in dir.«
- eine **Schrifttheologie**, die die Selbstauslegung der Bibel in den Vordergrund stellt.
- eine pessimistische **Anthropologie**: Erbsündenlehre; *ignorantia, concupiscentia* und *mortalitas* als Strafe für Adams Ungehorsam; die ganze Menschheit als *massa perditionis* bzw. *massa damnata;* Sünde als *amor sui, concupiscentia* und *privatio boni.*
- eine **Gnadenlehre** »zwischen« Paulus und Luther: fortschreitende Gerechtmachung durch die *gratia gratuita* bzw. *gratia irresistibilis;* Empfang der Sündenvergebung und des Heiligen Geistes (Röm 5,5); Prädestination.
- eine **Erlösungstheologie** als »Aufstieg« von der Materie zu Gott mit den situativ neuplatonischen Themen der *Heimkehr* und *Erkenntnis.*
- eine **Ethik** der Liebe: »Ama et fac quod vis.«
- ein autoritatives **Kirchenverständnis**: »Ich würde dem Evangelium keinen Glauben schenken, wenn mich nicht die Autorität der katholischen Kirche dazu bewogen hätte.« (KTGQ 1, 203)
- eine ausdifferenzierte **Sakramentenlehre**: »Accedit verbum ad elementum, et fit sacramentum, etiam ipsum tamquam visibile verbum.« (»Es tritt das Wort zum Element hinzu und es wird zum Sakrament, auch dieses gleichsam ein sichtbares Wort.« KTGQ 1, 205)
- eine **Geschichtstheologie**, die den Untergang Roms überlebt: *civitas dei et civitas terrena.*

Zur Diskussion

- Welche Gründe – politische und persönliche – bewogen Konstantin und seine Nachfolger, das Christentum anzuerkennen?
- Die Verbindung von Kirche und Staat hatte vielfältige Konsequenzen. Wie ist ihr Einfluss bei den Konzilien zu bewerten?
- Welchen theologischen Ertrag bringen die trinitarischen und christologischen Streitigkeiten? Inwieweit ist die griechische Begrifflichkeit hilfreich, wo ist sie abzulehnen (vgl. Apg 17: angemessen nur in der Schöpfungslehre)?
- Hat die Großkirche durch das Ausscheiden der Arianer und Nestorianer mehr verloren als gewonnen (Existenz von eigenständigen ostgermanischen »Nationalkirchen«, Mission als besonderes Anliegen der Nestorianer)?
- Steht die katholische oder die evangelische Position näher bei Augustins Theologie (Gnadenlehre, Ekklesiologie usw.)? Worin liegen die signifikanten Unterschiede zwischen Augustins und Luthers Rechtfertigungsverständnis? ⇒ 7.3a

2.3

Zusammenhänge

*Wie waren die **Machtverhältnisse des Römischen Reiches** seit der Herrschaftsteilung Diokletians?*

Westen — *Augustus* | *Cäsar* — **Osten** — *Cäsar* | *Augustus*

284-305 Diokletian

286-305 Maximian | Konstantius Chlorus | Galerius

Konstantius Chlorus | Severus | Maximinus Daja | Galerius

306ff. Reichswirren

306-337 **KONSTANTIN** | **Licinius** | Maximinus D. | Galerius

314-324 Licinius

324-337 Alleinherrscher

Konstantin II. | Konstans | 337-361 **Konstantius II.**

350-361 Alleinherrscher

361-363 **Julian**

Jovianus

364-375 Valentinian I. | 364-378 Valens

375-383 Gratian

375-392 Valentinian II. | 379-395 **Theodosius I.**

Eugenius (Usurpator)

394/395 Alleinherrscher

395 Reichsteilung

395-423 Honorius | 395-408 Arcadius
410 Westgoten in Rom | 408-450 Theodosius II.
455 Vandalen in Rom | …
476 Ende Westroms | 527-565 **Justinian I.**
| *1453 Ende Ostroms*

Zusammenhänge

*Wie gingen die **dogmatischen Streitigkeiten** auseinander hervor?*

200-300 Monarchianischer Streit

DYNAMISTEN
Theodot
Paul v. Samosata

200-250 FRÜHKATH. VÄTER
Clemens *Cyprian* *Irenäus*
Origenes *Tertullian*

MODALISTEN
Noet, Praxeas
Sabellius
(Apollinaris)

318-381 Trinitarischer (Arianischer) Streit

ARIANER
Arius

ORIGENISTEN
(Homoiousianer)

ORTHODOXE
(Homoousianer)
Athanasius

325 Erstes Ökumenisches Konzil in Nicäa

HOMÖER

KAPPADOZIER
Basilius d. Gr.
Gregor v. Nyssa
Gregor v. Nazianz

381 Zweites Ökumenisches Konzil in Konstantinopel:
Christus ist »gleichen Wesens mit dem Vater« ὁμοούσιος

428-451 Christologischer Streit

ANTIOCHENER
Diodor
Theodor v. Mopsuestia
Nestorius (χριστοτόκος)
Leo I., Flavian
- Assumption
- moralische Einheit
- λόγος-ἄνθρωπος
- dauerhafte Verbindung

ALEXANDRINER
Cyrill
Dioskur
Eutyches (μία φύσις)
- Inkarnation
- physische Einheit
- λόγος-σάρξ
- Vermischung

431 Drittes Ökumenisches Konzil in Ephesus
451 Viertes Ökumenisches Konzil in Chalcedon:
vere deus + vere homo
vom Vater + von Maria
Einheit der Person + Integrität der 2 Naturen
(ἀσυγχύτως, ἀτρέπτως, ἀδιαιρέτως, ἀχωρίστως)

Nestorianer Monophysiten

Geografie

Patriarchate, Konzilien (325–451) und Mönchtum (seit 300); Reichsteilung (395)

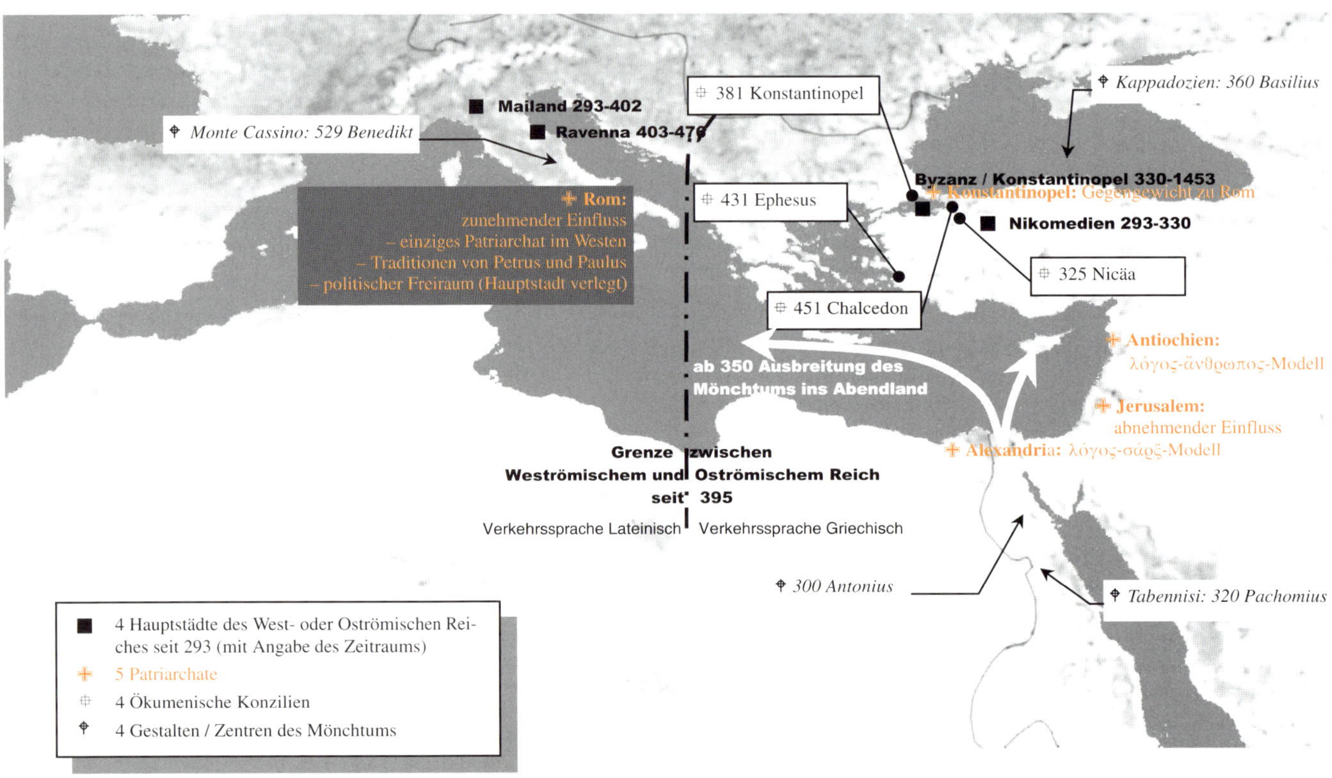

Chronologie

	Politik	Kirche	Theologie	Häresie
300	Religiöse Toleranz ***306-337 Konstantin*** 312 Schlacht an der Milvischen Brücke: Konstantin besiegt Maxentius 313 Vereinbarung von Mailand	Entstehung des Mönchtums 300 *Antonius:* Eremit 320 *Pachomius:* Koinobiten 360 *Basilius:* Mönchsregel	318-381 Trinitarischer (Arianischer) Streit 325 Erstes Ökumenisches Konzil in **Nicäa**	
	361-363 Julian heidnische Restauration	Mission 341-383 Wulfila unter den Ostgermanen (arian. Kirchen)		
	Katholische Reichskirche ***379-395 Theodosius*** Christentum Staatsreligion 380 Edikt »Cunctos populos« 391 Verbot von Tempelbesuch und Opfer 395 Reichsteilung	*Augustin (354-430)* 370 Hinwendung zur **Philosophie** unter dem Eindruck von Ciceros »Hortensius« (Karthago) 375 Auditor bei den Manichäern 383 Interesse am **Skeptizismus** (Rom) 386 Begegnung mit dem **Neuplatonismus** (Mailand) 1.8.386 Bekehrung zum **Christentum** 390 **Priesterweihe** wider Willen (Hippo Regius) 395 **Bischofsweihe**; radikale Hinwendung zur paulinischen Gnadenlehre (396); Kampf **gegen Donatismus** 411-420 Kampf **gegen Pelagianismus** des Pelagius und des Julian von Eclanum 427 Kampf **gegen Arianismus** 429 Kampf **gegen Semipelagianismus**	381 Zweites Ökumenisches Konzil in **Konstantinopel**	
400			428-451 Christologischer Streit 431 Drittes Ökumenisches Konzil in **Ephesus** 451 Viertes Ökumenisches Konzil in **Chalcedon**	311-411 Donatistischer Streit Muss der Klerus heilig sein? 411-431 Pelagianischer Streit Wirkt der Mensch sein Heil? 429-529 Semipelagianischer Streit Wirkt der Mensch an seinem Heil mit?
	375-568 Völkerwanderung 529 Schließung der Akademie in Athen	529 *Benedikt von Nursia:* Kloster Monte Cassino		

Geografie

Die Völkerwanderung (375–568); Wulfila und Augustin; Machtverhältnisse in Italien

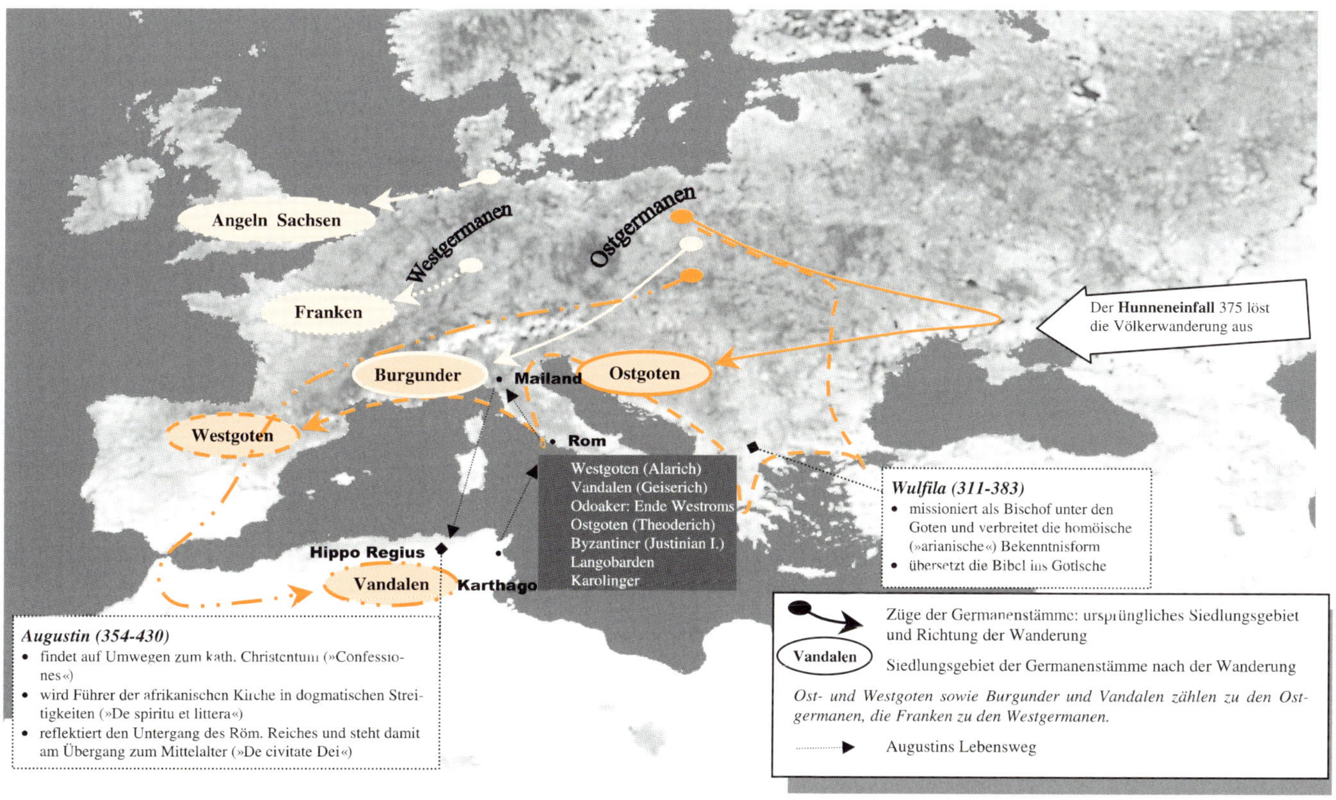

Prüfungsthemen

- **Augustin** und der pelagianische Streit *[1986/I]*
- Die Bedeutung Augustins für die Alte Kirche ist an wichtigen Zeugnissen seines Wirkens darzustellen *[1990/II]*
- Augustins Wirkung auf die Theologie und die Kirchengeschichte des Mittelalters *[1996/II]*
- Die Entwicklung der Lehre von der Kirche vom Montanismus über Cyprian bis Augustin ist zu schildern. Welche Auswirkungen hatte Augustins Ekklesiologie? *[1979/II; vgl. Kap. 1]*
- **Konstantins** Bedeutung für die Geschichte der Kirche *[1982/I]*
- Die Bedeutung des vierten, des ersten reichskirchlichen Jahrhunderts für die Kirchengeschichte *[1987/II]*
- Die **Ökumenischen Konzile** der alten Kirche im dogmatischen Streit des 4. bis 6. Jahrhunderts *[1981/II]*
- Schildern Sie die **christologische Entwicklung**, ausgehend von den apostolischen Vätern über Origenes und Tertullian bis zum Konzil von Nicaea. Erörtern Sie sodann die Gründe, die zum Konzil von Chalcedon (451) führten. Dabei sind Nestorius und Cyrill in den Vordergrund der Darstellung zu rücken. *[1976/I; vgl. Kap. 1]*
- Antiochien und Alexandrien in der Alten Kirche. Geschichte und Gestalten, Theologie und Frömmigkeit *[1990/I]*
- Die Entwicklung des christologischen Dogmas bis zum Konzil von Chalkedon (451) *[1999/I]*
- Das **Mönchtum** – Entstehung, Formen und Ausbreitung in der Alten Kirche *[1994/I]*
- Die Hauptformen des christlichen Mönchtums in ihren wichtigsten geschichtlichen Ausprägungen *[1985/I]*
- Die kirchliche **Buße** (einschließlich Privatbeichte und Ablass) von der altkirchlichen Zeit bis zum Vorabend der Reformation *[1981/I; vgl. Kap. 1]*

Große Linien

Geschichte der Konzilien

In den vergangenen 2000 Jahren fanden 21 sog. Allgemeine Konzilien statt. Die Ostkirchen erkennen nur die ersten sieben an. In der römisch-katholischen Kirche gelten aufgrund des Universalepiskopats des Papstes alle 21 Konzilien als »ökumenisch«.

Ort	Jahr	Inhalte
1. Nicäa (1)	**325**	*Nicaenum:* Wesensgleichheit des Sohnes mit dem Vater; Metropolitanverfassung; Osterfesttermin
2. Konstantinopel (1)	**381**	*Nicaeno-Constantinopolitanum:* Bestätigung von 325, Gottheit des Heiligen Geistes
3. Ephesus	**431**	Maria als Gottesgebärerin
4. Chalcedon	**451**	Zwei-Naturen-Lehre (zwei Naturen in der einen Person Christi); kirchliche Integration des Mönchtums
5. Konstantinopel (2)	553	
6. Konstantinopel (3)	680/81	Dyotheletismus (in Christus nicht nur ein Wille)
7. Nicäa (2)	787	Bilderverehrung erlaubt
8. Konstantinopel (4)	869/70	
9. Lateran (1)	1123	Verkündigung des Wormser Konkordats
10. Lateran (2)	1139	
11. Lateran (3)	1179	Zweidrittelmehrheit bei Papstwahl
12. Lateran (4)	**1215**	Transsubstantiationslehre; Unterdrückung der Häresien durch weltliche Gewalt; Verbot neuer Ordensgründungen; maßgebliche Regelungen für Zivilprozess, Eherecht und Besitzlehre; Verpflichtung zu jährlicher Beichte und Osterkommunion
13. Lyon (1)	1245	
14. Lyon (2)	1274	
15. Vienne	1311/12	Fronleichnamsfest
16. Konstanz	**1414–1418**	Beseitigung des Abendländischen Schismas, Verurteilung von Hus, Oberhoheit des Konzils über den Papst
17. Basel/Ferrara/Florenz	**1431–1449**	Konziliarismus
18. Lateran (5)	1512–1517	Verurteilung des Konziliarismus
19. Trient	**1545–1563**	Lehre von Schrift und Tradition, Erbsünde und Rechtfertigung, Sakramenten und Messopfer, Heiligenverehrung
20. Vatikan (1)	**1869/1870**	Primat und Unfehlbarkeit des Papstes; Verurteilung von Atheismus, Materialismus, Pantheismus und Agnostizismus
21. Vatikan (2)	**1962–1965**	4 Konstitutionen (Kirche, Liturgie, Offenbarung, Kirche und moderne Welt) 3 Erklärungen (Erziehung, Religionen, Religionsfreiheit) 9 Dekrete (Kommunikationsmittel, Ökumenismus, orientalische Kirchen, Hirtenamt, Religionen, Priesterbildung, Laienapostolat, Missionen, Priesteramt)

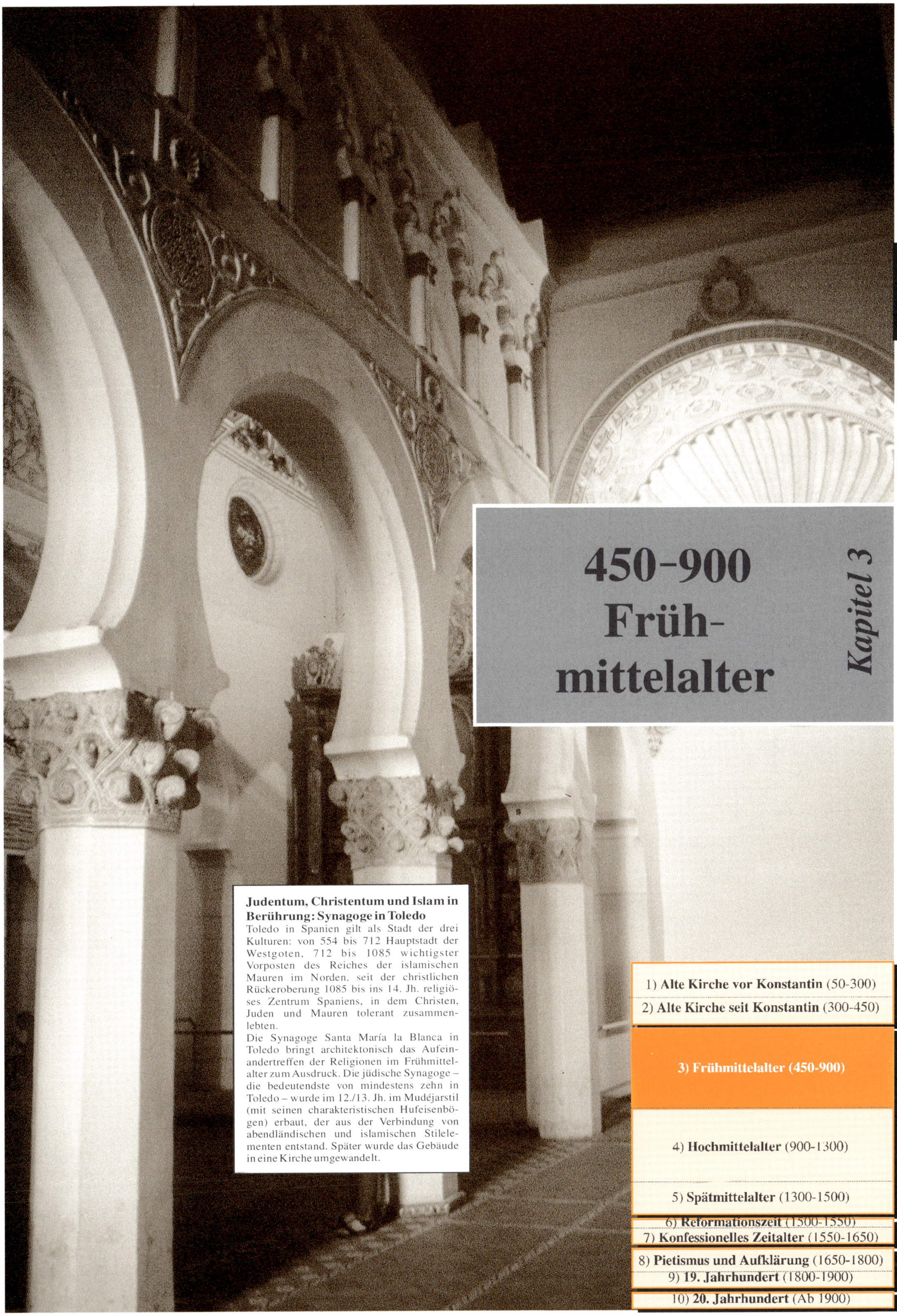

450–900 Frühmittelalter

Kapitel 3

Judentum, Christentum und Islam in Berührung: Synagoge in Toledo
Toledo in Spanien gilt als Stadt der drei Kulturen: von 554 bis 712 Hauptstadt der Westgoten, 712 bis 1085 wichtigster Vorposten des Reiches der islamischen Mauren im Norden, seit der christlichen Rückeroberung 1085 bis ins 14. Jh. religiöses Zentrum Spaniens, in dem Christen, Juden und Mauren tolerant zusammenlebten.
Die Synagoge Santa María la Blanca in Toledo bringt architektonisch das Aufeinandertreffen der Religionen im Frühmittelalter zum Ausdruck. Die jüdische Synagoge – die bedeutendste von mindestens zehn in Toledo – wurde im 12./13. Jh. im Mudéjarstil (mit seinen charakteristischen Hufeisenbögen) erbaut, der aus der Verbindung von abendländischen und islamischen Stilelementen entstand. Später wurde das Gebäude in eine Kirche umgewandelt.

1) **Alte Kirche vor Konstantin** (50-300)
2) **Alte Kirche seit Konstantin** (300-450)
3) **Frühmittelalter (450-900)**
4) **Hochmittelalter** (900-1300)
5) **Spätmittelalter** (1300-1500)
6) **Reformationszeit** (1500-1550)
7) **Konfessionelles Zeitalter** (1550-1650)
8) **Pietismus und Aufklärung** (1650-1800)
9) **19. Jahrhundert** (1800-1900)
10) **20. Jahrhundert** (Ab 1900)

Einstieg

- Als **»Mittelalter«** wird ein Zeitraum von nicht weniger als 1000 Jahren bezeichnet, der im Verhältnis zu anderen Epochen oft (zu) wenig Beachtung findet. Dieser vom Humanismus geprägte Begriff suggeriert, dass es sich lediglich um eine Zwischenzeit handelt. Bis heute ist das Vorurteil von einer »dunklen Zeit« bestimmend.
- Der **Übergang des Christentums von der griechisch-römischen in die germanische Welt** ist von grundsätzlicher Bedeutung und hat Auswirkungen bis in die Gegenwart:
  - An die Stelle des »Staates« als einer abstrakt-transpersonalen Größe tritt eine personal-gentil geprägte Sozial- und Herrschaftsstruktur. Die Bistümer gelangen wegen ihrer politischen Bedeutung (Armenfürsorge, Gerichtsbarkeit, öffentliche Ordnung, militärischer Schutz) in die Verfügungsgewalt fränkischer Adelsfamilien.
  - Die mittelalterliche Kirche ist beinahe uneingeschränkt im Besitz des Bildungsmonopols.
  - Die christologischen Diskussionen der Alten Kirche gehen in soteriologische Fragestellungen über. Das Verhältnis von Gott und Mensch wird dabei in dinglich-juridische Kategorien gefasst (Gefolgschaft).
  - Der Weg der Mission bzw. Christianisierung sowie die Verbindung von kath. Kirche und Germanen bestimmen die religiöse Landkarte des Abendlandes bis heute.
- Die christliche Kirche erlebt die tiefste Verunsicherung ihrer Geschichte durch die Entstehung der einzigen nachchristlichen Weltreligion, des **Islams**. Bis heute stellt sich die Aufgabe der Verhältnisbestimmung.

Themen und Begriffe

- **Germanenmission**: Seit dem 4. Jh. wenden sich germanische Stämme dem Christentum zu; aufgrund der Stämmeordnung weniger durch Einzelbekehrung als vielmehr durch kollektive Hinwendung (Meilensteine 498 und 754 ⇒ 3.1cd, 3.3a). Daran schließt sich die **Christianisierung** als oft langwieriger Prozess an: Veränderung der Gesellschaftsordnung, Aufbau einer Kirchenstruktur. Kehrseite ist die sog. **Germanisierung des Christentums** ⇒ 3.2b.
- **Leh(e)nswesen**: Im 5.–11. Jh. ist die Staatlichkeit nur schwach ausgebildet; wesentliche staatliche Aufgaben kommen in die Hoheit privater Herren. Deren persönliche Bindung (Vasallität) wird mit einer dauerhaften Besitzübereignung (Beneficium) entlohnt. Die Kirche ist auf allen Ebenen – Pfarrei, Kloster, Stift, Bistum – durch Lehensgabe und Lehensnahme, Ämterleihe und Dienstverpflichtung beteiligt.
- **Grundherrschaft** und **Eigenkirchenwesen**: Adelige Grundbesitzer erbauen auf ihrem Boden Kirchen und stellen einen Kleriker an, der für sie und ihre Hörigen Gottesdienste zu halten hat. Der weltliche Herr gilt folglich als verantwortlich für die Ausübung des priesterlichen Dienstes, für Einsetzung und Dotierung der Geistlichen.
- **Karolingische Renaissance** ⇒ 3.2b
- Frühmittelalterliches **Mönchtum** ⇒ 5.5b

Zeitliche Abgrenzung

Wann der Übergang von der Antike zum Mittelalter anzusetzen ist, ist besonders umstritten. Eine große Spannweite von Datierungen besteht:

375 Beginn der **Völkerwanderung**: Der Hunneneinfall veranlasst die germanischen Stämme zu verschiedenen Invasionswellen in Richtung Westen und Süden (375–568). Diese destabilisieren zunehmend das Weströmische Reich und leiten dessen Untergang ein ⇒ 2.4cd.

430 **Augustin** stirbt in Hippo Regius, während es von den Vandalen belagert ist. Sein Werk »De civitate dei« beeinflusst das mittelalterliche Verhältnis von weltlicher und geistlicher Macht.

440 Papst **Leo I.** baut den Primat des römischen Bischofs zu einem Lehrsystem aus. Der Aufstieg der päpstlichen Macht deutet sich an.

451 Das vierte Ökumenische Konzil in **Chalcedon** beendet die christologischen Streitigkeiten; ein ökumenischer Grundkonsens ist hergestellt.

476 Der Germane **Odoaker** wird König von Italien und löst Romulus Augustulus, den letzten weströmischen Kaiser, ab.

498 Der Frankenkönig **Chlodwig** wird in Reims von Bischof Remigius getauft.

Untergliederung

600 Gregor d. Gr. bringt das **Papsttum** zu neuer Blüte und führt die Messopferlehre ein.
622 zieht **Mohammed** von Mekka nach Medina (»Hedschra«).

700 Der Karolinger Karl Martell kommt an die Macht. Mit seinem Sieg in der Schlacht bei Tours und Poitiers (732) stoppt er den **Eroberungszug der muslimischen Omaijaden** über Nordafrika und Spanien nach Mitteleuropa.

754 **Bonifatius** wird ermordet, nachdem er u.a. in Friesland, Hessen und Thüringen missioniert und das kirchliche Leben organisiert hat.
Im **Pakt von Quierzy** schließen sich Papsttum und Frankenreich zusammen.

800 Auf diesem Hintergrund kann **Karl d. Gr.** die Idee der Einheit von Reich und Kirche verwirklichen. Das durch Wahl und Salbung religiös-sakral legitimierte Königtum erhält mit dem Kaisertum eine zusätzliche Würde.

843 In der Krise des 9. Jh.s zerfällt das Reich Karls d. Gr. in mehrere Teilreiche (**Vertrag von Verdun** ⇒ 4.1c). Der im Reichsdienst selbstbewusst gewordene Episkopat wendet sich gegen das Eigenkirchenwesen und insgesamt gegen Eingriffe der Laien in den kirchlichen Bereich (**Pseudoisidorische Dekretalen**).

Zitate

»Jesus Christus, von dem Chrodichilde sagt, er sei der Sohn des lebendigen Gottes, der du, wie es heißt, den Bedrängten Hilfe gibst und den Sieg denen verleihst, die auf dich hoffen, demütig flehe ich dich um deine ruhmreiche Hilfe an.« *(Gebet Chlodwigs nach Gregor v. Tours – EBKG 1,175)*

»Es gibt keinen Gott außer Allah, und Mohammed ist der Gesandte Allahs.« *(Glaubensbekenntnis des Islam – Glasenapp 299)*

»Ich Bonifatius, durch Gottes Gnade Bischof, verspreche Euch, alle Treue und Reinheit dem heiligen katholischen Glauben zu beweisen und mit Gottes Hilfe bei der Einheit dieses Glaubens zu bleiben, auf der alles Heil der Christen beruht.« *(Bischofseid nach dem Brief des Bonifatius, 722 – KTGQ 2,21)*

»Als der König [Karl d. Gr.] gerade am hl. Weihnachtstag sich vom Gebet vor dem Grab des sel. Apostels Petrus zur Messe erhob, setzte ihm Papst Leo eine Krone aufs Haupt und das ganze Römervolk rief dazu: dem erhabenen Karl, dem von Gott gekrönten großen und Frieden bringenden Kaiser der Römer Leben und Sieg!« *(Annales regni Francorum – KTGQ 2,36)*

»Denke stets daran, mein König, dass du der Stellvertreter Gottes, deines Königs bist. Du bist eingesetzt, all seine Glieder zu schützen und zu regieren, und du musst am Tage des Gerichtes Rechenschaft über sie ablegen. Der Bischof ist auf einer zweitrangigen Ebene.« *(Brief an Karl d. Gr., 775 – Ernst Dümmler [Hg.]: Epistolae Karolini Aevi. Bd. II. [MGH Epist. 4] Berlin 1895, Neudruck München 1978, 503)*

»Befragung durch den Priester: Sagst du dem Teufel ab? Ich sage ab. Sagst du ab des Teufels Werk und Willen? Ich sage ab. Sagst du ab allen jenen Opferbräuchen und jenen Opfergaben und jenen Göttern, die bei den Heiden als Opferbräuche und Opfergaben und Götter Geltung haben? Ich sage ab.« *(Fränkisches Taufgelöbnis, 9. Jh. – Ahd. Lesebuch 38)*

Lerntipps

- Als Gerüst kann die **Entwicklung der Germanenstämme** dienen:
  - *Ostgermanen* (v. a. Ostgoten und Westgoten): Aufstieg bis Justinian, Gründung arianischer Kirchen, Niedergang
  - *Westgermanen* (v. a. Franken): Aufstieg seit Chlodwig, Verbindung mit der kath. Kirche, engste Verknüpfung mit Rom seit Pippin d. J.
- In dieses Gerüst wird die **Entwicklung von Mission und Kirche** eingezeichnet:
  - *Osten:* Wulfilas Mission, Byzantinische Reichskirche, Slawenmission
  - *Westen:* Erstarken des Papsttums, Missionierung der Angelsachsen, Aufbau der fränkischen Kirche seit Chlodwig und durch Bonifatius u. a., Einheit von Kirche und Reich unter Karl d. Gr. und Slawenmission
- Das **Jahr 754** kann als Dreh- und Angelpunkt der Epoche gelten: Die angelsächsische Mission geht zu Ende (Tod des Bonifatius), die Verbindung Franken-Rom verläuft ab jetzt selbstständig (Pakt von Quierzy).
- Als **theologische** Begleiterscheinung ist die »Germanisierung des Christentums« zu thematisieren.
- Entstehung und Ausbreitung des **Islam** sind bedeutungsvoll für die folgenden Epochen der Kirchengeschichte.

Zur Theologiegeschichte

- In der Zeit zwischen 500 und 800 kommt es zu keinen nennenswerten theologischen oder philosophischen Neuansätzen. Dies lässt sich durch die Unruhe der Völkerwanderungszeit erklären.
- An den christologischen Streit schließen sich im Osten Auseinandersetzungen über die **Bilderfrage** an. Im Westen entwickeln sich Kontroversen über die **Gnadenlehre** und das **Abendmahlsverständnis** Augustins.
- Grundlegend für die mittelalterliche Theologie wird die sog. **»Germanisierung des Christentums«**: das Eindringen von germanischen Vorstellungen in das christliche Gedankengut. Dies wird vor allem an strukturellen Veränderungen sichtbar: Eigenkirchenwesen, Landeskirchentum und sakrale Herrscherwürde, ständische Gliederung der Kirche, Verrechtlichung und Verdinglichung des Bußwesens ⇒ 3.1b. Begriff und Phänomen sind in der Forschung umstritten.
- Zu einem Neuanfang der theologischen Wissenschaft kommt es unter Karl d. Gr. in der **»Karolingischen Renaissance«**: Er belebt die antike Kultur durch Berufung von Gelehrten an seinen Hof, schafft mit der Hofkapelle in Aachen die zentrale Institution der Reichsverwaltung und des religiös-theologischen Lebens und fördert die Entwicklung der Klöster zu kulturell-geistigen Zentren. In die Streitigkeiten um Bilderverehrung, »filioque« und Adoptianismus greift er ein.

3.2

Zur Diskussion

- Der Islam bedeutet für die bis dahin ungebremste Ausbreitung des Christentums einen schweren Rückschlag: In nur hundert Jahren werden der gesamte Nahe Osten, Nordafrika und Spanien erobert. Wie ist dies theologisch zu bewerten?
- Die Germanenmission hat viele Facetten: von der Übersetzungsarbeit Wulfilas bis zur Schwertmission Karls d. Gr. Wie lassen sich Mission bzw. Christianisierung beurteilen?
- Ebenso vielgestaltig stellt sich die jeweilige Motivation für den Übergang zum Christentum dar: Inwieweit ist z. B. die Taufe Chlodwigs als ein Akt der Überzeugung zu bezeichnen, inwieweit geschah sie aus politischem Kalkül?
- Der Semipelagianismus (⇒ 2.4b) wurde auf der Synode von Orange 529 verurteilt. Wo lässt sich diese Strömung in der weiteren Theologiegeschichte wieder entdecken?

3.3

Zusammenhänge

*Wie verläuft die **Missionierung bzw. Christianisierung der Germanen**?*

300

313 **Konstantin** macht das Christentum im Römischen Reich zur religio licita.

341-383 **Wulfila** verbreitet als Missionsbischof das homöische Christentum unter den Germanen.

400

500

498 Die Franken entscheiden sich unter **Chlodwig** für das (röm.-kath.) Christentum.

590 Der Ire **Columbanus** wirkt unter Franken und Langobarden.

600

719-754 Der Angelsachse **Bonifatius** wirkt als Missionar und Organisator im Frankenreich. Theologie und Rom-Orientierung der Angelsachsen prägen das kontinentale Christentum.

700

754 Der Frankenkönig **Pippin** schließt mit Papst Stephan II. den Pakt von Quierzy.

800

768-814 **Karl d. Gr.** betreibt als defensor et rector ecclesiae Schwertmission unter der Sachsen

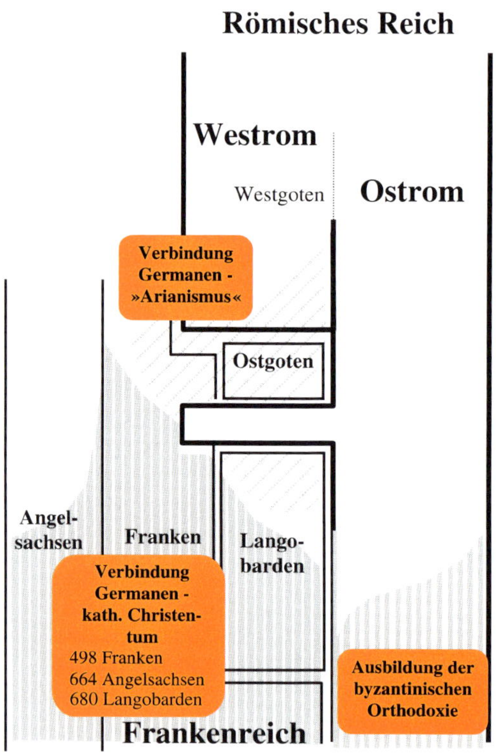

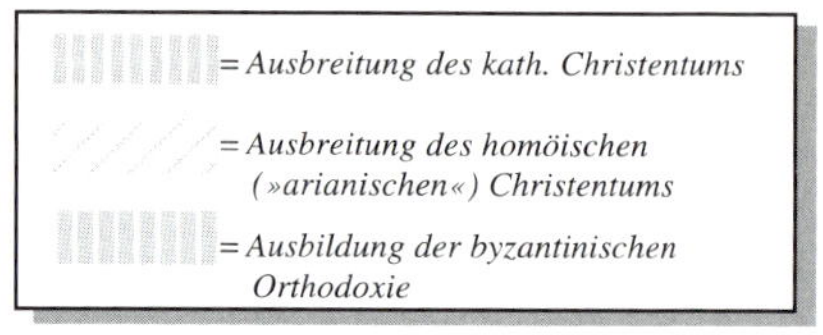

*Durch welche Ereignisse entwickeln sich **Ost- und Westkirche** auseinander?*

293 **Diokletian** teilt die Herrschaft auf (Tetrarchie).

395 Das Römische Reich bricht auseinander.

553-565 **Justinian** beherrscht Westrom. Sein Sieg über die arianischen Ostgoten und Vandalen stärkt die kath. Kirche.

692 Auf dem **Trullanum** werden romfremde Bräuche beschlossen.

867 Patriarch **Photius** löst die orth. Kirche von Rom.

Geografie

Aufstieg des Frankenreichs, Germanenmission

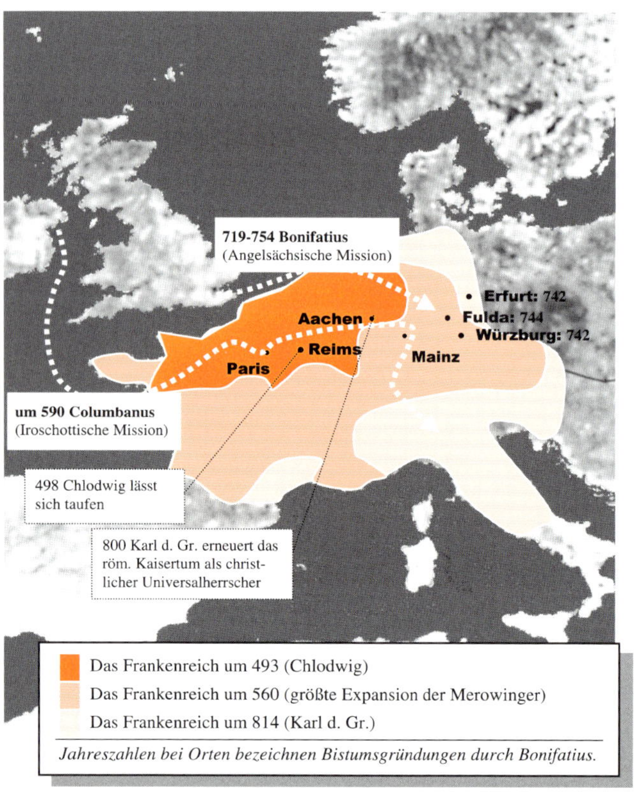

Geografie

Entstehung und Ausbreitung des Islam

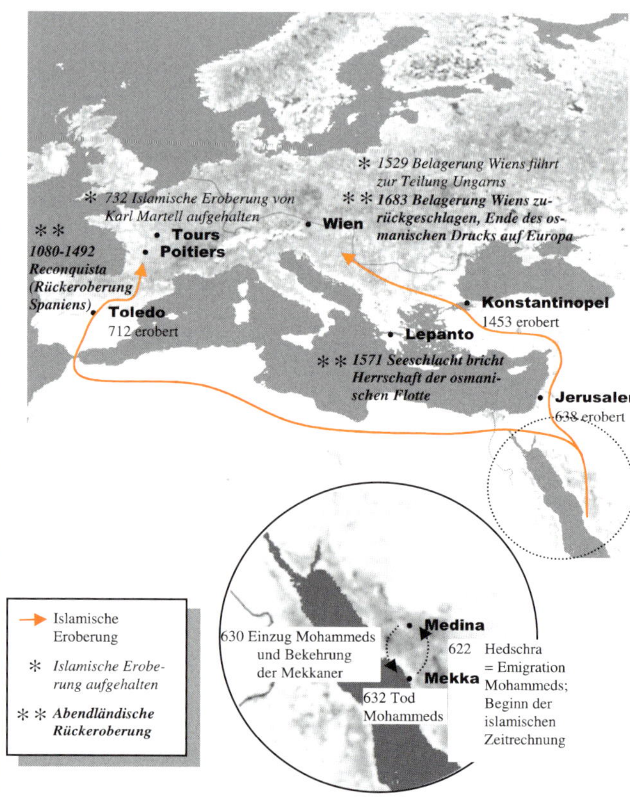

Chronologie

	Politik	Mission	Kirche – Papsttum	Kirche – Ostkirche	Theologie	Islam
400	375-568 Völkerwanderung	Ostgermanen (Goten, Burgunder) 341 Mission durch ***Wulfila***, geweiht durch Eusebius von Nikomedien ⇨ arianische Kirchen 348-568 planvolle Mission im Donauraum [589 Westgoten römisch-katholisch]			Unruhe der Völkerwanderung »Germanisierung des Christentums«	
			440-461 Leo I. Primat des röm. Bischofs als System			
500	482-679 Merowinger ***Chlodwig*** Herrschaftsteilungen	Westgermanen (Franken) 498 Taufe *Chlodwigs* in Reims ⇨ katholische Landeskirche	*Gelasius I.* Zwei-Gewalten-Theorie	**484-519 akazianisches (35-jähriges) Schisma**		
			Mönchtum: 529 *Benedikt von Nursia:* Monte Cassino 590 *Columbanus* (iroschottische Tradition)	*527-565 Justinian I.* Staatskirche	519-553 Theopaschitischer + 3-Kapitel-Streit 553 Fünftes Ökumenisches Konzil in **Konstantinopel**	
600			*590-604 Gregor d. Gr.* Messopfer, Kirchenstaat			*Mohammed* 622 Hedschra 630 Eroberung Mekkas
	679-911 Karolinger *Pippin d. M.*	Angelsachsen 635 Iroschottische Kirche 664 Synode von Whitby: Hinwendung zur römisch-katholischen Kirche			633-681 Monenergistischer + monotheletischer Streit 680/681 Sechstes Ökumenisches Konzil in **Konstantinopel**	632-656 4 Kalife Eroberung des Mittleren Ostens
700	*Karl Martell*	*Bonifatius/Winfrith (675-754)* angelsächsischer Missionar und kirchl. Organisator 719 persönliche Bindung an den Papst; erfolglose **Mission** unter den Friesen 722 **Zweite Romreise**: Gehorsamseid ggü. dem Papst, Missionsbischof **Kirchl. Organisator** in Hessen und Thüringen, Fällung der Donareiche 732 **Dritte Romreise**: Erzbischof Neuorganisation von Bistümern Mainz, Fulda, Erfurt, Würzburg u.a. 754 bei Mission unter den Friesen erschlagen	*Gregor II.*			661-750 Omaijaden Eroberung bis Spanien (711) 732 Schlacht bei Tours und Poitiers
	Pippin d. J. seit 751 christl. Herrschaftslegitimierung (»Gottesgnadentum«)		*Stephan II.* 754 Pakt von Quierzy (Bündnis zwischen Papsttum und Frankenreich; Pippinische Schenkung)		726-843 Bilderstreit 787 Siebtes Ökumenisches Konzil in **Nicäa**	
800	*Karl d. Gr.* Erneuerung des Römischen Reiches im Westen: Karl d. Gr. als Kaiser/imperator *Ludwig d. Fromme*	Sachsen 776 erste Massentaufen	Universalkirche »Karolingische Renaissance« Leo III. krönt Karl d. Gr.			
	843-880 Herrschaftsteilungen (Verträge von Verdun und Meerssen)	Slawen 863 Cyrillus und Methodius ⇨ Mähren	Fälschungen: 756 donatio Constantini 850 pseudo-isidorische Dekretalen		844ff. 1. Abendmahlsstreit *Ratramnus* (symbol.) – *Radbertus* (real)	
		988 Russland		**867-880 Schisma des Photius** (Papst Nikolaus I.)		

3.5

Prüfungsthemen

- **Karl der Große** und die Kirche *[1978/I]*
- Das Miteinander und Gegeneinander der **weltlichen und der kirchlichen Gewalt** von Karl d. Gr. bis zu Bonifaz VIII. *[1977/I]*
- Die frühmittelalterliche **Mission**, besonders unter den Germanen, und ihre Bedeutung für die weitere Kirchengeschichte *[1979/I]*
- **Bonifatius** – seine Zeit, sein Leben und seine Bedeutung für die Geschichte der Kirche *[1983/II]*
- W. Bonifatius: Seine Bedeutung für die fränkische Reichs- und Kirchengeschichte *[1991/II]*
- Die kirchliche **Buße** (einschließlich Privatbeichte und Ablass) von der altkirchlichen Zeit bis zum Vorabend der Reformation *[1981/I; vgl. Kap. 1]*

Große Linien

Geschichte des Papsttums

Selbstverständnis, Legitimation und konkrete Ausformung des Papsttums erfahren im Laufe der Jahrhunderte vielfältige Veränderungen. Die dogmatischen, rechtlichen und politischen Entwicklungen auf dem Weg vom neutestamentlichen Petrusdienst bis zur absolutistischen Papstherrschaft verlaufen komplex und vielfach widersprüchlich. Nicht einmal eine genaue Liste mit den Namen und Regierungsdaten aller legitimen Päpste lässt sich aufstellen, weil bei den angeblichen Gegenpäpsten nicht in jedem Einzelfall entschieden werden kann, welcher Papst der rechtmäßige ist.

Nach katholischer Lehre gilt das Papsttum mit (exegetisch umstrittener) Berufung auf Mt 16,16ff. als von Jesus Christus eingesetzt. Die Päpste verstehen sich als Nachfolger des Apostels Petrus im Amt des **römischen Bischofs** und leiten davon den Anspruch auf die geistliche und rechtliche Vorrangstellung innerhalb der Kirche ab (universaler Primat). Die Tradition, dass dem Bischof von Rom innerhalb der Gesamtkirche eine besondere Bedeutung zukomme, entsteht seit Ende des 2. Jh.s. Gesamtkirchliche Autorität wird römischerseits erstmals im Streit um den Osterfesttermin (Viktor I., 189–199) und um die Ketzertaufe (Stephan I., 254–257) beansprucht.

Nach der **Konstantinischen Wende** im 4. Jh. und mehr noch nach der Verlegung der kaiserlichen Residenz von Rom nach Konstantinopel festigt sich die Stellung des römischen Bischofs weiter. Auf dem Konzil von Nicäa (325) wird die Amtsgewalt des römischen Bischofs über die Bischöfe des lateinischen Westens anerkannt. Während des Machtvakuums der Völkerwanderungszeit fallen dem Papst auch weltliche Aufgaben zu: Leo I. (440–461) tritt dem Hunnenkönig Attila und dem Vandalenfürsten Geiserich entgegen; Gelasius I. (492–496) formuliert die Zwei-Gewalten-Lehre, die den Cäsaropapismus östlicher Prägung überwindet und die ideelle Grundlage für die politische Unabhängigkeit des Papsttums legt; unter Gregor d. Gr. (590–604) wird die Mission der Angelsachsen auf den Weg gebracht. Allerdings bleiben die germanischen Kirchen in ihrer Organisation zunächst weit gehend selbstständig, und die päpstliche Jurisdiktion wird weithin nicht einmal theoretisch anerkannt.

In politischer Hinsicht wird die Zusammenarbeit der Päpste mit den fränkischen Hausmeiern und späteren Königen aus dem Haus der **Karolinger** zukunftsweisend (Pippinische Schenkung 754). Mit dem Ende der italienischen Linie der Karolinger (875) bricht in Rom jedoch ein heilloses Chaos aus; das Papsttum wird zu einem begehrten Objekt der römischen Adelsgeschlechter. Im gesamten 1. Jahrtausend bleiben die ökumenischen Konzilien die höchste Autorität in der Kirche, der sich auch der Papst unterwerfen muss.

Unter den Kaisern **Otto I.** (936–973) und Heinrich III. (1039–56) wird die Macht der Kurie gestärkt: die Papstwahl wird ab 1059 auf die Kardinalbischöfe beschränkt und somit dem Einfluss der römischen Adelsgeschlechter entzogen. Doch nicht genug: In Verbindung mit der cluniazensischen Bewegung beansprucht das Papsttum unter dem Schlagwort der *libertas ecclesiae* die völlige Freiheit der Kirche vom Staat (Gregor VII.: Dictatus papae, 1075). Unter Innozenz III. (1198–1216) kann der Kirchenstaat planmäßig ausgebaut werden. Es entwickeln sich die strukturellen Voraussetzungen für das Papalsystem und die theokratische Ordnung des Hochmittelalters: Der Papst beruft die Konzilien ein, bestätigt deren Beschlüsse und setzt sie um, nimmt gesamtkirchliche Funktionen wahr, erlässt eine Rechtsordnung, die für alle Teilkirchen gültig ist. Päpstliche Ämter und Organe werden eingerichtet.

Im **Spätmittelalter** erlebt das Papsttum einen dramatischen moralischen Verfall, das französische Exil (1309–77) und das abendländische Schisma (1378–1415) stellen einen Tiefpunkt in seiner Entwicklung dar. Es gerät zunehmend in die Abhängigkeit der entstehenden National- und Territorialstaaten. Dennoch bleibt der päpstliche Jurisdiktionsprimat formell ungebrochen in Geltung.

Eine Beeinträchtigung seiner rechtlichen Stellung erfährt das Papsttum während der Zeit der **Reformkonzilien** (15. Jh.). Hier kann sich das Papsttum zwar kirchenpolitisch durchsetzen; dogmatisch bleibt aber die Frage offen, ob das Konzil in Glaubensfragen die höchste Lehrautorität besitzt. Mit der Rückkehr des Papsttums von Avignon nach Rom (1415) beginnt auf allen Gebieten die Restauration. Die Päpste entwickeln sich rasch zu absolutistischen Territorialherren mit prunkvoller Hofhaltung und einer immer monumentaler werdenden Repräsentationskunst (Renaissance-Papsttum).

Nach der vorübergehenden Krise durch die Reformation erfährt das Papsttum als katholisch-konfessionelles Identitätsmerkmal und als Träger der **tridentinischen Reform** ab der Mitte des 16. Jh.s eine enorme Aufwertung. Allerdings kommt auch das Konzil von Trient (1545–63) zu keinem Konsens über die Frage des Verhältnisses von Papst und Bischöfen. Römischerseits wird zwar vom Jurisdiktionsprimat und sogar von der päpstlichen Unfehlbarkeit ausgegangen, außerhalb Italiens prägen aber im 17. und 18. Jh. episkopalistische und nationalkirchliche Bestrebungen das Bild.

Mit dem Untergang des Ancien régime und der deutschen Reichskirche (1806) erlangt das Papsttum mit Hilfe politischer **Restauration** und traditionsbewusster Romantik zwar neues Ansehen, schafft sich jedoch wegen seiner Ablehnung der italienischen Einheitsbestrebungen neue Feinde. 1870 geht das Gebiet des Kirchenstaates im Königreich Italien auf; in den Lateranverträgen von 1929 und in der italienischen Verfassung von 1947 wird dem Papst ein Hoheitsgebiet in Rom zugebilligt. Das I. Vatikanische Konzil (1870) definiert trotz innerkirchlicher Widerstände den Jurisdiktionsprimat und die Lehrunfehlbarkeit des Papstes und betont dessen absolute Souveränität. Das II. Vatikanische Konzil mindert diesen Anspruch nicht, bindet aber den Papst wieder stärker in die kollegiale Ordnung der Bischöfe ein.

900-1300 Hochmittelalter

Kapitel 4

Kirche zwischen Macht und Mönchtum: Franziskus zu Füßen des Gekreuzigten
Das Kruzifix in der Kirche San Francesco von Arezzo/Italien stammt aus dem späten 13. Jh. Es zeigt Franz von Assisi, der die Füße des Gekreuzigten küsst. Die hier dargestellte Ikonografie des Christus patiens findet sich ähnlich auf Kruzifixen aus Assisi. Sie ist Ausdruck einer Christusverehrung, wie sie sich in Mönchtum und Mystik des Mittelalters entwickelt – nicht zuletzt als Gegenbewegung zu einer Kirche, die um weltliche Vorherrschaft kämpft. Von einem ähnlichen Kruzifix soll Franziskus 1205 in der Kapelle San Damiano bei Assisi seine Berufung vernommen haben: »Stelle mein Haus wieder her, das ganz zerfällt.«

4.1

Einstieg

- Mit dem Hochmittelalter vollzieht sich ein bedeutsamer Mentalitätswandel: Die undifferenzierte Synthese des politischen und religiösen Bereichs wird abgelöst durch eine **Unterscheidung der Spezifika beider Gewalten.** Dennoch bleibt das politische und kirchliche Leben bis ins ausgehende Mittelalter von einer praktischen Verschränkung beider Gewalten auf lokaler, regionaler und nationaler Ebene geprägt. Die Kirche erreicht in härtester Auseinandersetzung mit den weltlichen Herrschern den **Höhepunkt der politischen Macht**, wie er vorher und nachher nie wieder erreicht wurde.
- Auf diesem Hintergrund – oder trotz dieses Hintergrunds – kommt es zur Blüte in der Theologie und im kirchlichen Leben: Die **Hochscholastik** entwickelt ein umfassendes dogmatisches System; die Dogmatik des Thomas von Aquin wird später (1879) zur katholischen »Normaltheologie« erklärt.
- In **Mönchtum** und **Mystik** wird die Frömmigkeit neu mit Leben erfüllt. Die spirituelle Kraft von kommunitärem Leben und Mystik ist auch im 21. Jh. noch eine Herausforderung, wie etwa die Berühmtheit von Franz v. Assisi oder Hildegard v. Bingen zeigt.
- Negative Begleiterscheinungen der kirchlichen Machtstellung sowie des regen kirchlichen Lebens sind die **Kreuzzüge** und die institutionalisierte **Inquisition**.

Zeitliche Abgrenzung

843 Nach dem Tod Karls d. Gr. zerfällt das Karolingerreich und wird im **Vertrag von Verdun** in die Länder Westfranken, Ostfranken (= »Deutschland«) und ein »Zwischenreich« (von Holland bis Italien) aufgeteilt. In der Teilung von Meerssen 870 wird letzteres auf Italien beschränkt ⇒ 3.1d.

910 Im Burgund wird das Kloster Cluny gegründet, von dem die **Cluniazensische Reformbewegung** ausgeht. Sie steht für strenge Beachtung der Benediktinerregel, Schutz der Klöster gegen bischöfliche Eingriffe (Exemtion = »Herausnahme« aus der Jurisdiktion des Diözesanbischofs und direkte Unterstellung unter den Papst) und für den Schutz der Klöster gegen weltliche Eingriffe (u. a. gegen die Laieninvestitur ⇒ 4.1b). Sie macht die Kirchenreform zum zentralen Thema des Hochmittelalters. – Ein Jahr später sterben die ostfränkischen Karolinger aus (911).

936 Nachdem sich Deutschland relativ schnell von den Einfällen der Wikinger, Magyaren und Sarazenen im 9. Jh. erholt, gelingt es **Otto dem Großen**, eine neue europäische Zentralgewalt zu errichten. In der Schlacht auf dem Lechfeld (955) sichert er sein Reich nach außen (gegen die Magyaren) ab, im sog. »Ottonischen Reichskirchensystem« festigt er es nach innen. Folgerichtig beansprucht er die Herrschaft über Burgund und Italien und erneuert das karolingische Kaisertum (962).

Themen und Begriffe

- **Laieninvestitur** und **Simonie**: Die Einsetzung eines Geistlichen in weltliche Besitzrechte und geistliche Befugnisse durch Laien bzw. durch den König wird im Hochmittelalter zum Inbegriff der Simonie umgedeutet (Übertragung einer kirchlichen Stelle gegen Geld) und als solche verdammt.
- **Inquisition**: Bis ins 12. Jh. wird Häresie mit Bann und Klosterhaft durch die Kirche bestraft. 1215 wird die bischöfliche Inquisition mit einheitlicher Prozessordnung geschaffen, 1231 die päpstliche Inquisition als ständiger Gerichtshof. In Deutschland und Frankreich wird gleichzeitig die Todesstrafe für Häretiker eingeführt.
- **Kreuzzüge** sind bewaffnete Pilgerfahrten, die vor allem der Befreiung der christlichen Stätten im Heiligen Land vom Islam und deren Sicherung dienen sollen ⇒ 4.3ab.
- **Bettelorden** entstehen Anfang des 13. Jh.s infolge der Armutsbewegung. Sie befolgen nicht mehr die benediktinische stabilitas loci, sondern wirken mit Seelsorge und Predigt in den jungen aufstrebenden Städten. **Ritterorden** sind Zusammenschlüsse von christlichen Rittern seit dem 12. Jh. (Zeit der Kreuzzüge) zum Schutz von Pilgern und (später) zur Eroberung und Verteidigung des Heiligen Landes.
- **Reichskirchentum/»Ottonisches Reichskirchensystem«**: Seit Otto d. Gr. stützt sich die staatliche Macht wesentlich auf die Bischöfe und Äbte. Der König vergibt Reichsland und weltliche Rechte an geistliche Herren und verpflichtet sie zu militärischen und finanziellen Leistungen. Die Ehelosigkeit der Kirchenfürsten schließt eine dynastische Erbfolge aus ⇒ 2.1b, 9.1c.

Untergliederung

1046 Mit Clemens II. beginnt der Aufstieg des sog. **Reformpapsttums**. Rom gewinnt gegenüber Deutschland an Einfluss durch die fortschreitende Christianisierung im Norden, Osten und Südosten Europas. Die Reformbewegung von Cluny des 10. Jh.s mündet im 11. Jh. in die **gregorianische Reform** (Verbot der Laieninvestitur; Verbot der Simonie; Verbot der Priesterehe und des Konkubinats). Diese Forderungen treffen die Ottonische Reichskirche in ihrem Kern und führen zum Investiturstreit.

1076 Der **Investiturstreit** bricht zwischen Papst Gregor VII. und König Heinrich IV. aus: Der Kampf um die Machtansprüche hinsichtlich der Bischofseinsetzung wird ausgeweitet zum Kampf um die Oberhoheit im Abendland. Gregor erklärt den König für abgesetzt und gebannt, Heinrich erzwingt mit dem Bußgang nach Canossa 1077 die Rehabilitierung.

1122 Das **Wormser Konkordat** beendet den Investiturstreit mit Trennung von weltlichem und geistlichem Aspekt im Bischofsamt: Der König verzichtet fortan auf die Investitur mit Ring und Stab, führt aber *nach* der Weihe (in Deutschland: *vor* der Weihe) die Investitur mit dem Zepter durch. Kurz vorher wird der **Zisterzienserorden** als benediktinischer Reformorden gegründet (1118).

1200 Das Papsttum kann sich gegenüber der Krone durchsetzen und erlangt die **Weltherrschaft**. Die Scholastik erlebt ihre Blütezeit mit Albertus Magnus und Thomas von Aquin. 1204 wird infolge des sog. 4. Kreuzzugs ein **lateinisches Kaisertum in Konstantinopel** errichtet ⇒ 4.3b.

1231 Mit dem »Statutum in favorem principum« Friedrichs II. wird die Grundlage der weltlichen Territorien in Deutschland geschaffen.

1268 Ende der Staufer ⇒ 5.1c

Zitate

»Nur der römische Papst trägt zu Recht den Titel des universalen Papstes. Er ganz allein kann Bischöfe absetzen und auch wieder einsetzen. Der Papst kann Kaiser absetzen.« *(Gregor VII., Dictatus papae, 1075 – KTGQ 2,61)*

»Das gottlose Volk der Sarazenen drückt die heiligen Orte, die von den Füßen des Herrn betreten worden sind, schon seit langer Zeit mit seiner Tyrannei. Bewaffnet euch mit dem Eifer Gottes, liebe Brüder!« *(Urban II. 1095, nach Wilhelm von Tyros, Historia rerum – KTGQ 2,70)*

»So erklären wir denn, dass alle menschliche Kreatur bei Verlust ihrer Seelen Seligkeit untertan sein muss dem Papst in Rom, und sagen es ihr und bestimmen es.« *(Bonifaz VIII., Bulle Unam Sanctam, 1302 – KTGQ 2,158)*

»Ich will nicht verstehen, um zu glauben, sondern ich glaube, um zu verstehen [credo ut intelligam].« »Wir glauben aber von Dir, dass über Dich hinaus Größeres nicht gedacht werden kann [credimus te esse aliquid quo nihil maius cogitari possit].« *(Anselm von Canterbury, Proslogion, 1077 – KTGQ 2,77)*

»Gratia non tollit, sed supponit et perficit naturam [Die Gnade hebt die Natur nicht auf, sondern setzt sie voraus und vollendet sie].« *(Thomas v. Aquin, Summa theologiae, 1270 – I q 1,8 ad 2)*

»Gott verlangt gefürchtet zu werden als Herr, geehrt zu werden als Vater, geliebt zu werden als Bräutigam.« *(Bernhard von Clairvaux, Sermones super Cantica Canticorum, 12. Jh. – KTGQ 2,91)*

Lerntipps

Für das Hochmittelalter ist die **Auseinandersetzung zwischen Papsttum und Kaisertum** grundlegend. Im Ringen um die Macht folgt auf eine Stärkeperiode der Krone zweimal die Vormachtstellung des Papstes ⇒ 5.3a:

- Sächsische Kaiser und Ottonisches Reichskirchensystem
  - Salische Kaiser und der Investiturstreit
- Staufische Kaiser und die Bedrohung des Papsttums
  - Weltherrschaft des Papsttums

Zu dieser Entwicklung lassen sich weitere Ereignisse in Beziehung setzen:

- Mit unterschiedlicher Beteiligung von Kaiser und Papst finden die **Kreuzzüge** statt ⇒ 4.3ab.
- Als Gegengewicht zur Verweltlichung des Papsttums entstehen Anfang des 12. und des 13. Jh.s der **Zisterzienserorden** und die **Bettelorden**.
- Katharer und Waldenser, die beiden bedeutsamsten Armutsbewegungen des 12. Jh.s, werden als **häretische Richtungen** bekämpft.
- Ideengeschichtlich ist das Aufkommen von **Scholastik** und **Mystik** bedeutsam ⇒ 4.2b.

Zur Theologiegeschichte

- **Scholastik** wird die »Schulwissenschaft« genannt, die in Verbindung mit der cluniazensischen Reformbewegung um ca. 1050 an den abendländischen Hochschulen aufkommt. Sie versucht, eine Synthese von theologischer Überlieferung und philosophischer Bildung zu schaffen (»Glaube und Denken« bzw. »Offenbarung und Vernunft«), indem sie die Dialektik als Methode einsetzt und den Traditionsstoff zu einem weit verzweigten System ordnet.
  - Die *Frühscholastik* behauptet (beeinflusst von Platon) die Synthese in Form der Koinzidenz: Die Offenbarung ist identisch mit der Vernunft und muss deshalb vernunftmäßig nachvollziehbar sein.
  - Die *Hochscholastik* nimmt die Metaphysik des Aristoteles auf, die um 1200 durch die arabische Philosophie bekannt wird. Die Vernunft wird nun als ein Vermögen verstanden, das in den Menschen hineingelegt ist, nicht mehr als unmittelbares Einleuchten der Transzendenz. Diese Vernunft wird durch die Offenbarung ergänzt und überhöht.
  - In der *Spätscholastik* zerbricht die Synthese von Philosophie und Theologie: Wilhelm von Ockham und der ihm folgende Ockhamismus stellen die via moderna dem thomistischen Realismus (via antiqua) und der Metaphysik entgegen. Nur einzelne Dinge, nicht aber (abstrakte) Allgemeinbegriffe sind wirklich (Nominalismus). Die Theologie ist keine Wissenschaft, ihre Sätze sind der logischen Beweisführung unzugänglich. Folglich können sich Glaube und Denken widersprechen (»doppelte Wahrheit«). Glaube ist Gehorsamsakt gegenüber der Bibel als einziger Autorität, in der Praxis bleibt jedoch die Kirchenlehre entscheidend ⇒ 5.2b.
- Die **Mystik** (von μύειν = Augen und Lippen schließen) ist eine religiöse Bewegung, die auf die persönliche Vereinigung mit Gott durch innere Versenkung und Hingabe zielt.

4.2

Zur Diskussion

- Der Bußgang Heinrichs IV. nach Canossa wurde oft als Demütigung der deutschen Krone aufgefasst. Zugleich war er aber ein taktischer Zug, der dem König längerfristig durchaus nützte.
- Wie ist das Phänomen Kreuzzüge erklärbar? Warum wurden sie z. B. auch von Bernhard v. Clairvaux unterstützt?
- Worin zeigt sich die erneuernde Kraft des Mönchtums?
- Die Mystik ist nicht nur eine Bewegung des Mittelalters, sondern ein Phänomen, das in der Kirchengeschichte immer wieder in unterschiedlichen Facetten erscheint. Wie ist die Faszination etwa von Hildegard v. Bingen in der Gegenwart zu erklären?
- Anselm von Canterbury hat sich der Herausforderung gestellt, die Glaubensinhalte verstandesmäßig nachzuvollziehen. Seine Satisfaktionstheorie wurde zu einem verbreiteten Modell, den Kreuzestod Jesu zu deuten. Zu fragen ist, ob diese Interpretation die neutestamentliche Kreuzestheologie nicht verhängnisvoll verdunkelt.
- Welche Stellung hatte Thomas von Aquin? Wie einflussreich war seine (gemäßigte) Gnadenlehre im Mittelalter gegenüber der (pelagianisch geprägten) franziskanischen Theologie?

4.3

Zusammenhänge

*Wie sind die Entstehung, der Verlauf und die Auswirkungen der **Kreuzzüge** zu beschreiben?*

Die Pfeile zeigen Führerschaft, Reichweite und Ergebnisse einiger der Kreuzzüge. Die Zählung ist dabei hypothetisch: Etliche kleinere bewaffnete Pilgerzüge sind nicht berücksichtigt.

Konstantinopel – Antiochien – Damaskus – Akko – Jerusalem

1100

1095 Aufruf von Urban II. auf der Synode von Clermont

1. Kreuzzug (1096-99) → *1099 Königreich Jerusalem (bis 1187)*

Aufruf von Bernhard v. Clairvaux

1150

2. Kreuzzug (1147-49): *Konrad III. v. Dt., Ludwig VII. v. Frkr.* → *Niederlage vor Damaskus*

3. Kreuzzug (1189-91): *Friedrich Barbarossa, Philipp II. v. Frkr., Richard Löwenherz* → *Festung in Akko (bis 1291)*

1200

4. Kreuzzug (1202-04) → *1204 Lateinisches Kaisertum in Konstantinopel (bis 1261)*

sog. **Kinderkreuzzug (1213)**

5. oder 6. Kreuzzug (1228-29): *Friedrich II.* → *1229 Königreich Jerusalem (kleines Gebiet, bis 1244)*

1250

6. oder 7. Kreuzzug (1248-54): *Ludwig IX. v. Frkr.* → *durch die Mamluken von Akko abgedrängt*

1291 Fall von Akko: Ende der Kreuzfahrerherrschaft

1453 Fall von Konstantinopel

1522 Fall von Rhodos: Rückzug der Johanniter nach Malta

Anlass für den 1. Kreuzzug: *Eroberung Jerusalems* durch die intoleranten Seldschuken sowie die massive *Bedrohung Ostroms;* Papst Urban II. unterstützt den Hilferuf des byzantinischen Kaisers und ruft zum »Heiligen Krieg«.

Hintergrund: Der Gedanke des heiligen Krieges ist in der sog. »*Gottesfriedensbewegung*« des 11. Jh.s präformiert: Durch Androhung von Kirchenstrafen (anstelle weltlicher Strafbestimmungen) soll das Überhandnehmen des Fehdewesens verhindert werden. Zur Einhaltung der pax Dei werden die Adeligen herangezogen, die nun ein eigenes, kirchlich geprägtes *Standesethos als »christliche Ritter«* entwickeln.

Ursachen:

- die Suche nach *Auswegen aus schwierigen sozialen Verhältnissen:* Um die Wirtschaftlichkeit des Landbesitzes zu erhalten, wird in Frankreich der unteilbare Familienbesitz zu einer Rechtsform ausgestaltet; jedes Familienmitglied, das zum Kreuzzug aufbricht, verringert die Versorgungslast der Zurückbleibenden.
- das *päpstliche* Interesse an einer Wiedervereinigung der Christenheit in Ost und West
- das Interesse der *italienischen Seestädte* an lukrativen Handelsprivilegien
- die *religiöse* Hoffnung, durch die apostolische Pilgerreise den Himmel verdienen zu können.

Folgen für das Abendland:

→ Bekanntschaft mit der Zivilisation des Orients, aber auch mit dessen Zivilisationskrankheiten (Lepra, Syphilis, Drogengebrauch).
→ Erstarken des nationalkirchlichen und nationalpolitischen Denkens, da die Kreuzzüge landsmannschaftlich organisiert werden.
→ Bildungsexplosion im Abendland neben den bisherigen Bildungsmittelpunkten in den Klöstern (Voraussetzung für späteren Humanismus).
→ Überschwemmung des Abendlands mit religiösem Sondergut, dagegen kaum Kontakt mit der Ostkirche und ihrer Tradition.
→ Überschwemmung des Abendlands mit (meist gefälschten) Reliquien. Der europäische Volksglaube nähert sich dem heidnischen Aberglauben.
→ Verstärkte Skepsis gegenüber der Kirche, nachdem die Kreuzzüge gescheitert sind, und Aufbrechen religiöser Reform- und Erneuerungsideen.

Geografie

Zentren der Macht und die Kreuzzüge; Zentren der theologischen Auseinandersetzung und spirituellen Erneuerung

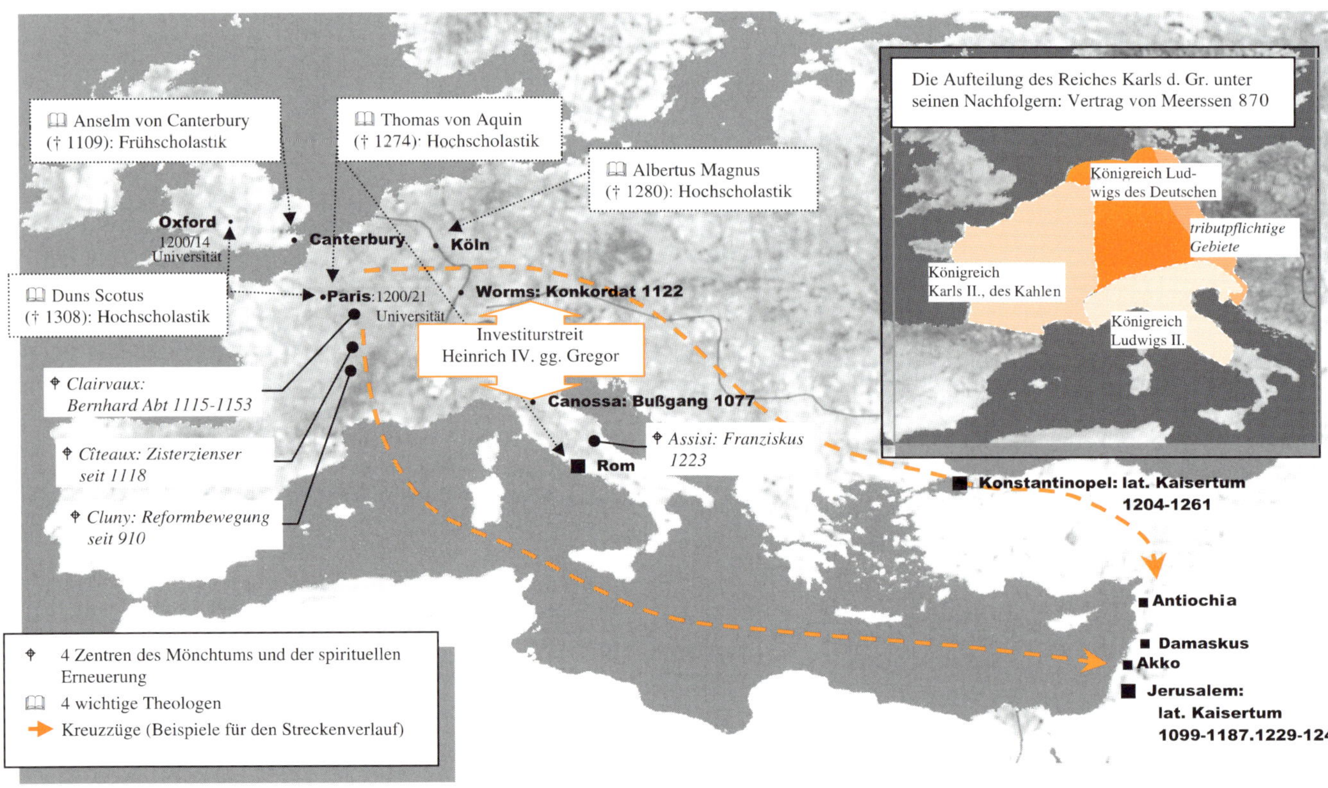

Chronologie

	Politik	Kirche: Papsttum / Ostkirche	Kirche: Reformen/ Mönchtum	Theologie: Scholastik	Theologie: Mystik	Islam Häresie
		Frömmigkeit: - Heiligenverehrung - Bußglaube - Wunderglaube - Mariengläubigkeit	816 Benedikt von Aniane		Augustin um 500 Dionysios Areopagita	
900	**900-1000 Sächsische Kaiser** *Heinrich I.* *Otto d. Gr.* *Heinrich II.* u.a.	Reichskirche: Bischöfe sind Reichsfürsten	**910 Cluniazensische Reformbewegung**			
1000	**1000-1100 Fränkische/ Salische Kaiser** *Konrad II.* *Heinrich III.*	**1046-75 Reformpapsttum** 1059 Papstwahldekret: nur Kardinalskollegium **1054 Bruch zwischen Ost- und Westkirche**		**11. Jh. Frühscholastik** *Anselm von Canterbury (1033-1109)* *Roscellinus* *Peter Abaelard*	Victorinische Mystik *Hugo v. St. Victor (1096-1141)*	
	Heinrich IV. *Heinrich V.*	**1076-1122 Investiturstreit** *Gregor VII.*: 1077 Canossa *Calixt II.*	1070 Hirsauer Reform	**1050-80 2. Abendmahlsstreit** *Berengar v. Tours* (symbol.) – *Lanfranc* (real)		
1100	**1138-1268 Hohenstaufen**	1122 Wormser Konkordat: Kompromiss	1096-1291 Kreuzzüge **1098/1118 Zisterzienser** Spital-/Ritterorden		*Bernhard von Clairvaux (1090-1153)*	1080-1492 Reconquista Spaniens (Rückeroberung)
	1152-90 Friedrich I. Barbarossa *Heinrich VI.*	**1152-97 Bedrohung des Papsttums** durch das Kaisertum	Prämonstratenser	1140 Decretum Gratiani 1150 *Petrus Lombardus:* Sentenzen		1165 Katharer 1176 Waldenser *Joachim v. Fiore*
1200	*1212-50 Friedrich II.* u.a.	**1200-70 Weltherrschaft des Papsttums** *Innozenz III.* 1213 Goldbulle v. Eger: Freiheit der Kirche 1215 4. Laterankonzil: Transsubstantiation, Inquisition *Gregor IX.* 1231 Inquisition Vernichtung der Staufer 1204-61 lat. Kaisertum in Konstantinopel (4. Kreuzzug) *Bonifaz VIII.* 1302 Bulle Unam Sanctam: Gehorsam ggü. Papst heilsnotwendig	**Bettelorden** 1216 Dominikaner 1223 Franziskaner *Franz v. Assisi (1181-1226)*	um 1200 Aristoteles-Renaissance durch arab. Gelehrte **13. Jh. Hochscholastik** *Albertus Magnus* (Dominikaner) *Thomas von Aquin (1226-74*, Dominikaner) *Duns Scotus* (Franziskaner)		1209-29 Albigenserkriege (Frankreich)

4.5

Prüfungsthemen

- Ursprung, Eigenart und Folgen der mittelalterlichen **Kreuzzüge**. Beurteilen Sie die theologischen Anschauungen, die dabei wirksam waren. *[1975/II]*
- Die Kreuzzüge. Entstehung, Verlauf und Ergebnis sowie kritische Würdigung *[1998/II]*
- Das Miteinander und Gegeneinander der **weltlichen und der kirchlichen Gewalt** von Karl d. Gr. bis zu Bonifaz VIII. *[1977/I; vgl. Kap. 3]*
- Die Konflikte zwischen geistlicher und weltlicher Gewalt von der Mitte des 11. bis zum Beginn des 14. Jahrhunderts *[1987/I]*
- Der Investiturstreit – seine historische und theologische Bedeutung *[1988/II]*
- Die Hauptformen des christlichen **Mönchtums** in ihren wichtigsten geschichtlichen Ausprägungen *[1985/I; vgl. Kap. 2]*
- Die Cluniacenzische Reform – ihre Auswirkung und Krise *[1979/II]*
- Die Bettelorden des hohen und späten Mittelalters. Ihre theologische, kirchenpolitische, soziale und pastorale Wirksamkeit *[1977/II]*
- Franz von Assisi und seine Bedeutung für Ausprägungen der Frömmigkeit in der Christenheit *[1978/II]*
- Franz v. Assisi und die franziskanische Bewegung im Rahmen des gesellschaftlichen Aufbruchs in Europa vom 11. bis 13. Jahrhundert *[1994/II]*
- Monastische Neubildungen des 12. und 13. Jahrhunderts *[1999/II]*
- Die christliche **Mystik** – Wesen und Erscheinungsformen im Rahmen der Kirchengeschichte *[1982/II]*
- **Thomas von Aquin** – seine theologiegeschichtliche Stellung und Bedeutung *[1985/II]*
- Die kirchliche **Buße** (einschließlich Privatbeichte und Ablass) von der altkirchlichen Zeit bis zum Vorabend der Reformation *[1981/I; vgl. Kap. 1]*

Große Linien

Geschichte des Deutschen Reiches

Die Entstehung des alten deutschen Reiches (911/919–1806) ist als lang gestreckter Entwicklungsprozess zu verstehen. Als die Enkel Karls d. Gr. 843 und 870 in den Verträgen von Verdun und Meerssen das Fränkische Reich unter sich teilen, erhält Ludwig der Deutsche das Land östlich des Rheins und der Aare als Reich der Ostfranken. Die Einheit des gesamtfränkischen Reiches kann nur für kurze Zeit (885–887) noch einmal wiederhergestellt werden.

Die selbstständige Entwicklung des **Ostfränkischen Reiches** setzt nach dem Tod des letzten ostfränkischen Karolingers (911) ein. Während die Lothringer sich dem westfränkischen Karolinger anschließen, erheben die ostfränkischen Stämme unter Missachtung des karolingischen Geblütsrechtes den Frankenherzog Konrad I. (911–918) zu ihrem König. In der Auseinandersetzung zwischen West- und Ostfranken wird »deutsch« (mlat. theodiscus = »zum Volk gehörig«) zur Gesamtbezeichnung der Stammessprachen im Osten. Fraglich ist allerdings, wann das Ostfrankenreich im Bewusstsein der Zeitgenossen zu einem »deutschen Reich« wird. Zwar ist mit der Eingliederung Lothringens 925 die territoriale Ausbildung des neuen Reiches im Wesentlichen abgeschlossen, doch tritt erst seit dem Beginn des 11. Jh.s ein zunehmend »deutsches« Bewusstsein neben die fränkische Tradition; die Bezeichnung »Reich der Deutschen« wird nunmehr geläufig.

Seit der Krönung Karls d. Gr. (800) wird das **Kaisertum** als zum fränkischen Königtum gehörend betrachtet. Für die Geschichte des deutschen und europäischen Mittelalters wird die Idee des Kaisertums von größter Bedeutung, obwohl es – staatsrechtlich betrachtet – seinem Träger keine Erhöhung der Macht (*potestas*) bringt. Wohl aber garantiert es diesem einen Vorrang an Würde und Hoheit (*auctoritas*). Otto d. Gr. erneuert 962 das karolingische Kaisertum in engeren Grenzen und verkirchlichtem Inhalt; das Deutsche Reich gilt als legitime Fortsetzung des Römischen Reiches. Seit Konrad II. (1034) wird »Romanum Imperium« amtlicher Titel des Reiches. Als »Sacrum Imperium« wird das Reich seit 1157 in den Urkunden Kaiser Friedrichs I. bezeichnet, um gegenüber der Kirche (und in Anlehnung an das römische Kaiserrecht Justinians) dessen sakrale Würde zu betonen. In deutschen Urkunden tritt die Bezeichnung »Heiliges Römisches Reich« bei Kaiser Karl IV. (1346–78) auf. Der Zusatz »deutscher Nation« (»Nationis Germanicae«) wird schließlich im 15. Jh. beigefügt und bezeichnet die deutschen Teile des Reichsgebiets (im Unterschied zu Italien und Burgund).

Zu Beginn der **Neuzeit** führt mit Maximilian I. (1493–1519) der deutsche König den Titel »Erwählter Römischer Kaiser«. Durch die Wahl eines Römischen Königs zu Lebzeiten des Kaisers (*vivendi imperatore*) wird die Nachfolgefrage faktisch im Sinne einer Erbmonarchie geregelt: Bis auf den Wittelsbacher Karl VII. (1742–45) stammen alle Kaiser der frühen Neuzeit aus der Habsburger bzw. (seit 1745) aus der Habsburg-Lothringer Dynastie (⇒ 8.3b). Der **Westfälische Friede** von 1648 bildet eine deutliche historische Zäsur, weil sich die deutsche Geschichte nun nicht mehr auf der universalen Ebene des Heiligen Römischen Reiches abspielt, sondern im wachsenden Machtbereich der Territorialstaaten. Der Kaiser ist durch Reichsgrundgesetze und Wahlkapitulationen weitgehend von den Reichsständen abhängig und verfügt nur noch über die ihm vorbehaltenen Reservatrechte (z. B. Erteilung von Privilegien).

Die sozialen und politischen Grundlagen der europäischen Staaten erleiden eine entscheidende Erschütterung durch die **Französische Revolution** von 1789. Unter dem Ansturm der französischen Revolutionsheere bricht das Reich unter den Kaisern Leopold II. (1790–92) und Franz II. (1792–1806) im 1. und 2. Koalitionskrieg schließlich zusammen. Durch den unter französischem Einfluss zustande gekommenen Reichsdeputationshauptschluss (1803) werden die politischen und rechtlichen Grundlagen des Alten Reichs aufgelöst (Säkularisation und Mediatisierung). Franz II. nimmt gegen Napoleons Usurpation der Kaiserwürde und angesichts der evangelischen Übermacht im Reichstag 1804 den Titel eines Kaisers von Österreich an und regiert dort fortan als Franz I. bis 1835 (⇒ 8.3b). Im Juli 1806 schließen sich 16 süd- und westdeutsche Staaten unter französischem Protektorat in Paris zum Rheinbund zusammen, erklären sich für souverän und verkünden im Monat darauf ihren Austritt aus dem Heiligen Römischen Reich. Daraufhin legt Franz II. am 6.8.1806 die deutsche Kaiserkrone nieder und erklärt das Reich für beendet – ein formaljuristisch ebenso unhaltbarer wir realpolitisch unabwendbarer Vorgang.

Der 1871 gegründete **deutsche Nationalstaat** nennt sich »Deutsches Reich«, um der nationalen Idee des 19. Jh.s einen historischen Anknüpfungs- und Legitimationspunkt zu geben. Die gleichzeitig geschaffene Würde eines deutschen Kaisers ist erblich mit der Krone Preußens verbunden. Während das deutsche und österreichische Kaisertum in der Revolution von 1918 untergehen (⇒ 8.3b), bleibt die Bezeichnung »Deutsches Reich« der amtliche Name des deutschen Staates von 1871 bis 1945.

Der Begriff des sog. **»Dritten Reiches«** ist ursprünglich durch die chiliastischen Vorstellungen des Joachim von Fiore geprägt. Zu einem politischen Schlagwort wird er durch Arthur Moeller van den Bruck mit seinem Hauptwerk »Das dritte Reich« (erschienen 1923). Auf Grund der anfänglichen Übernahme durch A. Hitler wird die Bezeichnung (trotz dessen späterer Ablehnung) schließlich zu einer allgemeinen Bezeichnung für die Jahre der nationalsozialistischen Herrschaft in Deutschland von 1933–45.

1300-1500 Spät-mittelalter

Kapitel 5

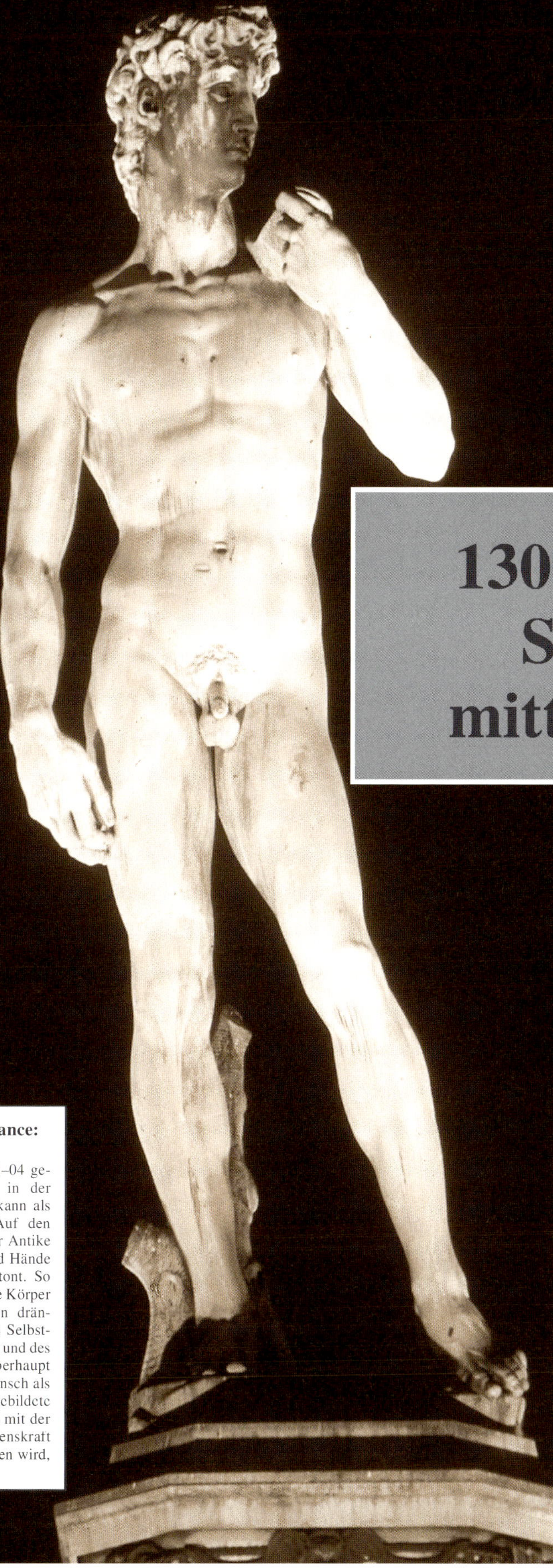

Das Lebensgefühl der Renaissance: Michelangelos »David«
Die vom jungen Michelangelo 1501–04 geschaffene Kolossalstatue (Original in der Galleria dell' Accademia, Florenz) kann als Symbol der Renaissance gelten: Auf den ersten Blick könnte sie als Werk der Antike erscheinen. Allerdings sind Kopf und Hände durch ihre Größe ungewöhnlich betont. So wird der in sich selbst ruhende schöne Körper spannungsvoll mit dem nach außen drängenden Willen verbunden. Das neue Selbstbewusstsein der Florentiner Republik und des spätmittelalterlichen Menschen überhaupt kommt darin zum Ausdruck: Der Mensch als Beherrscher der Welt, als umfassend gebildete Persönlichkeit, die sich in Harmonie mit der Natur weiß. Durch Stärke und Willenskraft besiegt David, der selbst zum Giganten wird, den Goliath.

1) **Alte Kirche vor Konstantin** (50-300)
2) **Alte Kirche seit Konstantin** (300-450)
3) **Frühmittelalter** (450-900)
4) **Hochmittelalter** (900-1300)
5) **Spätmittelalter (1300-1500)**
6) **Reformationszeit** (1500-1550)
7) **Konfessionelles Zeitalter** (1550-1650)
8) **Pietismus und Aufklärung** (1650-1800)
9) **19. Jahrhundert** (1800-1900)
10) **20. Jahrhundert** (Ab 1900)

Einstieg

- Die entscheidenden Stichworte für das Spätmittelalter lauten:
  - **Ende des Feudalzeitalters** (durch Geldwirtschaft, Städte und Bürgertum) **und des Eurozentrismus** (durch Entdeckung der Neuen Welt)
  - Erfindung des **Buchdrucks** (Johannes Gutenberg, ca. 1450)
  - neue **Staats- und Gesellschaftstheorien** (Marsilius von Padua, 1324: Säkularisierung der weltlichen Herrschaft durch den Gedanken der Volkssouveränität; Niccolò Macchiavelli, 1513: Absoluter Machtstaat zur Durchsetzung der Staatsräson)
- An die Stelle der *res publica Christiana* tritt das europäische Staatensystem; der **Aufstieg nationaler Staaten** vollzieht sich (v. a. Frankreich, daneben Aragon, Böhmen, England, Schweiz, Ungarn; nicht aber Deutschland). Die spätmittelalterlichen Herrscher forcieren aus Machtlust und Verantwortungsbewusstsein die zunehmende Integration aller selbstständigen Kräfte in den staatlichen Machtbereich und bereiten so das Landeskirchentum der Reformation vor.
- Der Ruf nach einer umfassenden **Reichs- und Kirchenreform** bestimmt das gesamte 15. Jh., vgl. z. B. das Konzil von Konstanz (1414–18) und den Reichstag von Worms (1495) sowie die Schriften »Reformatio Sigismundi« (1438/39), »Gravamina der deutschen Nation« (1456), »Pfeifer von Niklashausen« (1476) und das »Narrenschiff« Sebastian Brants (1494).

Themen und Begriffe

- **Königswahl**: Der *Kurverein von Rhense* beschließt 1338, dass der (seit 1257) von den Kurfürsten gewählte König keiner päpstlichen Bestätigung mehr bedarf. Die *Goldene Bulle* Karls IV. (1356) legt die Königswahl durch die sieben Kurfürsten (Kur = Wahl) reichsrechtlich fest; diese Regelung verankert die Kurfürstentümer und verhindert die Wiederherstellung einer starken Zentralgewalt. Die Krönung des deutschen Königs zum römischen Kaiser durch den Papst in Rom entfällt nach 1452; die letzte Kaiserkrönung durch den Papst überhaupt erfolgt 1530 in Bologna (Karl V.).
- **Konziliarismus** ist die Lehre, dass der Papst grundsätzlich dem Allgemeinen Konzil untergeordnet ist (besonders von den Konzilien in Konstanz und Basel vertreten). Demgegenüber versteht der **Kurialismus** (= Papalismus = röm. Zentralismus) den Nachfolger Petri als alleinigen Statthalter Jesu Christi auf Erden.
- Drei zu unterscheidende **Reformbestrebungen** sind wichtige Wegbereiter der Reformation:
  - die *Reformkonzilien* (von Pisa, Konstanz und Basel/Florenz)
  - die *monastischen Reformbewegungen:* die Windsheimer Kongregation (Reform der Augustinerstifte) und die Brüder/Schwestern vom gemeinsamen Leben (devotio moderna; Programmschrift: Thomas von Kempen, »Von der Nachfolge Christi«)
  - die sog. *Vorreformatoren.* Es ist umstritten, ob schon die Waldenser, Wyclif und Hus als solche zu bezeichnen sind, oder erst der christliche Humanismus und Nikolaus v. Kues mit ihren Protesten.

Zeitliche Abgrenzung

1268 Konradin wird in Neapel hingerichtet, nachdem sein Vater Konrad IV., der letzte Staufer auf dem deutschen Königsthron, 1254 gestorben war. Das folgende Interregnum führt zu einer geschwächten Reichsgewalt. Zu gleicher Zeit beansprucht das **Papsttum** unter Innozenz III., Gregor IX. und Bonifaz VIII. die **Weltherrschaft**.

1291 Mit dem **Fall Akkos** endet die Zeit der Kreuzzüge. Schon die Schlacht bei den Hattinshörnern (Galiläa) hatte 1187 zur militärischen Wende geführt.

1302 Mit der **Bulle »Unam Sanctam«** beansprucht Bonifaz VIII., dass der Gehorsam gegenüber dem Papst heilsnotwendig ist ⇒ 4.2a.

1309 Doch nur sieben Jahre später zeigt die sog. **Babylonische Gefangenschaft** des Papsttums dessen raschen Machtverfall: Die Päpste bevorzugen es aus strategischen Gründen, in Avignon zu residieren.

Untergliederung

1378 Die Wahl Urbans VI. zum Papst in Rom wird von nichtitalienischen Kardinälen für ungültig erklärt; sie wählen Clemens VII., der dann in Avignon residiert. Der Versuch, das **abendländische Schisma** auf dem Konzil von Pisa 1409 zu überwinden, scheitert und führt zur Wahl eines dritten Papstes. Ein Generalkonzil wird notwendig.

1414 Das **Konzil von Konstanz** weckt die Hoffnungen auf Reformen und kann das abendländische Schisma beenden. Hus wird wegen Ketzerei verbrannt.

1449 Das **Konzil von Basel/Florenz** endet letztlich ergebnislos. Dadurch wird einerseits der Konziliarismus und der Kampf in Frankreich um die »gallikanischen Freiheiten« gestärkt, andererseits betreiben die sog. **Renaissance-Päpste** fortan eine rücksichtslose Machtpolitik.

1453 Die **Eroberung Konstantinopels** (⇒ 3.3d, 5.3d) durch die Türken führt zur

- Entstehung eines *osmanischen Großreiches*, das unmittelbar das christliche Abendland bedroht und wichtiger Faktor der Reformationsgeschichte wird (»Türkengefahr«)
- Flucht griechischer Gelehrter nach Italien, die das antike Erbe vermitteln und eine Platon-Renaissance und den *Humanismus* auslösen
- Vorrangstellung Russlands innerhalb der orthodoxen Christenheit (*Moskau* als »drittes Rom«) mit gravierenden Auswirkungen bis ins 19./20. Jh.
- Suche nach einem Seeweg nach Indien, nachdem Europa mit dem Zugang zum Schwarzen Meer den Landweg verloren hat. Folge ist die *Entdeckung Amerikas.*

Zitate

»Daher ist es für den Papst gut, wenn er von Christus die Kraft bekommt, sich selbst und einige wenige Schafe in den geistlichen Dingen zu leiten, wenn er nur nicht der Lästerung sich hingibt, dass er das Haupt der allgemeinen Kirche von der gleichen Machtfülle sei, wie sie Christus besitzt.« *(John Wyclif, Tractatus De Ecclesia, 14. Jh. – KTGQ 2,192 f.)*

»Sich gegen einen vom rechten Weg abweichenden Papst auflehnen ist dem Herrn Christo gehorchen.« *(Jan Hus, Tractatus De ecclesia, 1412 – KTGQ 2,194)*

»Diese heilige Synode zu Konstanz erklärt erstens, dass sie im Heiligen Geist rechtmäßig versammelt, ein allgemeines Konzil abhaltend und die katholische Kirche repräsentierend, von Christus unmittelbar Vollmacht hat. Ihr ist ein jeder, welchen Standes und welcher Würde auch immer, einschließlich der päpstlichen, in denjenigen Stücken zu gehorchen verpflichtet, die sich auf den Glauben beziehen, auf die Ausrottung des besagten Schismas und auf die Reform der Kirche an Haupt und Gliedern.« *(Konzil von Konstanz, Decret Haec sancta, 1415 – KTGQ 2,199)*

»Wenn also eine regelmäßige und ordentliche Reformation stattfinden soll, so muss vor allen Dingen unser Papst und seine römische Kurie reformiert werden wegen der vielen Exzesse und vielen Regelwidrigkeiten, welche durch ihn und durch seine Kardinäle, durch ihre verfluchte, verdammte Simonie tagtäglich begangen werden beim Verkauf kirchlicher Güter, obwohl er, wie gesagt, nicht der Besitzer der Kirche ist, sondern ihr Verwalter.« *(Gravamina der deutschen Nation, 1456 – KdP 1,196)*

Lerntipps

- Als Grundgerüst lassen sich **4 Stadien der Papst- und Konzilsgeschichte** unterscheiden:

1309–77 »Babylonische Gefangenschaft« 1378–1415 Abendländisches Schisma	100-jährige Katastrophe
1414–60 Konziliarismus (Konzil von Konstanz bis Pius II.: Bulle »Execrabilis«)	50-jähriger Konziliarismus
1458–1521 Renaissancepapsttum (seit Pius II.)	60-jähriges Renaissancepapsttum

- Das Zeitalter wird durch **4 theologisch-philosophische Strömungen** geprägt: Spätscholastik, Renaissance, Humanismus, Deutsche Mystik.
- Unter den **Reformbestrebungen** der Zeit treten 3 besonders hervor: Reformkonzilien, monastische Reformbewegungen und die sog. Vorreformatoren ⇒ 5.1b.
- Die **politische Entwicklung** läuft auf eine Konstellation zu, die für die Reformationsgeschichte entscheidend sein sollte: Kaiser Karl V. übernimmt mit Deutschland, Unteritalien und Spanien ein riesiges Reich, das durch Frankreich und die Osmanen bedroht ist. Der Kirchenstaat ist durch das Habsburger Reich eingeschlossen und auf eine Koalition mit Frankreich angewiesen ⇒ 6.3a.

Zur Theologiegeschichte

- **Renaissance** (lat.-frz. Wiedergeburt) bezeichnet die *Kulturepoche* an der Schwelle zur Neuzeit. Aus der Entdeckung der Welt und des Menschen folgt die Wiedererweckung des antiken Strebens nach Naturwahrheit. Dem entsprechen Individualismus, Nationalismus und Laizismus. Seit 1420 in Italien (Leonardo, Michelangelo), seit 1500 in Deutschland (Dürer, Cranach).
- **Humanismus** bezeichnet allgemein eine *Geisteshaltung*, die den Menschen in den Mittelpunkt stellt, sodann im 19./20. Jh. die Bemühung um ein Menschenbild aus den Quellen der Antike (oft in Abkehr vom Christentum). Nachträglich wurde der Begriff auf die Denkhaltung der Renaissance übertragen, die durch die literarischen Werke der Antike Orientierung in lebenspraktischen Fragen suchte und die Vervollkommnung des Menschen erhoffte. Berühmte Vertreter in Deutschland: Reuchlin, Erasmus und Melanchthon.
- Der **Ockhamismus (via moderna)** wendet sich einem entschiedenen Empirismus zu und lehnt die Beweisbarkeit Gottes ab (⇒ 4.2b). Damit verbunden ist eine pelagianische Gnadenlehre: Wenn der Mensch tut, was ihm zukommt (*facit quod in se est*), wird er mit der Gabe der Gnade belohnt. Sünde besteht nicht in einer Verderbnis der Natur, sondern in einzelnen Willensakten (Nominalismus!). Kirchenpolitisch wird die Selbstständigkeit von Kirche und Staat betont (gegenseitige Ergänzung im Sinne der Zwei-Gewalten-Lehre).
- **Deutsche Mystik**: Im Raum Straßburg/Basel suchen Meister Eckhart, Johann Tauler und Heinrich Seuse nach einem individuellen, persönlich erlebten Christentum. Sie knüpfen an Thomas von Aquin an, nehmen jedoch neuplatonische Elemente auf (Schöpfung als Emanation; der »göttliche Seelenfunke«; Erlösung durch Vereinigung mit dem Göttlichen; Nähe zum Pantheismus).

Zur Diskussion

- Kann von einer »babylonischen *Gefangenschaft*« der Päpste gesprochen werden? Der Umzug nach Avignon folgt einer souveränen Entscheidung, die enge Bindung an Frankreich bedeutet nicht den Verlust kirchlicher Freiheit. Allerdings leitet die Avignoneser Periode den inneren Niedergang der Papstkirche ein (Papstschisma und Verweltlichung des Klerus; Aufbau eines detaillierten Finanzsystems; Pfründenhäufung und Nepotismus).
- Wie ist das kirchliche Leben des Spätmittelalters zu beurteilen? Beides muss berücksichtigt werden: Auf der einen Seite Verfall des Papsttums und Kritik an dessen Auswüchsen, auf der anderen Seite tief verwurzelte Frömmigkeit und Loyalität gegenüber der Papstkirche.
- Welche Rolle spielt dabei der sich durchsetzende Nominalismus? Indem er die Synthese von Glauben und Wissen zerbricht, führt er einerseits zum Schriftwort zurück (nur formal?), andererseits fördert er die Veräußerlichung der Frömmigkeit (Gehorsam gegenüber den kirchlichen Vorschriften auch wider besseres Wissen, z. B. beim Ablasshandel). Wie sind die dogmatischen Grundbegriffe der Trinität oder Erbsünde mit dem Nominalismus vereinbar?
- Luther hat auf die Reformvorschläge des spätmittelalterlichen Konziliarismus Bezug genommen. Inwiefern bereitet das Spätmittelalter für Luthers Wirken den Boden? Inwiefern bringt die lutherische Reformation Neues? – Wie ist das Verhältnis zwischen Kurialismus und Konziliarismus in der katholischen Kirche nach dem 2. Vaticanum bestimmt?

Zusammenhänge

*Wie kann die **Machtposition des Papsttums** im Hoch- und Spätmittelalter beschrieben werden?*

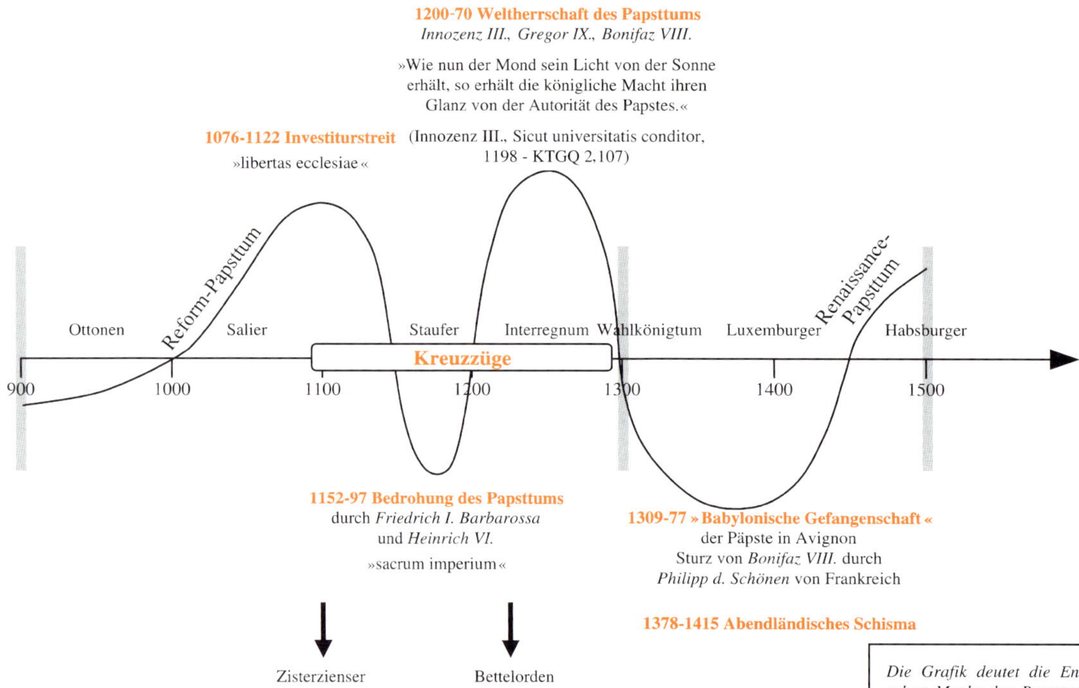

Die Grafik deutet die Entwicklung der politischen Macht des Papsttums an. Ein Machtgewinn muss jedoch keineswegs ein Aufblühen kirchlichen Lebens bedeuten!

5.3

Geografie

Schisma, Reformkonzilian und Erneuerungsbestrebungen

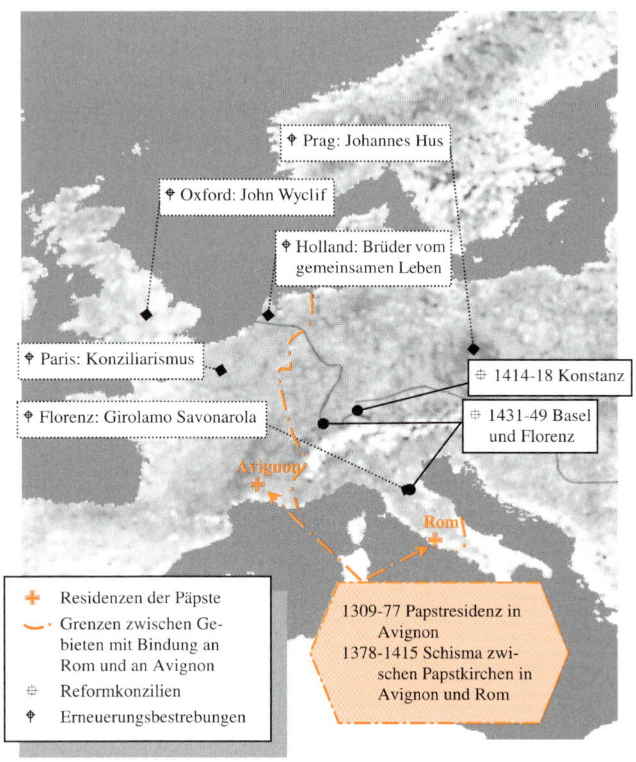

Geografie

Die Entdeckung der Welt an der Schwelle zur Neuzeit

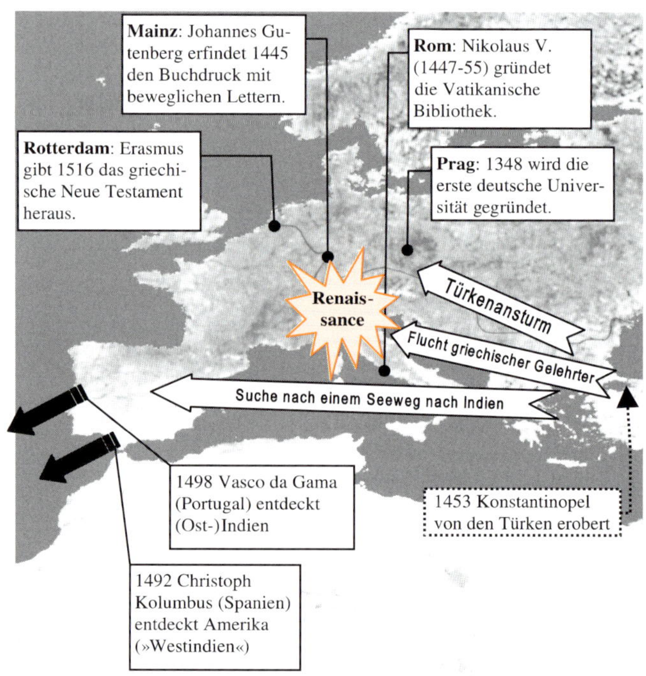

Chronologie

	Politik	Kirche: Papsttum	Kirche: Ostkirche	Theologie: Scholastik	Theologie: Mystik	Häresie Reformbestrebungen
	1254 »Interregnum«					
	1273 Wahlkönigtum *Rudolf von Habsburg*					
1300	*Ludwig der Bayer* 1338 Kurverein von Rhense: Königswahl ohne päpstliche Bestätigung	**1309-77 »Babylonische Gefangenschaft« der Päpste** Päpste in Avignon Ketzerprozess gg. Bonifaz VIII.		**14. Jh. Spätscholastik** *Wilhelm v. Ockham* ⇨ 1450 via moderna	Deutsche Mystik *Meister Eckhart (1260-1327)* *J. Tauler*	
	1347 Luxemburger *Karl IV. von Böhmen* 1356 Goldene Bulle: Königswahl durch 7 Kurfürsten					***John Wyclif*** *(1320-84)* Schrifttheologie und Kirchenreform; gg. Reichtum der Kirche und Papsttum; englische Bibel 1372 Doktor der Theologie in Oxford Lollarden
		1378-1415 Abendländisches Schisma				**1380 Brüder vom gemeinsamen Leben** humanistische Pädagogik, devotio moderna
1400				um 1400 Platon-Renaissance durch griech. Gelehrte aus Byzanz		
		1414-60 Konziliarismus 1409 Konzil von Pisa 1414-18 Konzil von **Konstanz**: Hus verbrannt 1431-49 Konzil von **Basel/Florenz**: letztlich ergebnislos ⇨ gallikanische Freiheiten		**Renaissance und Humanismus in Italien** *F. Petrarca, G. Boccaccio*		**Konziliarismus** Zentrum: Universität Paris *P. d'Ailli, J. Gerson*
			1439 Unionsdekret mit den Griechen			***Johannes Hus*** *(1370-1415)* Erneuerungsbewegung in Böhmen; tschechische Bibel; Laienkelch 1402 Volksprediger in Prag 1411 Bann 1415 Feuertod in Konstanz 1419-36 Hussitenkriege (Böhmen)
	1438 Habsburger *Friedrich III.*	**1447-1521 Renaissance-Papsttum** Machtpolitik 1448 Wiener Konkordat: Überlassung kirchlicher Hoheitsrechte an weltliche Landesherren gegen die Bestätigung des päpstlichen Primats; Verzicht auf kirchliche Reformen durch Friedrich III.		**Humanismus in Deutschland** *J. Reuchlin* *Erasmus v. Rotterdam (1466-1536)*		***G. Savonarola*** *(1452-98)* Bußpredigt in Florenz gg. Verweltlichung der Kirche
	1445 *Johann Gutenberg* erfindet den Buchdruck mit beweglichen Lettern 1492 *Christoph Kolumbus* entdeckt Amerika		**1453 Konstantinopel von Türken erobert**			1456 »Gravamina der dt. Nation«
		1460 Bulle »Execrabilis«: Anrufung eines Konzils ggü. Päpstlichen Entscheidungen verurteilt				
1500	*1493-1519 Maximilian I.* *1519-56 Karl V.*	1516 Konziliarismus verdammt *(Leo X.)*				

5.4

Prüfungsthemen

- Die **Bettelorden** des hohen und späten Mittelalters. Ihre theologische, kirchenpolitische, soziale und pastorale Wirksamkeit *[1977/II; vgl. Kap. 4]*
- Die kirchliche **Buße** (einschließlich Privatbeichte und Ablass) von der altkirchlichen Zeit bis zum Vorabend der Reformation *[1981/I; vgl. Kap. 1]*

Große Linien

5.5

Geschichte des Mönchtums

Bis weit in das Mittelalter hinein kennt die Kirche keine Orden, sondern nur verschiedene Lebensformen des Mönchtums (Wandermönche, Eremiten, Zönobiten). Auch die verschiedenen Regeln begründen keine eigenen Orden, sondern fassen nur den allgemein anerkannten monastischen Konsens zusammen, um ihn für das eigene Kloster festzuschreiben.

Pachomius († 346) führt die ägyptischen Wandermönche erstmals zu einer gemeinsamen Lebensweise zusammen; es entsteht das Zönobitentum mit gemeinsamem Wohnort, Gottesdienst und organisierter Arbeit. – **Basilius** von Cäsarea († 379) schafft eine für das griechische Mönchtum verbindliche Regel; für die Ostkirche wird das Mönchtum – stärker noch als für den Westen – von grundlegender Bedeutung. Die Verbindung von Gottes- und Nächstenliebe bestimmt auch den theologischen Ansatz von **Augustinus** († 430); er schafft das Klerikermönchtum, indem er den Klerus auf eine *vita communis* im Kloster an der Bischofskirche verpflichtet. Im **iroschottischen Mönchtum** (seit dem 4. Jh.) gilt eine von der Columbanregel beeinflusste Mischregel, die nicht die *stabilitas loci*, sondern die *peregrinatio* vorsieht und somit den Anstoß zur Mission gibt. – **Benedikt** von Nursia († 555/560) verfasst eine relativ systematische und umfangreiche Ordnung des monastischen Lebens: maßvolle Askese, Verpflichtung auf Beständigkeit (*stabilitas*), klösterlichen Lebenswandel (*conversatio morum*) und Gehorsam (*oboedientia*) sowie Ausgestaltung des Gottesdienstes als Zentrum des Mönchslebens. Für die spätere Entwicklung spielen vor allem die Regeln des **Franziskus** von Assisi († 1226) und des **Ignatius** von Loyola († 1556) eine wichtige Rolle.

Mit der karolingischen Klosterreform 816/817 (Synoden von Aachen) setzt sich die Benediktusregel gegenüber verschiedenen Mischregeln allgemein durch, sodass im Abendland Mönchtum identisch wird mit **Benediktinertum** (OSB). Der Mönchsstand (*ordo monasticus*) gilt dabei neben Laien und Klerikern als dritter Stand innerhalb der Kirche. Die Reform von Cluny (seit 910) führt zu einem einheitlich organisierten Verband von Klöstern unter dem Abt von Cluny. Der Begriff *ordo/Orden* bezeichnet nunmehr eine selbstständige Einheit innerhalb des Mönchsstandes mit zentraler Leitung, eigener Verfassung und eigenen Bestimmungen der monastischen Lebensform. Als benediktinische Reformorden entstehen die Orden der **Kartäuser** (OCart) und **Zisterzienser** (OCist).

Aus der mittelalterlichen Klerusreform ergibt sich der Stand der reformierten Kleriker, die entsprechend den kirchlichen Vorschriften leben (*vita communis*, Armut, Ehelosigkeit): **Augustinerchorherren** (CanA), **Prämonstratenser** (OPraem). Das späte 12. Jh. bringt als neue Form die Ritterorden, die sowohl militärisch als auch hospitalisch wirken. Das Ordensideal wird dadurch für ganz bestimmte Dienste funktionalisiert: **Johanniter** (JO), **Templer**, **Deutschorden**.

Die religiösen Bewegungen des Hochmittelalters führen im 13. Jh. zu den sog. Bettelorden oder Mendikanten: ortsunabhängige Personalverbände mit zentraler Führung und demokratischen Verfassungselementen. Die Besitzlosigkeit des Einzelnen wird zur gemeinsamen Besitzlosigkeit, weshalb auf ertragreichen Grundbesitz und feste Einkünfte verzichtet wird. Mitglieder, die für die Seelsorge bestimmt sind, erhalten erstmals eine methodisch-wissenschaftliche Ausbildung. Diese neuen Orden kann man als die städtische Interpretation des alten Mönchsideals verstehen: **Dominikaner** (OP), **Franziskaner** (OFM); **Karmeliten** (OCarm), **Augustinereremiten** (OESA).

Das späte Mittelalter gilt auch in der Ordensgeschichte als Zeit des Niedergangs. Allerdings dürfen die Reformansätze der Observanzbewegung nicht übersehen werden, die alle Orden erfassen. Die Reformen verselbstständigen sich häufig und führen zu Abspaltungen: **Kapuziner** (OFMCap), **Unbeschuhte Karmeliten** (OCD).

In der **Reformation** werden grundsätzliche Vorbehalte gegen das monastische Leben artikuliert. Während in den protestantischen Territorien Süd- und Mitteldeutschlands sämtliche Klöster aufgehoben werden, können in Norddeutschland (Niedersachsen, Brandenburg, Magdeburg) zahlreiche zum Luthertum übergetretene Konvente weiter existieren. Insbesondere den evangelischen Frauenklöstern gelingt es, konstitutive Wesenszüge der alten Orden fortzuführen.

Im Zuge der **Gegenreformation** entsteht der neue Ordenstyp der sog. Regularkleriker; diese Gemeinschaft von Priestern steht im Gefolge der mittelalterlichen Orden, reduziert jedoch die monastischen Formen zu Gunsten ihrer spezifischen Aufgaben in Seelsorge, Mission, Schule und Wissenschaft: **Societas Jesu** (Jesuiten, SJ). Andere Neugründungen des 16.-18. Jh.s folgen diesem Trend zur Übernahme spezifischer pädagogischer oder sozial-karitativer Aufgaben: **Ursulinen** (OSU), **Englische Fräulein** (IBMV), **Barmherzige Schwestern**.

Diese Entwicklung wird durch die klosterfeindliche Stimmung des 18. Jh.s (Aufklärung/Absolutismus; 1773 Aufhebung des Jesuitenordens) und schließlich durch die Französische Revolution unterbrochen. Die Aufhebung der Klöster und die Unterdrückung der Orden verwandelt die monastische Landkarte Europas weithin in weiße Flächen. Dagegen bemüht sich die kirchliche Politik des 19. Jh.s um Restauration der alten Institute und Förderung neuer Gründungen (1814 Wiederzulassung des Jesuitenordens). Tatsächlich bringt das 19. Jh. die größte Gründungswelle der Ordensgeschichte, zumeist in Form von klerikalen Kongregationen (**Salesianer**, SDB) oder laikalen Gemeinschaften (**Barmherzige Brüder**).

Im **evangelischen Bereich** entstehen mit den Diakonissen- und Diakonenhäusern (im Zusammenhang mit der Inneren Mission ⇒ 9.3b) diakonische Einrichtungen mit kommunitären Elementen. Nach dem Zweiten Weltkrieg kommt es zur Gründung von evangelischen Bruder- bzw. Schwesternschaften und Kommunitäten, die in Rückgriff auf monastische, hochkirchlich-liturgische oder pietistisch-erweckliche Traditionen den Ordensgedanken wieder neu aufleben lassen.

Der Aufschwung der Orden im 20. Jh. erfährt auf katholischer Seite im Gefolge des II. Vatikanischen Konzils einen massiven Einbruch, während die evangelischen Kommunitäten vielfach vor der Herausforderung stehen, den Übergang von der Gründer- zur nachfolgenden Generation zu bewältigen.

Zurück zur Freiheit eines Christenmenschen: Die Reformatoren am Abendmahlstisch
Der Reformationsaltar in der Wittenberger Stadtkirche St. Marien, Luthers Predigt- und Hochzeitskirche, wurde von Lucas Cranach d.Ä. und seinem Sohn 1547 geschaffen. Er zeigt die Hauptakteure der Wittenberger Reformation in biblischen Zusammenhängen und damit das Anliegen der Reformation, den Menschen unmittelbaren Zugang zur biblischen Botschaft zu geben. Auf dem mittleren Altarbild sitzen Wittenberger Bürger als Jesu Jünger beim ersten Abendmahl. Rechts reicht der als Junker Jörg gekleidete Luther dem stehenden Lucas Cranach d.J. den Kelch. Im unteren Bild weist Luther als Prediger auf den Gekreuzigten, seine Frau und seine Kinder sitzen unter den Zuhörern. Die (hier nicht sichtbaren) Bilder der Seitenflügel zeigen Melanchthon bei der Taufe und Bugenhagen bei der Beichte.

1500-1550 Reformations-zeit

Kapitel 6

1) **Alte Kirche vor Konstantin** (50-300)
2) **Alte Kirche seit Konstantin** (300-450)
3) **Frühmittelalter** (450-900)
4) **Hochmittelalter** (900-1300)
5) **Spätmittelalter** (1300-1500)
6) **Reformationszeit (1500-1550)**
7) **Konfessionelles Zeitalter** (1550-1650)
8) **Pietismus und Aufklärung** (1650-1800)
9) **19. Jahrhundert** (1800-1900)
10) **20. Jahrhundert** (Ab 1900)

Einstieg

Das Thema Reformationsgeschichte lässt sich unter folgenden Gesichtspunkten problematisieren:

- Die **Kernfrage** lautet: Weshalb wird aus der geistlich-theologischen Entdeckung eines einzelnen Mönchs eine weltgeschichtliche Bewegung? Oder anders formuliert: Wie vollzieht sich (unter den frühneuzeitlichen Rahmenbedingungen) die Durchsetzung und rechtlich-politische Anerkennung einer neuen Religionsauffassung?
- In welchem Verhältnis steht dabei die genuine *causa Lutheri* zu den **Mitreformatoren** sowie zu vergleichbaren Bewegungen auf dem »linken Flügel« der Reformation (Spiritualisten, Täufer) und außerhalb Deutschlands (England, Frankreich, Schweiz u. a.)?
- In welchem **Verhältnis** steht der theologische Impuls (Rechtfertigungslehre und Schriftprinzip) zu liturgischen Reformen (deutschsprachiger Gottesdienst, deutsche Bibel, Katechismus, evangelisches Liedgut) und strukturellen Veränderungen (Kirchenordnungen, Landeskirchen)?
- Wie sind die unterschiedlichen **Deutungen Luthers** auf evangelischer und katholischer Seite zu verstehen? Und inwieweit lassen sich die Streit- und Konvergenzpunkte der gegenwärtigen Diskussion (etwa um die Rechtfertigungslehre und das Amtsverständnis) auf das theologische Erbe des 16. Jh.s zurückbeziehen?

Themen und Begriffe

- **Reformation**: Die besonders mit den Namen Luther, Zwingli und Calvin verbundene Bewegung zur (wörtl.) »Wiederherstellung« und Erneuerung der Kirche war zunächst innerkirchlich ausgerichtet, führte aber in der sozial und wirtschaftlich unruhigen Zeit und durch Ablehnung jeder päpstlichen Autorität zum Schisma und zur Bildung evangelischer Landeskirchen unter weltlichen Fürsten.
- **Ablass** (lat. indulgentia) ist der Nachlass zeitlicher (auf Erden oder im Fegefeuer abzugeltender) Sündenstrafen zunächst aufgrund gemeinnütziger Leistungen (Kirchenstiftungen, Unterstützung eines Kreuzzuges), später aufgrund von Geldzahlung (z. B. für den Bau der Peterskirche).
- **Reichstage**: Versammlungen der Reichsstände (über 300 weltliche und geistliche Fürsten, Vertreter der Reichsstädte, Hochmeister der Ritterorden, Reichsritter usw.) unter kaiserlicher Hoheit seit dem Spätmittelalter, seit 1663 ständiger Gesandtenkongress in Regensburg, 1803 aufgelöst.
- **Ketzerprozess** ⇒ 6.4ac
- **Türkengefahr** ⇒ 5.1d
- **Augustiner-Eremiten** (OESA): italienischer Bettelorden seit dem 13. Jh.; Luther tritt 1505 in das Erfurter Kloster ein, das zur sächsischen Reformkongregation (Observanten) unter Johann von Staupitz gehört, die für die Erneuerung der erschlafften Ordensdisziplin eintritt.

Zeitliche Abgrenzung

Der Beginn der Reformationszeit wird meist auf das Jahr 1517 datiert. Der Übergang vom Mittelalter zur Neuzeit wird mit »um 1500« angegeben und mit den Ereignissen 1492 (Entdeckung Amerikas durch Kolumbus), 1495 (Reichsreformen) und 1517 ff. (Luther) in Verbindung gebracht, teilweise auch mit 1453 (Eroberung von Konstantinopel).

1516 **Papst Leo X.** verdammt den Konziliarismus und erteilt allen Reformbestrebungen eine Absage. Das fünfte Laterankonzil (1512–17) geht deshalb ergebnislos zu Ende.

1517 Das Bekanntwerden von **Luthers 95 Thesen** markiert den »Ausbruch« der Reformation: Die gewaltige Resonanz, die Luthers Protest gegen den Ablass in ganz Deutschland hervorruft, gleicht einem unerwarteten Dammbruch.

Untergliederung

1521 Der **Wormser Reichstag** bringt den Ketzerprozess gegen Luther zum Abschluss: Fast 3 Jahre sind seit Prozesseröffnung verstrichen, bis Kirchenbann und Reichsacht erfolgen.

1525 Die reformatorische Bewegung ist zwar nicht mehr aufzuhalten, gerät aber 1525 in eine schwere **Krise**: Mit den sog. Schwärmern und den Humanisten kommt es zum Bruch, der Bauernkrieg endet mit einer Katastrophe.

1532 Zwei Jahre nach dem Augsburger Reichstag wird in Nürnberg vereinbart, dass die Protestanten bis zu einem allgemeinen Konzil geduldet sind, damit sie gegen die Türken Hilfe leisten. Diese **Duldung** und die **Gründung des Schmalkaldischen Bundes** verhelfen der Reformation in den Folgejahren zum Durchbruch in großen Teilen Deutschlands.

Dass andere Gliederungsvorschläge ebenfalls plausibel begründet werden können, soll an dieser Stelle ausdrücklich betont sein.

Zitate

»Du sollst wissen: wer gebeichtet hat und zerknirscht ist und Almosen in den Kasten legt, wie ihm der Beichtvater rät, der wird vollkommene Vergebung aller seiner Sünden haben. Laufet alle um das Heil eurer Seele. Hört ihr nicht die Stimme eurer toten Eltern und anderer Leute, die da schreien und sagen: Wir sind in schweren Strafen und Pein, wovon ihr uns mit wenig Almosen erretten könntet. O, ihr Kritiker, wie übel steht es mit euch: ihr seid außerhalb der Kirchengemeinschaft!« *(Johann Tetzel [?], ca. 1517 – KTGQ 3,15 f.)*

»Dass in der Schrift gewisse unverständliche Dinge seien, das wurde durch die gottlosen Sophisten verbreitet. Denn was kann in der Schrift noch Erhabeneres verborgen bleiben, nachdem jenes höchste Geheimnis bekannt gemacht worden ist: Christus, der Sohn Gottes, ist Mensch geworden, Gott ist dreieinig, Christus hat für uns gelitten und wird in Ewigkeit herrschen! Nimm Christus aus der Schrift heraus, was wirst Du dann noch in ihr finden?« *(Martin Luther, De servo arbitrio, 1525 – WA 18,606)*

»Das ist je eine wunderliche Gerechtigkeit, dass wir sollen gerecht heißen oder Gerechtigkeit haben, welche doch kein Werk, kein Gedanke und kurz gar nichts in uns, sondern gar außer uns in Christo ist und doch wahrhaftig unser wird durch seine Gnade und Geschenk und so gar unser eigen, als wäre sie durch uns selbst erlangt und erworben.« *(Martin Luther, Das XVI. Kapitel S. Johannes gepredigt und ausgelegt, 1538 – WA 46,44)*

»Den unerträglichen und bösen Schaden der Christenheit habe ich mir tief betroffen zu Herzen genommen, nachdem ich mit ganzem Fleiß die Geschichte der Kirchenväter gelesen habe. Ich finde, dass nach dem Tode der Apostelschüler die unbefleckte, jungfräuliche Kirche durch den geistlichen Ehebruch zur Hure geworden ist, und zwar der Gelehrten halber. Darum rufe ich einen jeglichen Menschen auf, dass er dazu helfe, dass Gottes Wort verteidigt werden kann.« *(Thomas Müntzer, Das Prager Manifest, 1521 – KTGQ 3,81)*

»Mir gefällt die Meinung derer, die dem freien Willen etwas zuschreiben, der Gnade aber das meiste.« *(Erasmus von Rotterdam, De libero arbitrio, 1524 – KTGQ 3,117)*

»In Christus sind zwei Naturen zu unterscheiden, die göttliche und die menschliche: beide sind aber ein Christus. Seiner göttlichen Natur nach hat Christus die Rechte des Vaters nie verlassen, ist er doch Gott, eines Wesens mit dem Vater. Christus der Mensch ist ans Kreuz geschlagen worden und zum Himmel aufgefahren; eine menschliche Natur zum ersten Mal als Gast im Himmel! So nun Christus zur Rechten Gottes sitzt und da auch bleiben wird, bis er am Jüngsten Tage wiederkommt, wie kann er dann hier auf Erden im Sakrament leiblich gegessen werden!« *(Huldrych Zwingli, Eine klare Unterrichtung vom Nachtmahl Christi, 1526 – KTGQ 3,150 f.)*

»Unser ›Gemüt‹ ist ja verblendet und vermag nicht zu erkennen, was wahr ist, auch sind ja alle unsere Sinne verderbt, und darum berauben wir Gott in boshafter Weise seiner Ehre. Obwohl also die Predigt vom Kreuze dem menschlichen Stolz nicht entspricht, müssen wir sie doch in Demut annehmen, wenn wir zu Gott, unserem Schöpfer und Wirker, von dem wir abgekommen sind, zurückkehren wollen, dass er wieder von neuem unser Vater sei!« *(Johannes Calvin, Institutio christianae religionis, 1559 – KTGQ 3,246)*

Lerntipps

- Die Reformationszeit nimmt in der Theologie einen hervorgehobenen Platz ein. Für den Zeitraum von 1517 bis 1530 wird erwartet, dass zu jedem einzelnen Jahr Fakten genannt werden. Bis 1555 gilt dasselbe für Abschnitte von zwei bis fünf Jahren.
- Dafür ist ein feinmaschiges **Raster** notwendig. Zur Orientierung ist es empfehlenswert, einen der folgenden Längsschnitte als Gerüst zu wählen und die einzelnen Ereignisse dazu in Beziehung zu setzen:
  - Politik (Machtkonstellationen, Karl V., Reichstage, Papst) ⇒ 6.3ac
  - Luthers Leben und Wirken ⇒ 6.4a
  - die Oberdeutschen und Schweizer Reformatoren
  - die »Schwärmer« (Täufer, Spiritualisten, Antitrinitarier)
- Daneben ist es wichtig, sich die **Biografien** der Reformatoren Luther (1483–1546), Melanchthon (1497–1560), Zwingli (1484–1531) und Calvin (1509–64) einzuprägen.
- Unter den **Weggefährten** der Reformatoren verdienen einige zumindest grobe Kenntnis. Die Übersicht wird dadurch erschwert, dass etliche der Namen mit B oder S beginnen und manche von ihnen Johann(es) gerufen werden ⇒ 6.4d.

Zur Diskussion

- Wie sind die unterschiedlichen Ausgangsbedingungen der Reformation in Mittel- und Oberdeutschland zu beurteilen? (Südwestdeutschland und Schweiz: uralter Reichsboden mit kulturellem Vorsprung, Städte und Bürgertum mit genossenschaftlichen Verfassungsordnungen, Humanismus).
- In welchem Verhältnis stehen die beiden Bewegungen Reformation und Humanismus zueinander?
- Wie ist die Entwicklung der Reformation ›von unten‹ (Stichwort: sozialpolitische Forderungen der Bauern) in eine Bewegung ›von oben‹ (Stichwort: Fürstenreformation) zu bewerten? – Aus welchen Motiven heraus unterstützen die Territorialherren die lutherische Bewegung?
- Inwiefern ist die Überführung des genuin theologischen Anliegens Luthers in die Struktur des lutherischen Landeskirchentums ge- oder misslungen? Welche Rolle spielen dabei die verschiedenen Kirchenordnungen? Warum bleiben Luthers Ausführungen zur Kirche so fragmentarisch?
- Weshalb führt die Auflösung der spätmittelalterlichen Gesellschaftsordnung durch die Reformation nicht zur Säkularisierung, sondern im Gegenteil zur erneuten geistlichen Legitimation des weltlichen Lebensbereichs (privat: Beruf – gesamtgesellschaftlich: Staat)?
- Inwiefern ist die Rechtfertigungslehre heute als »articulus stantis et cadentis ecclesiae« zur Geltung zu bringen? (Weder ein Kriterium, das sich anderen beiordnen lässt, noch ein axiomatisches Prinzip, das von anderen Artikeln unabhängig wäre; also: »Mitte und Grenze«, »regulative Idee«?)
- Wo und wie werden heute Reformatoren (allen voran Luther) auf kath. Seite und kath. Theologen des 16. Jh.s (z. B. Ignatius v. Loyola) auf evang. Seite rezipiert?

Geografie

Politische Machtverhältnisse Anfang des 16. Jh.s

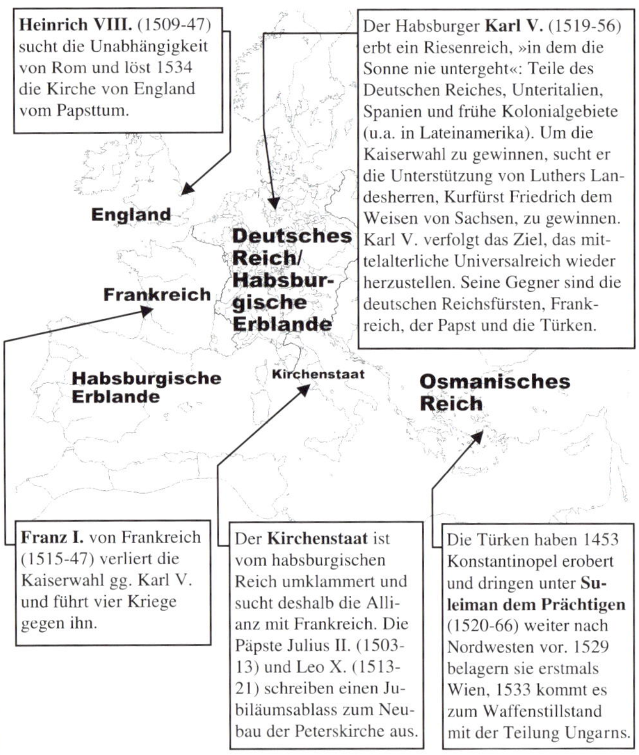

Heinrich VIII. (1509-47) sucht die Unabhängigkeit von Rom und löst 1534 die Kirche von England vom Papsttum.

Der Habsburger **Karl V.** (1519-56) erbt ein Riesenreich, »in dem die Sonne nie untergeht«: Teile des Deutschen Reiches, Unteritalien, Spanien und frühe Kolonialgebiete (u.a. in Lateinamerika). Um die Kaiserwahl zu gewinnen, sucht er die Unterstützung von Luthers Landesherren, Kurfürst Friedrich dem Weisen von Sachsen, zu gewinnen. Karl V. verfolgt das Ziel, das mittelalterliche Universalreich wieder herzustellen. Seine Gegner sind die deutschen Reichsfürsten, Frankreich, der Papst und die Türken.

Franz I. von Frankreich (1515-47) verliert die Kaiserwahl gg. Karl V. und führt vier Kriege gegen ihn.

Der **Kirchenstaat** ist vom habsburgischen Reich umklammert und sucht deshalb die Allianz mit Frankreich. Die Päpste Julius II. (1503-13) und Leo X. (1513-21) schreiben einen Jubiläumsablass zum Neubau der Peterskirche aus.

Die Türken haben 1453 Konstantinopel erobert und dringen unter **Suleiman dem Prächtigen** (1520-66) weiter nach Nordwesten vor. 1529 belagern sie erstmals Wien, 1533 kommt es zum Waffenstillstand mit der Teilung Ungarns.

Geografie

Der Anlass der Reformation

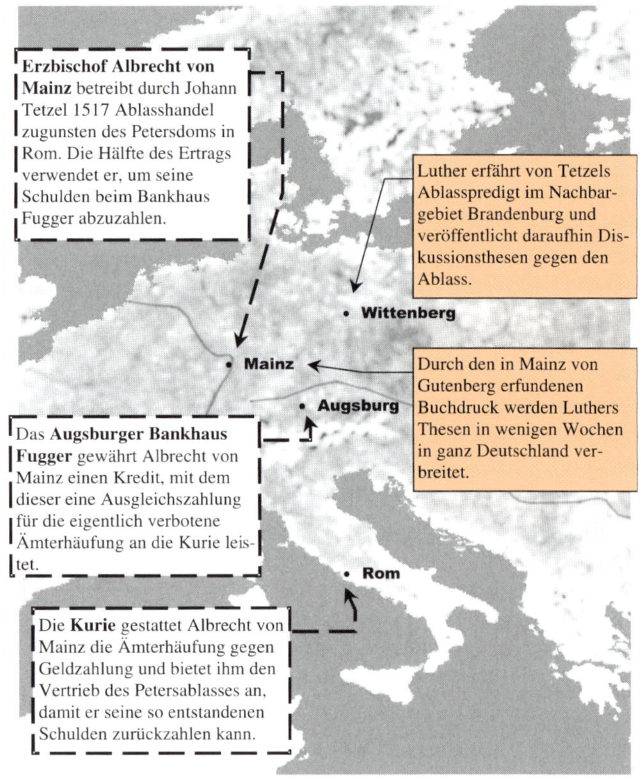

Erzbischof Albrecht von Mainz betreibt durch Johann Tetzel 1517 Ablasshandel zugunsten des Petersdoms in Rom. Die Hälfte des Ertrags verwendet er, um seine Schulden beim Bankhaus Fugger abzuzahlen.

Luther erfährt von Tetzels Ablasspredigt im Nachbargebiet Brandenburg und veröffentlicht daraufhin Diskussionsthesen gegen den Ablass.

Durch den in Mainz von Gutenberg erfundenen Buchdruck werden Luthers Thesen in wenigen Wochen in ganz Deutschland verbreitet.

Das Augsburger Bankhaus **Fugger** gewährt Albrecht von Mainz einen Kredit, mit dem dieser eine Ausgleichszahlung für die eigentlich verbotene Ämterhäufung an die Kurie leistet.

Die **Kurie** gestattet Albrecht von Mainz die Ämterhäufung gegen Geldzahlung und bietet ihm den Vertrieb des Petersablasses an, damit er seine so entstandenen Schulden zurückzahlen kann.

6.3

Geografie

Wichtige Reichstage und Konzilien der Reformationszeit; Zentren der Reformation

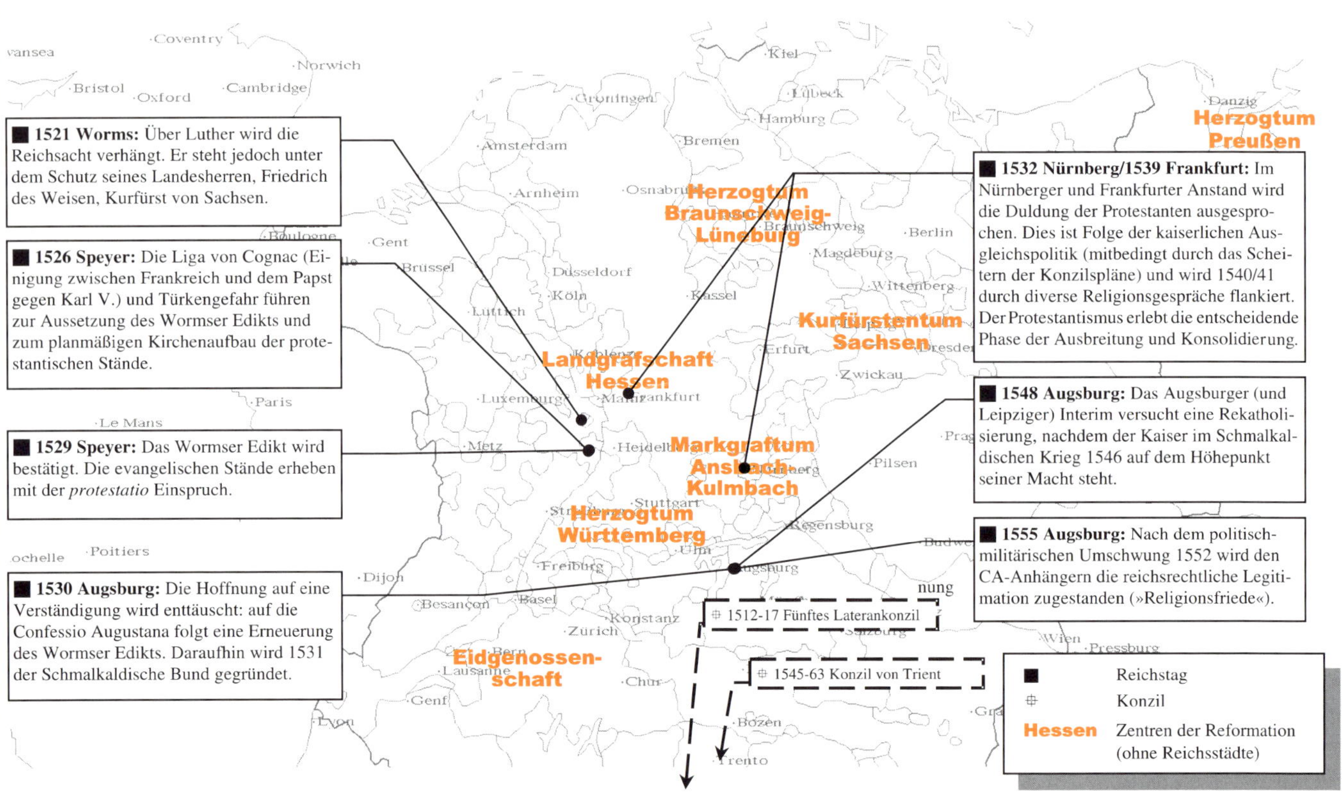

■ **1521 Worms:** Über Luther wird die Reichsacht verhängt. Er steht jedoch unter dem Schutz seines Landesherren, Friedrich des Weisen, Kurfürst von Sachsen.

■ **1526 Speyer:** Die Liga von Cognac (Einigung zwischen Frankreich und dem Papst gegen Karl V.) und Türkengefahr führen zur Aussetzung des Wormser Edikts und zum planmäßigen Kirchenaufbau der protestantischen Stände.

■ **1529 Speyer:** Das Wormser Edikt wird bestätigt. Die evangelischen Stände erheben mit der *protestatio* Einspruch.

■ **1530 Augsburg:** Die Hoffnung auf eine Verständigung wird enttäuscht: auf die Confessio Augustana folgt eine Erneuerung des Wormser Edikts. Daraufhin wird 1531 der Schmalkaldische Bund gegründet.

■ **1532 Nürnberg/1539 Frankfurt:** Im Nürnberger und Frankfurter Anstand wird die Duldung der Protestanten ausgesprochen. Dies ist Folge der kaiserlichen Ausgleichspolitik (mitbedingt durch das Scheitern der Konzilspläne) und wird 1540/41 durch diverse Religionsgespräche flankiert. Der Protestantismus erlebt die entscheidende Phase der Ausbreitung und Konsolidierung.

■ **1548 Augsburg:** Das Augsburger (und Leipziger) Interim versucht eine Rekatholisierung, nachdem der Kaiser im Schmalkaldischen Krieg 1546 auf dem Höhepunkt seiner Macht steht.

■ **1555 Augsburg:** Nach dem politisch-militärischen Umschwung 1552 wird den CA-Anhängern die reichsrechtliche Legitimation zugestanden (»Religionsfriede«).

⊕ 1512-17 Fünftes Laterankonzil

⊕ 1545-63 Konzil von Trient

■	Reichstag
⊕	Konzil
Hessen	Zentren der Reformation (ohne Reichsstädte)

Geografie

Lutherstätten heute

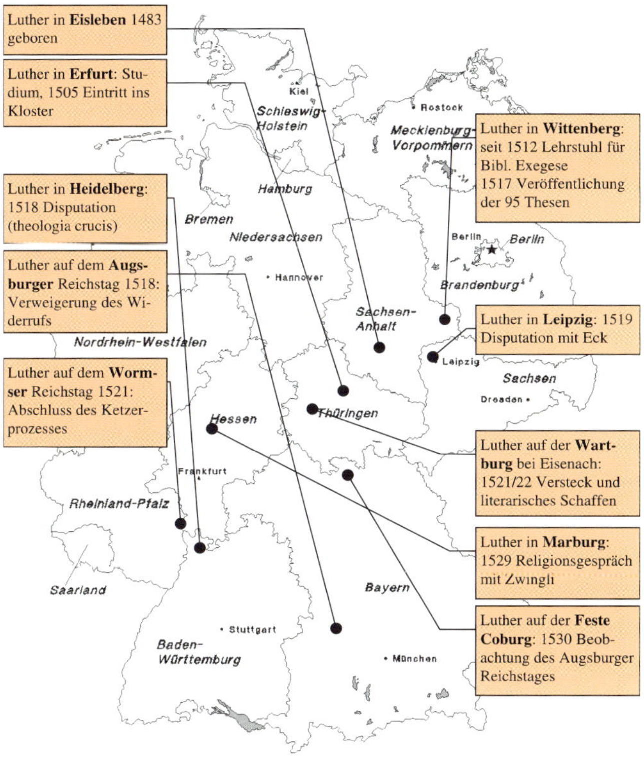

Zur Theologiegeschichte

Um **Luthers Theologie** darzustellen, ist eine Systematisierung hilfreich. Eine Möglichkeit besteht darin, je einer Phase seines Lebens einen theologischen topos zuzuordnen, z. B.:

- *sola gratia:* die reformatorische Neuentdeckung der Rechtfertigungslehre in Abkehr von der römischen Bußpraxis bis 1517.
- *solus Christus:* der Bruch mit der mittelalterlichen Kirche und dem Herrschaftsanspruch des Papsttums 1517–21.
- *sola scriptura:* Sturmjahre und Konsolidierung durch die neue Schrifttheologie in der Zeit zwischen Bibelübersetzung und Bekenntnisbildung 1521–30.
- *sola fide:* Ausbreitung, Rückschläge und endgültige Konsolidierung des »neuen Glaubens« 1531–46.

Calvins Theologie prägt das 17./18. Jh. sowohl ideengeschichtlich (Neostoizismus und Frühaufklärung) als auch politisch (Brandenburg ⇒ 7.3b) und sozialgeschichtlich (freies Handelsbürgertum in den Niederlanden). Zentrale Stichworte lauten:

- *Systematisierung* der Dogmatik (Institutio religionis christianae, Basel 1536/Genf ^{5}1559).
- *biblizistischer Ansatz* in der Stellung zur Schrift
- Betonung von *Gottes Souveränität*, Majestät und Ehre
- programmatischer innerer und äußerer *Kirchenaufbau* (Ältestenamt und Kirchenzucht; wechselseitige Durchdringung von bürgerlicher und kirchlicher Gemeinde)
- Primat der *Ethik* (*triplex usus legis* und *syllogismus practicus*) im Zusammenhang mit der Lehre von der »doppelten Prädestination« ⇒ 7.2b

6.4

Zusammenhänge

*Der Verlauf der Reformation: Wie kommt es zur **Verzögerung des Prozesses** gegen Luther?*

	Römische Kurie	Reichspolitik
1518	Eröffnung des Prozesses Summarisches Verfahren Verhör durch Cajetan	
1519		**Kaiserwahl**
	⇨ **fast 2 Jahre Verzögerung des Prozesses**	
1520	Bannandrohungsbulle	
1521	Bannbulle	Reichstag in Worms: Reichsacht
1522		**Türkengefahr**
1523	⇨ **Umsetzung des Wormser Edikts aufgeschoben**	

*Welche Umstände sind für **Luthers Einfluss** förderlich?*

- Fortschreitende Territorialisierung in Deutschland
- Öffentliche Kirchenkritik
- Allgemeine Gesellschaftskrise
- Erfindung des Buchdrucks
- Luthers sprachliche Vermittlung zwischen Mittel- und Niederdeutsch
- Persönlichkeit Luthers

Gewinnung von Freunden

Gewinnung von Humanisten

Veröffentlichung von Luthers Hauptschriften

Zusammenhänge

Reformatoren und Weggefährten der Reformation

Johann v. Staupitz: Generalvikar der deutschen Observanten-Kongregation der Augustiner-Eremiten, seit 1503 erster Dekan der theologischen Fakultät in Wittenberg, Vorgänger Luthers in der Bibelprofessur und dessen Seelsorger.

Philipp Melanchthon: Freund und engster Mitarbeiter Luthers, Verfasser der Loci communes (1521 ff.) und der Confessio Augustana (1530). Systematisierung der lutherischen Theologie, Verbindung mit dem Humanismus.

Georg Spalatin: Luthers Mittelsmann am kursächsischen Hof als Sekretär und Hofprediger von Friedrich dem Weisen, Einfluss auf dessen religionspolitische Entscheidungen.

Andreas Bodenstein, genannt Karlstadt: im Januar 1522 Initiator der Gottesdienstneugestaltung und des Bildersturms in Wittenberg. Aufgrund seiner radikalen Haltung Bruch mit Luther und Vertreibung aus Kursachsen.

Johann Bugenhagen: seit 1523 Stadtpfarrer von Wittenberg; Organisator des norddeutschen und dänischen Kirchenwesens.

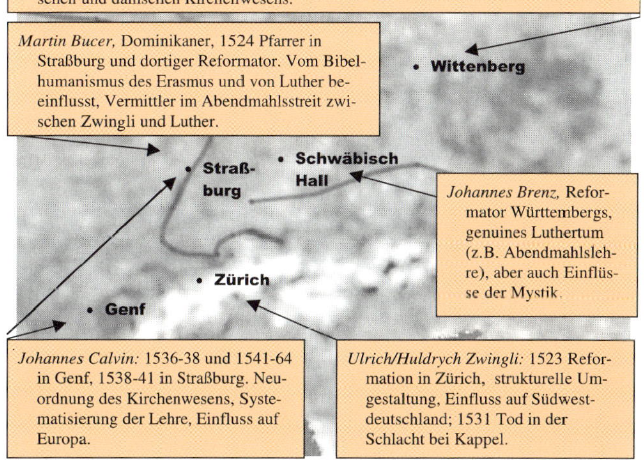

Chronologie

1517-21 »Ausbruch« der Reformation und Ketzerprozess gegen Luther

	Politik	Reichstage	Papsttum	Luther	Luthers Schriften	Freunde/ Reformatoren	Schweiz	Schwärmer
				1483 geb. in Eisleben Schule in Mansfeld, Magdeburg und Eisenach, Studium in Erfurt 1505 Gewitter in Stotternheim, Eintritt ins Kloster der Augustinereremiten in Erfurt 1512 in Wittenberg: Promotion, Lehrstuhl Bibl. Exegese	Vorlesungen über Ps, Röm, Gal, Hebr			
1517	*Albrecht von Mainz:* Petersablass		*1513-21 Leo X.* 1515 Ablassdekret	31.10.1517 Thesenanschlag (?)	95 Thesen			
1518 Ketzerprozess		**1518 Augsburg** Luther verweigert Widerruf	*J. Tetzel:* Gegenthesen *J. Eck:* »Obelisci« Juni: **Ketzerprozess** eröffnet Okt.: Verhör in Augsburg (*Th. Cajetan*)	Heidelberger Disputation (Ordenskapitel)		*J. Brenz* und *M. Bucer* gewonnen *Ph. Melanchthon* kommt nach Wittenberg		
1519 Verzögerung	**Kaiserwahl**: Friedrich der Weise gibt den Ausschlag für *Karl V.*		Papst will Friedrich den Weisen wegen Kaiserwahl gewinnen (durch K. v. Miltitz)	Leipziger Disputation: Luther und Eck über päpstlichen Primat	»Operationes in psalmos« »Galater-Kommentar«	Humanisten gewonnen: *U. v. Hutten* *L. Spengler*	*Ulrich Zwingli* lernt Luthers Schriften kennen	
1520 Hauptschriften			Juni: Bannandrohungsbulle »Exsurge Domine«	Dez.: Bücherverbrennung	»An den christl. Adel« »De captivitate Babylonica« »De libertate christiana«			
1521 Reichsacht	*Friedrich der Weise* schützt Luther	**26.5.1521 Worms** Reichsacht	Jan.: Bannbulle »Decet Romanum Pontificem«					*Thomas Müntzer* aus Zwickau vertrieben

1521-25 »Sturmjahre« und die Auseinandersetzung mit Extrempositionen

	Politik	Reichstage	Papsttum	Luther	Luthers Schriften	Freunde/ Reformatoren	Schweiz	Schwärmer
1521-22 Wartburg »Wildwuchs«	Kaiser verlässt Dt. (bis 1530) 1. franz. Krieg (1521-26) schwaches Reichsregiment in Nürnberg unter *Ferdinand:*	**1522 Nürnberg** Schuldbekenntnis Hadrians	*1522-23* ***Hadrian VI.*** gg. Renaissance-Papsttum	4.5.1521-1.3.1522 Luther auf der Wartburg März 1522 Invokavitpredigten in Wittenberg	»Septembertestament« »Kirchenpostille« »De votis monasticis«	*Melanchthon:* »Loci communes«	**Zürich**: Fastengebote gebrochen	Zwickauer Propheten *A. Karlstadt/ G. Zwilling:* Bildersturm
1523 Kirchenordnung	- Wormser Edikt hinausgeschoben - Konzil gefordert		*1523-34* ***Clemens VII.*** Renaissance-Papst, verhindert Konzil	Aufbau einer evang. Kirchenordnung	»Von Ordnung Gottesdiensts« »Formula missae« »Dass eine christl. Gemeine Recht und Macht habe« »Von weltl. Obrigkeit«	radikale Gottesdienstreformen	1. Züricher Disputation Reformation, Bildersturm 2. Züricher Disputation konsequente Reformen	
1524-25 »Krisenjahr«	Friedrich d. Weise † *Johann von Sachsen* Nachfolger	**1524 Nürnberg**	Bündnisse Regensburger Bündnis Dessauer Bund	←	→	1526 Bündnis von Gotha (= Torgauer Bund)		Täufertum entsteht in Zürich (*K. Grebel, F. Mantz*) Schweizer, Hutterer, Mennoniten
				Bruch mit den Schwärmern	»Wider die himml. Propheten«			
1525	Bauernkrieg			13.6.1525 Heirat Bruch mit dem Humanismus	»Ermahnung zum Frieden« »Wider die ... Rotten« »Ein Sendbrief von dem harten Büchlein« »De servo arbitrio«			Bauernkrieg 15.5.1525 Frankenhausen: *Thomas Müntzer* †

6.5

1526-32 Konsolidierung

	Politik	Reichstage	Papsttum	Luther	Luthers Schriften	Freunde/ Reformatoren	Schweiz	Schwärmer
1526-29 planmäßige Organisation	2. franz. Krieg (1526-29): Sieg des Kaisers 1526 Liga von Cognac: Bündnis zwischen Papst und Frankreich	**1526 Speyer** Wormser Edikt aufgeschoben			1526 »Dt. Messe« »Taufbüchlein«	**Hessen**: Homberger Kirchenordnung (freikirchlich) **Kursachsen**: 1526-30 Kirchen- und Schulvisitation (von oben)		Spiritualisten *S. Franck, K. Schwenckfeld*
Abendmahlsstreit				1526-28 Abendmahlsstreit	»Vom Abendmahl Christi«		*Zwingli:* »Amica exegesis ...«	
	1527 Einführung der Reformation in Schweden 1529 Türken vor Wien	**1529 Speyer** Wormser Edikt bestätigt Protestatio der evang. Minderheit	1527 Sacco di Roma: Ende des Renaissance-Papsttums	1529 Marburger Religionsgespräch	1529 Katechismen »Traubüchlein«	1529 Schwabacher Konvent	1529 *Zwingli:* »De providentia Dei«	
1530 CA	Kaiser wieder in Dt.	**1530 Augsburg** Confessio Augustana Wormser Edikt wird erneuert	*Eck:* »Confutatio«	Luther auf der Veste Coburg		*Melanchthon:* »CA«/ »Apologie« *Oberdeutsche:* »Confessio Tetrapolitana«	*Zwingli:* »Fidei ratio«	
1531-32 Schmalkald. Bund	*Johann Friedrich von Sachsen* Türkengefahr	**1532 Nürnberg** Duldung bis zum Konzil (Waffenstillstand zur Türkenhilfe)				Schmalkaldischer Bund Durchbruch der Reformation	**Schlacht bei Kappel** *Zwingli* † *H. Bullinger* Nachfolger	

1532-55 Ausbreitung, Religionskrieg und »Patt«

	Politik	Reichstage	Papsttum	Luther	Luthers Schriften	Freunde/ Reformatoren	Schweiz	Schwärmer
1532-39 Ausbreitung	*Karl V.:* Bemühung um Konzil *Franz I. v. Frankreich:* Konzil abgelehnt 3. franz. Krieg (1536-38) Türkengefahr	**1539 Frankfurt** neuerliche Duldung	1533/40 Gründung der Societas Jesu (Jesuiten) durch *Ignatius von Loyola* ***1534-49 Paul III.*** 1536 Konzil nach Mantua ausgeschrieben	Verständigung in der Abendmahlslehre	1534 Deutsche Bibel 1537 »Schmalkaldische Artikel« (für Konzil gedacht) 1539 »Von Konziliis und Kirchen«	Ausbreitung der Reformation 1534 Württemberg (*A. Blarer*), Pommern 1539 Sachsen, Brandenburg [bis 1543 fast ganz Norddeutschland] 1536 »Wittenberger Konkordie« (*Bucer* und Wittenberger) 1537 Schmalkalden: Konzil abgelehnt	1536 »Confessio Helvetica« (*Bullinger*) 1536 *Johannes Calvin* in **Genf** 1536/39/59 »Institutio« 1538 in **Straßburg** 1541-64 in **Genf** (bis 1555 umstritten)	1534/35 Katastrophe des Täufertums in Münster *Menno Simons*
1540-42 Religionsgespräche	Religionsgespräche **Hagenau**: erfolglos **Worms**: Melanchthon und Eck (Erbsünde) **Regensburg**: Kompromisse (Rechtfertigung), aber gescheitert	**1541 Worms**		1539 Beichtrat		1540 Doppelehe Philipps von Hessen 1541 Separatabkommen mit dem Kaiser Melanchthon: 1540 »Variata« (CA mit calvin. Abendmahlslehre)		
1543-55 Kriege Konzil	4. franz. Krieg (1542-44): Sieg des Kaisers Kaiser drängt auf Konzil 1546/47 Schmalkaldischer Krieg	**1545 Worms** **1548 Augsburg** Interim, Versuch der Rekatholisierung 1552 Passauer Vertrag: Interim aufgehoben **1555 Augsburg** Religionsfriede reichsrechtliche Legitimation der CA-Anhänger	Konzil von Trient (1545-63) 1545-47: 1. Periode (Schrift, Erbsünde, Rechtfertigung) 1547-49 in Bologna ***1550-55 Julius III.*** 1551-52: 2. Periode (Sakramente) 1562-63: 3. Periode (Ehe, Reformen)	1546 Luther †		1543 Klevischer Krieg 1546 *Moritz v. Sachsen* auf Seite des Kaisers 1546/47 Schmalkaldischer Krieg *Melanchthon:* Leipziger Interim 1548-52 Adiaphorist. Streit 1552 *Moritz von Sachsen:* Überrumpelung des Kaisers	1549 Consensus Tigurinus 1553 *M. Servet* in Genf verbrannt 1556 »Confessio Helvetica Posterior«	Antitrinitarier *M. Servet, F. Sozzini* 1579 Sozinianer-Kirche in Polen

Prüfungsthemen

- Schildern Sie **Luthers** Auseinandersetzung mit Rom 1517–1521 unter besonderer Berücksichtigung
  a) des Ablassproblems (was ist Ablass? – was kritisiert Luther am Ablass?)
  b) des Prozesses gegen Luther (kurze Skizze des Verlaufs)
  c) der Stellung Luthers zum Papst und seines Verständnisses von Autorität in der Kirche *[1992/I]*
- Wie wurde Luthers Wirken in der frühen Reformationszeit aufgenommen? Beschreiben Sie Wege und Vielfalt der Luther-Rezeption und des Lutherverständnisses bis 1525 *[1989/I]*
- Die **Reformationsgeschichte** von 1525–1530. Grundzüge in historischer und theologischer Perspektive *[1990/I]*
- Die beiden Reichstage von Augsburg 1530 und 1555 als Anfangs- und Endpunkt einer Phase der kirchenpolitischen Entwicklung im Reich – der äußere Verlauf und die innere Problematik des Geschehens *[1983/I]*
- Die drei Augsburger Reichstage 1530, 1547/48 und 1555 in ihrer kirchengeschichtlichen Wirkung *[1993/I]*
- Disputationen und Religionsgespräche in der Reformationszeit. Ihre theologische und kirchengeschichtliche Bedeutung *[1977/II]*
- Überblick über das Verhältnis der deutschen Obrigkeiten (Kaiser, Fürsten, städtische Räte) zur Reformation im Zeitraum 1518 bis 1555 *[1999/II]*
- **Reformatoren** neben Luther *[1997/II]*
- Die Bedeutung **Melanchthons** für die Reformationsgeschichte *[1981/I]*
- Huldrych **Zwingli** *[1984/II]*
- Johannes **Calvin** – seine Bedeutung als Reformator und als Theologe *[1978/I]*
- Calvin und die westeuropäische Reformation; Verlauf, Bedeutung und Problematik einer evangelischen Bewegung *[1987/II]*
- Entstehung sowie theologische und kirchenpolitische Bedeutung der lutherischen **Bekenntnisse** von der CA an bis zur Erstellung der Konkordienformel 1577 *[1977/I]*
- Die Theologie der Confessio Augustana – protestantische Vergangenheit oder ökumenische Chance? *[1980/I]*
- Die so genannten drei reformatorischen Hauptschriften Luthers – Anlass, inhaltliche Grundzüge, entscheidende Wirkungen *[1993/II]*
- Die **Rechtfertigungslehre** von der Confessio Augustana bis zur Konkordienformel *[1980/II]*
- Rechtfertigung allein aus Glauben? Luthers Rechtfertigungslehre und die heutige ökumenische Rechtfertigungsdiskussion *[1998/II]*
- Das **Obrigkeitsverständnis** der Reformation in seiner kontroversen Gestalt *[1986/II]*
- Luther und das **Mönchtum** *[1995/II]*
- Der Streit um das **Abendmahl** im ersten Jahrzehnt der Reformation *[1996/II]*
- Ursache und Verlauf der Auseinandersetzung zwischen Luther und Erasmus ist darzustellen und deren Bedeutung für das Verhältnis von Reformation und **Humanismus** kritisch zu würdigen *[1982/I]*
- Reformation und Humanismus unter besonderer Berücksichtigung der Auseinandersetzung zwischen Luther und Erasmus von Rotterdam *[1988/I]*
- Die **Täuferbewegung** in der Reformationszeit – Geschichte und Deutung *[1989/II]*

6.7

Große Linien

Dogmen und Bekenntnisse

Bevorzugte Bedeutung gewinnt das Bekenntnis zunächst als **bekenntnishafter Akt** im Sinne der μαρτυρία/confessio im Zusammenhang mit der Taufe. In der Auseinandersetzung mit Irrlehren wird es als Glaubensnorm formuliert, die dem Taufunterricht zugrunde gelegt wird (Apostolicum).

Mit der Konstantinischen Wende und den trinitarischen und christologischen Streitigkeiten wird das Bekenntnis zur staatsgesetzlich festgelegten Klammer der Reichs- und Kircheneinheit und zur **Norm der reinen Lehre** (das *Nicaenum* von 325 als das erste kodifizierte Taufbekenntnis, das *Chalcedonense* von 451). In der byzantinischen Kirche des Ostens ist mit dem 7. ökumenischen Konzil von Nicäa (787) der Abschluss der Bekenntnisbildung erreicht, in der abendländischen Kirche geht die Bekenntnisbildung weiter (Athanasium und Fortentwicklung des Apostolicums).

Im **Mittelalter** wird insbesondere die Lehre von den Sakramenten ausgebildet (sakramentale Ekklesiologie des 4. Laterankonzils). Die katholische Kirche entwickelt die Lehre vom Depositum fidei, wonach der Kirche ein bestimmter Schatz an Wahrheiten übertragen ist, von dem nichts verloren gehen darf, der aber doch eine Weiterentwicklung im Sinne einer näheren Entfaltung verträgt.

Im **Reformationszeitalter** steht am Anfang das aktuelle Bekennen (Worms 1521, Speyer 1529). Die schriftlichen Bekenntnisse entstehen aus politischen Notwendigkeiten (Ansbach 1524, Augsburg 1530 u. a.). Nach dem Tod Luthers wird das Bekenntnis im Protestantismus zum Gegenstand heftiger Lehrstreitigkeiten, die erst 1577/80 zum Abschluss kommen (FC und Konkordienbuch); hinfort ist das Bekenntnis rechtlich verbindliche Grundlage für Predigt und Unterweisung. Geistlich und rechtlich verpflichtend ist das evangelische Bekenntnis nur insoweit, als es die Wahrheit der göttlichen Offenbarung richtig bezeugt. Im Verlauf des 16. Jh. setzt sich freilich das Staatskirchentum der evangelischen Territorien durch, wodurch den Bekenntnisschriften auch reichsrechtliche Geltung zukommt. Die reformierte Tradition kennt eine Vielzahl von einzelnen Bekenntnisschriften von unterschiedlicher Normativität (Confessio Tetrapolitana, Heidelberger Katechismus u. a.).

Das **Trienter Konzil** 1545–63 bringt nicht nur die endgültige Ablehnung Roms gegenüber der gesamten Reformation, sondern auch eine sehr weit gehende Festlegung des katholischen Glaubens (Neben- und Miteinander von Schrift und Tradition). Seit dem 16. Jh. gibt es in der katholischen Kirche drei neue Dogmen: unbefleckte Empfängnis Mariens (1854), Unfehlbarkeit des Papstes bei kirchl. Lehrentscheidungen (1870), Himmelfahrt Mariens (1950). In der **Kirche von England** wird im 19. Jh. die Lehre von der apostolischen Sukzession durchgesetzt, ohne dass es freilich zu einer Dogmatisierung im engeren Sinn gekommen wäre. Im **deutschen Protestantismus** vollzieht sich im 19. Jh. – nach den verschiedenen Unionen zu Beginn des Jh.s – eine Rückkehr zu Dogma und Bekenntnis als Lehrgrundlagen der Kirche. Der Versuch, den Glauben in einer für die Gegenwart verbindlichen Weise neu zu bekennen, wird jedoch erst wieder mit der Theologischen Erklärung von Barmen 1934 unternommen.

Im **20. Jh.** gewinnen die Bekenntnisse neue Bedeutung in den ökumenischen Dialogen ⇒ 10.5d. Für den **Katholizismus heute** bedeutet Dogma ein von der Kirche ausdrücklich als von Gott geoffenbart bekundeter Glaubenssatz, dessen Leugnung die Trennung von ihrer Gemeinschaft zur Folge hat. Im **Protestantismus** können dagegen alle von der Kirche aufgestellten Glaubenssätze prinzipiell der Kritik unterworfen werden: Schrift als *norma normans*, Bekenntnis als *norma normata*. Gleichwohl kommt dem kirchlichen Bekenntnis ein Verbindlichkeitscharakter zu.

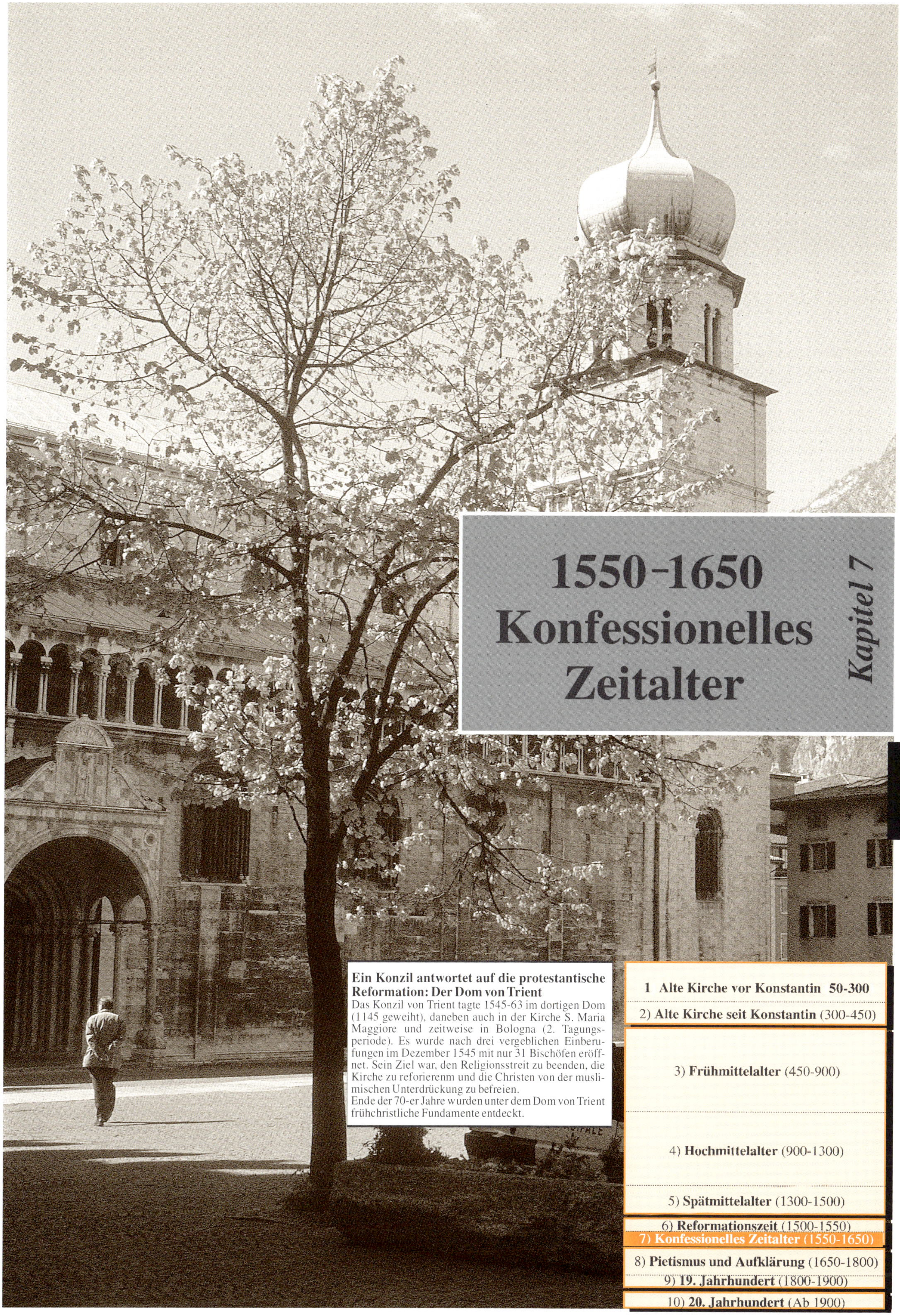

1550-1650 Konfessionelles Zeitalter

Kapitel 7

Ein Konzil antwortet auf die protestantische Reformation: Der Dom von Trient
Das Konzil von Trient tagte 1545-63 im dortigen Dom (1145 geweiht), daneben auch in der Kirche S. Maria Maggiore und zeitweise in Bologna (2. Tagungsperiode). Es wurde nach drei vergeblichen Einberufungen im Dezember 1545 mit nur 31 Bischöfen eröffnet. Sein Ziel war, den Religionsstreit zu beenden, die Kirche zu reforierenm und die Christen von der muslimischen Unterdrückung zu befreien.
Ende der 70-er Jahre wurden unter dem Dom von Trient frühchristliche Fundamente entdeckt.

1 Alte Kirche vor Konstantin 50-300
2) Alte Kirche seit Konstantin (300-450)
3) Frühmittelalter (450-900)
4) Hochmittelalter (900-1300)
5) Spätmittelalter (1300-1500)
6) Reformationszeit (1500-1550)
7) Konfessionelles Zeitalter (1550-1650)
8) Pietismus und Aufklärung (1650-1800)
9) 19. Jahrhundert (1800-1900)
10) 20. Jahrhundert (Ab 1900)

Einstieg

- Der von E. Troeltsch und O. Brunner eingeführte Begriff **»Konfessionelles Zeitalter«** impliziert, dass die konfessionelle Verfestigung in dieser Epoche im Vordergrund stand. Andere Schwerpunkte setzen die Bezeichnungen »Zeitalter der Glaubenskriege« oder »Zweite Reformation« (bezogen auf das Vordringen des Calvinismus auch in lutherische Gebiete). Konfessionell ist die Epoche insofern, als sich die »mittelalterliche christliche Einheitskultur in eine **Vielheit** von Konfessionen und Kirchen, Staaten und politischen Entwürfen« aufspaltet, die sich gegenseitig abgrenzen (Sommer/Klahr). Zugleich tritt die Säkularisierung (die Verweltlichung aller Lebensbereiche) immer deutlicher hervor.
- Während in der ersten Hälfte des 16. Jh.s Deutschland theologisch wie politisch im Mittelpunkt des Geschehens steht, finden nun die entscheidenden Entwicklungen v. a. in **Frankreich**, den **Niederlanden**, **Schottland** und **England** statt.
- Die Entwicklung in Deutschland wird theologisch durch die Interpretation der **Confessio Augustana** *(Formula Concordiae)*, politisch durch die Interpretation des **Augsburger Religionsfriedens** bestimmt (*Westfälischer Friede*) ⇒ 7.1b, 8.1c. Dabei stehen Phänomene der Erstarrung denen von Neuaufbrüchen gegenüber (protestantisch: Streitigkeiten – Frömmigkeitsbewegungen um 1600; katholisch: Dogmatisierung – Barock) ⇒ 7.2d.

Themen und Begriffe

- **Gegenreformation**: Rückgewinnung von evangelischen Gebieten und Bevölkerungsteilen seit 1560/70 durch vor allem gewaltsame Maßnahmen der röm.-kath. Kirche in Deutschland, Frankreich, England und den span. Niederlanden. Die ständigen Konflikte zwischen katholischen und protestantischen Parteien, bei denen sich religiöse und politische Motive kaum trennen lassen, führen zur Katastrophe des 30-jährigen Krieges ⇒ 7.1d, 7.3b.
  Katholische Reform bzw. Erneuerung: päpstlich gelenkte Reform der katholischen Kirchenstrukturen, Frömmigkeit und Theologie seit 1563, verbunden mit der Gegenreformation.
- Die mannigfachen Bemühungen um einen Ausgleich der theologischen Spannungen und Wandlungen »nach Luther« (adiaphoristischer Streit; majoristischer Streit; synergistischer Streit; osiandrischer Streit u. a.) bringen 1577 die *Formula Concordiae* zustande. Mit ihr beginnt das Zeitalter der **Altprotestantischen Orthodoxie** ⇒ 7.2b. Der Begriff wurde erst Anfang des 20. Jh.s (im Gegenüber zum »*Neu*protestantismus«) geprägt ⇒ 10.2b.
  Gleichzeitig setzt seit ca. 1600 die religionssoziologisch kaum zu überschätzende Bewegung der **evangelischen Frömmigkeit** ein (Kirchenlied und -musik, Erbauungsliteratur, Mystik).

7.1

Zeitliche Abgrenzung

1555 Der **Augsburger Religionsfriede** besiegelt die rechtliche Gleichstellung von Katholizismus und Luthertum, schreibt aber auch die konfessionelle Aufteilung Deutschlands fest. Damit ist der allgemeine Landfriede auf das religiöse Gebiet ausgedehnt worden; das bisher gültige Ketzerrecht wird aufgehoben. Nunmehr gilt das *ius reformandi*: Der Landesherr bestimmt die Konfession in seinem Gebiet, die Untertanen müssen ihm darin folgen oder auswandern; die geistliche Jurisdiktion des Bischofs wird suspendiert (nachträglich eingeführte Formel: »cuius regio, eius religio«). Dies gilt allerdings nicht, wenn ein geistlicher Reichsstand (bzw. Territorialherr) zur Augsburgischen Konfession übertritt: Das *Reservatum ecclesiasticum* (»Geistlicher Vorbehalt«) soll die Säkularisation der unmittelbaren geistlichen Territorien verhindern, was in Nord- und Westmitteldeutschland jedoch nur selten gelingt. Den neugläubigen Landständen in geistlichen Territorien (d. h. also Rittern oder Städten) garantiert die – in ihrer rechtlichen Geltung freilich umstrittene – »Declaratio Ferdinandea« ihren bisherigen Bekenntnisstand.

Untergliederung

1600 Die **Gegenreformation** ist in Bayern abgeschlossen und wendet sich Österreich zu. Mit dem **Barock** wird der letzte Versuch einer groß angelegten Synthese von Philosophie und Kunst, Staat und Religion unternommen. Im **Luthertum** folgen auf die Lehrstreitigkeiten und die sog. Früh-Orthodoxie die **Frömmigkeitsbewegungen** und die **Hoch-Orthodoxie**. Während sich der **Calvinismus** in Frankreich und den Niederlanden vorübergehend durchsetzen kann, wird der Puritanismus in England zeitweilig zurückgedrängt.

1618–48 Der **30-jährige Krieg** stürzt fast ganz Europa in eine religiös-politische Katastrophe und bringt den Protestantismus an den Rand des Abgrunds: Er wird nur durch das Eingreifen der Schweden gerettet. Der **Westfälische Friede** (⇒ 8.1c) beendet insofern die Gegenreformation, als die Konfessionsgrenzen seitdem im Ganzen unverändert bleiben. Gewaltsame Ausläufer der Gegenreformation sind jedoch bis ins 18. Jh. festzustellen (Leopold I. in Schlesien und Ungarn; Ludwig XIV. in Frankreich).

Zitate

»Wenn jemand behauptet, der rechtfertigende Glaube sei nichts anderes als das Vertrauen [fiducia] auf die göttliche Barmherzigkeit, die um Christi willen die Sünden nachlässt, oder dieses Vertrauen allein sei es, wodurch wir gerechtfertigt werden: der sei im Bann.« *(Tridentinum, Dekret über die Rechtfertigung, 1547 – KTGQ 3,223)*

»Was ist dein einziger Trost im Leben und im Sterben? Dass ich mit Leib und Seel, beide im Leben und im Sterben, nicht mein, sondern meines getreuen Heilands Jesu Christi eigen bin.« *(Heidelberger Katechismus, Frage 1, 1563)*

»Wir glauben, lehren und bekennen, dass, obwohl vorangehende Reue und nachfolgende gute Werke nicht in den Artikel der Rechtfertigung vor Gott gehören, dennoch nicht ein solcher Glaube erdichtet werden soll, der bei und neben einem bösen Vorsatz, zu sündigen und gegen das Gewissen zu handeln, sein und bestehen könnte.« *(FC, Epitome, 1577 – BSLK 784)*

»Erwecke in mir ein herzlich Verlangen und Sehnen nach Dir, und dann stille dasselbe wieder mit Dir selbst und Deiner Gnadengegenwart.« *(Johann Arndt, Sechs Bücher vom wahren Christentum, 1610 – KTGQ 3,271)*

Zur Theologiegeschichte

- Die **lutherische** (»Altprotestantische«) **Orthodoxie** reicht von Martin Chemnitz (»Loci theologici« 1591) bis David Hollaz (»Examen theologico-acromaticum« 1707). Ihr Lehrsystem ist von der Voraussetzung her zu begreifen, dass die *Schrift* als aristotelisches Prinzip zugrunde gelegt wird. Diese bedarf keiner Beglaubigung von außen, sondern ist verbalinspirierte Basis der wahren Gotteserkenntnis und ermöglicht eine ausdifferenzierte Systematik (Loci-Methode der Früh-Orthodoxie, analytische Methode der Hoch-Orthodoxie).
  Weitere wichtige Elemente werden in den Lehrstreitigkeiten deutlich, z. B.:
  – *Rechtfertigung:* Jede Art von Synergismus wird abgelehnt, der effektive Aspekt der Rechtfertigung wird jedoch dem forensischen gleichgestellt.
  – *Sakramente:* In Taufe und Abendmahl wird dem Einzelnen die Sündenvergebung übermittelt – kraft des Verheißungswortes in, mit und unter dem äußeren Zeichen.
- Der **Calvinismus** bringt als verbreitetste Bekenntnisschrift 1563 den Heidelberger Katechismus hervor. Zu beachten sind die soteriologische Systematik und insbesondere die Abendmahlslehre (vgl. Fragen 47.66.75.78: Spiritualpräsenz – reale Gegenwart Christi durch den Geist), die Prädestinationslehre (Fragen 52.54: praedestinatio gemina) und die Ethik (Frage 86: »syllogismus practicus« – Vergewisserung des Glaubens aus den Werken) ⇒ 6.4b.
- Die **tridentinische Theologie** definiert erstmals das katholische Schriftverständnis (Schrift und Tradition gleichberechtigt, durch Lehramt maßgeblich interpretiert) und die katholische Rechtfertigungslehre ⇒ 7.3a.

Lerntipps

- Dass das Zeitalter »konfessionell« zu verstehen ist, trifft zumindest für die Lernstrategie zu: Die spezifische Geschichte der Konfessionskirchen löst sich zunehmend von der politischen Geschichte und tritt in den Vordergrund. Am sinnvollsten erscheint es dabei, die Geschichte von Luthertum, Calvinismus und Katholizismus zunächst je als **Längsschnitt** zu lernen.
  Die *zeitliche Abgrenzung* nach hinten ist besonders beim Calvinismus bzw. Puritanismus schwierig. Um des Zusammenhangs willen reicht die Tabelle hier bis zum Ende des 17. Jh.s ⇒ 7.4.
  Während die Längsschnitte bei Luthertum und Katholizismus am besten durch *Themen bzw. Strömungen* zu gliedern sind, ist der Calvinismus bzw. Puritanismus sinnvollerweise nach *Ländern* zu differenzieren.
- In einem zweiten Arbeitsgang können **Querschnitte** verdeutlichen, wie sich die Entwicklungen in den verschiedenen Ländern zueinander verhalten und wo sich die Konfessionen berühren.

Zur Diskussion

- Lange wurde das »Konfessionelle Zeitalter« vor allem unter den Gesichtspunkten »Erstarrung« und »endloser Theologenhader« (Heussi) betrachtet. In der neueren Forschung kommt auch der Aspekt der Lebendigkeit und geistlichen Vertiefung zur Geltung. Wie verhält sich beides zueinander – etwa in den konfessionellen Streitigkeiten oder in der Person Paul Gerhardts?
- Ist die FC eher eine konstruktive Weiterentwicklung der CA oder aber deren konfessionalistische Engführung? Welche Bedeutung haben die Bekenntnisse für die Gegenwart? Beispiel: 1996 wurde der Heidelberger Katechismus aus der Kirchenordnung der Rheinischen Landeskirche gestrichen.
- Kann die Altprotestantische Orthodoxie als Rückfall in die Scholastik bezeichnet werden? Zu berücksichtigen ist, dass ihre Schriftlehre besonders nachhaltige Wirkungen haben sollte: Die Bibel wurde zum Prinzip erhoben, um die Dogmatik abzusichern; gerade dadurch wurde aber die spätere Bibelkritik provoziert.
- Stehen die protestantische und die tridentinische Rechtfertigungslehre (⇒ 7.3a) im kontradiktorischen Widerspruch zueinander oder lässt sich schon in der zweiten Hälfte des 16. Jh.s eine Annäherung erkennen?
- Welche Bedeutung haben Antitrinitarier, Ireniker und andere Randgruppen um 1600 – in ihrer Zeit und wirkungsgeschichtlich?
- Ist der Augsburger Religionsfrieden als gelungener Kompromiss in einer äußerst schwierigen Lage anzusehen, der Deutschland eine ungewöhnlich lange Friedenszeit von zwei Generationen brachte? Oder bereitete er mit seinen vorläufigen Lösungen der Katastrophe von 1618–48 den Weg, von der sich Deutschland ein Jahrhundert lang nicht erholen sollte?

Zusammenhänge

Wie entwickelt sich die **Rechtfertigungslehre** *in der katholischen und lutherischen Theologie bis zum 17. Jh.?*

Augustin	Scholastik	Tridentinum	Luther	Altprotest. Orthodoxie
gratia praeveniens/ operans	gratia praeveniens (gratis data)	praeparatio ad gratiam	Rechtfertigung als exklusives opus Dei der Gerechtsprechung mit effektiven Folgen (favor Dei efficax)	vocatio illuminatio
	opus hominis			conversio
gratia subsequens/ cooperans	opus Dei: gratia gratum faciens/infusa	iustificatio ipsa		regeneratio iustificatio unio mystica cum Deo triuno
	cooperatio	incrementum iustitiae		renovatio/ sanctificatio conservatio glorificatio
Inwiefern der Mensch im Rechtfertigungsgeschehen auch als Subjekt einbezogen ist, versucht schon Augustin näher zu bestimmen. Er unterscheidet zwischen (1) der unwiderstehlichen Befreiung zur amor Dei und (2) der daraus resultierenden Erfüllung von Gottes Willen, die zugleich menschliches und göttliches Werk ist.	Die scholastische ordo salutis setzt hypothetisch eine Erwachsenentaufe voraus: (1) Durch die Verkündigung erfährt ein Mensch von der Gnade, (2) in der Taufe geht er aus freiem Willen darauf ein, (3) erhält die Heilsgnade als *habitus* und (4) kann fortan an Vermehrung und Sicherung des Heils mitwirken, was ihm als Verdienst *(meritum)* angerechnet wird.	Indem das Tridentinum die Stufen 1 und 2 zusammenfasst und den Begriff *meritum* vermeidet, zeigt es sich von der Reformation beeinflusst. Allerdings wird die Gnade weiterhin als innewohnendes Gut verstanden, das von eigener Mitwirkung abhängig bleibt. Die guten Werke sind wirkliche *merita*.	Luther entdeckt, dass die Bibel kein Interesse an einer ordo salutis hat, sondern dass es um die Frage der Heilsgewissheit geht. Diese ist deshalb und nur dann möglich, wenn Rechtfertigung Gottes »herstellendes« Urteil ist, das unabhängig von einer Nachprüfbarkeit besteht, gleichwohl aber Auswirkungen initiiert.	Die Altprotestantische Orthodoxie versucht erneut, das Rechtfertigungsgeschehen anschaulich zu machen, indem sie 9 Stufen unterscheidet. Die Heiligung erhält eine eigene Betonung, ist aber durch das »Einssein mit dem dreieinigen Gott« zur Rechtfertigung in Beziehung gesetzt.

Zusammenhänge

Wodurch werden die **konfessionellen Spannungen** *nach 1555 verschärft?*

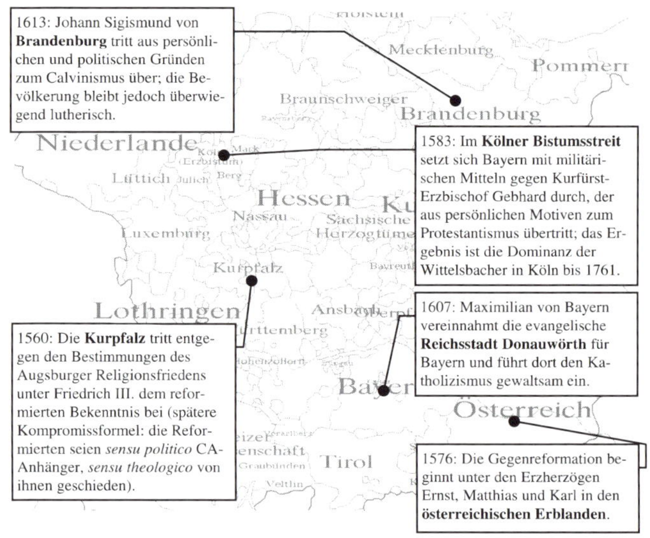

Die Regelungen des Augsburger Religionsfriedens erweisen sich als unzureichend. Die zentralen Reichsinstitutionen werden funktionsunfähig, weil juristische Lösungen aufgrund politischer Interessen blockiert werden. Die Polarisierung der Religionsparteien schreitet fort und führt zu verfassungsrechtlich umstrittenen (Kurpfalz) oder gar unzulässigen (Donauwörth) Maßnahmen.

Folge: Militärisch-politische Bündnisse als Voraussetzung des 30-jährigen Krieges

1608 Protestanten gründen Union ⟷ **1609 Katholiken gründen Liga**

Geografie

7.3

Konfessionskriege in Europa

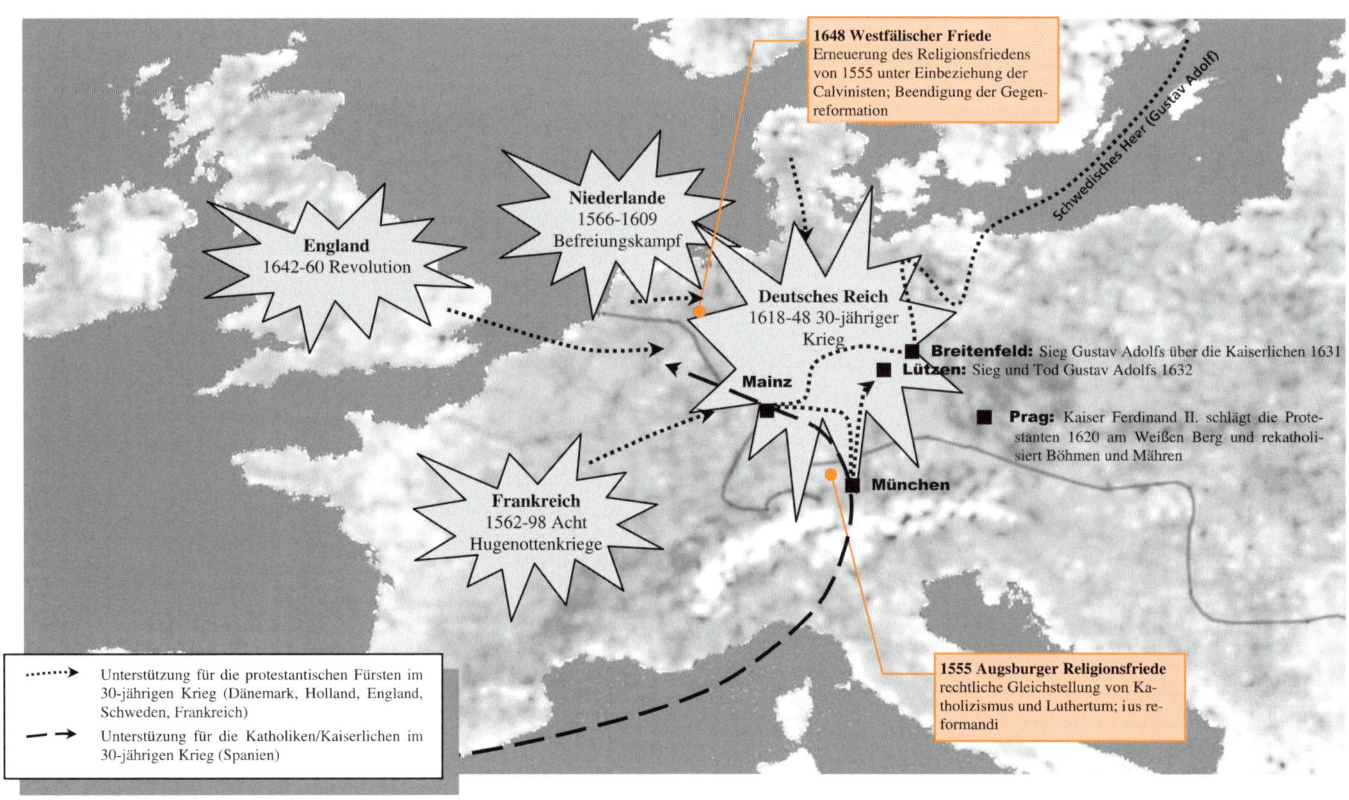

Chronologie

	Politik Deutschland	Katholizismus Deutschland	Luthertum Deutschland	Calvinismus Deutschland	Calvinismus Frankreich	Calvinismus Niederlande	Puritanismus England
			1548-77 Lehrstreitigkeiten Philippisten gg. Gnesiolutheraner		1515-47 *Franz I.* Lutheraner verfolgt		*1509-47 Heinrich VIII.* 1534 Suprematsakte *1547-53 Eduard VI.* gemäßigte Reform
1550	*1556-64 Ferdinand I.* (tolerant)	»Katholische Reform« in Spanien/Italien Erneuerung der Orden 1524 Theatiner (*Carafa*) 1528 Kapuziner 1535 Ursulinen **1534/40 Jesuiten** (*Ignatius von Loyola 1491-1556*) **1545-63 Konzil von Trient** **1566-1605 Reform-Papsttum**	1548-52 **Adiaphoristischer Streit** (Interim) 1550-66 **Osiandrischer Streit** (effektive Rechtfertigung) 1552-58 **Majoristischer Streit** (gute Werke) 1556-60 **Synergistischer Streit** (Willensfreiheit) 1552-62 **2. Abendmahlsstreit** ⇨ Trennung Calvinismus – Luthertum; Philippisten z.T. calvinisch	1560 Pfalz (Heidelberg) wird calvinistisch **1563 Heidelberger Katechismus**	*1547-59 Heinrich II.* Aufschwung durch *Calvin* (»Hugenotten«) **1559 Confessio Gallicana**	*1556-98 Philipp II.* von Spanien **1561 Confessio Belgica**	1549 Book of Common Prayer (Bucer!) **seit 1550 Puritanismus** *1553-58 Maria Tudor* Restauration 1558-1603 *Elisabeth I.* Konsolidierung 1588 Vernichtung der Armada Philipps II.
	1564-76 Maximilian II. (evang. gesinnt)	[um 1570 70 % evang.!]	**1577 Formula Concordiae** (*Jakob Andreä*) 1580 Konkordienbuch		1562-98 Acht Hugenottenkriege	1566-1609 Befreiungskampf	
	1576-1612 Rudolf II. (Gegenreformation)	Gegenreformation *Gregor XIII.* 1573 Congregatio Germanica 1559-75 Bayern ab 1598 Österreich Köln Übergewicht im Reichstag zurückgewonnen [Polen, Frankreich]	Früh-Orthodoxie aristotel. Metaphysik, Schriftprinzip, loci-Methode *Ph. Melanchthon* *M. Chemnitz* *J. Gerhard*			*Wilhelm von Oranien* gg. *Herzog Alba* 1579 Union von Utrecht: 7 Nordprovinzen verselbstständigt	
1600		1609 Kath. Liga (*Maximilian von Bayern*)	1608 Prot. Union (*Friedrich IV. von der Pfalz*)		**1598 Edikt von Nantes**: *Heinrich IV.* garantiert Glaubensfreiheit		**1603-49 Haus Stuart** katholikenfreundlich, totaler Absolutismus
	1612-19 Matthias	Mission 1511 Errichtung der ersten Bistümer in Lateinamerika 1609 Jesuitenstaat in Paraguay 1622 Päpstl. Ministerium zur Organisation der Weltmission	um 1600 Frömmigkeits-/Reformbewegungen *J. Arndt (1555-1621)* *Johann V. Andreä* *H. Schütz* *P. Gerhardt (1607-76)*	1613 Brandenburg-Preußen wird calvinistisch (nur Beamtenschicht)		**1618/19 Synode von Dordrecht**: Sieg des Calvinismus *G. Voetius* *J. Coccejus*	
1650	1618-48 Dreißigjähriger Krieg *1619-37 Ferdinand II.* *Ferdinand III.*	1618-23 Böhmisch-pfälzischer Krieg: *Friedrich V. von der Pfalz* von *Tilly* geschlagen, Böhmen rekatholisiert 1625-29 Dänisch-niedersächsischer Krieg: *Christian IV. von Dänemark* von *Tilly* geschlagen, verzichtet auf Einmischung 1629 Restitutionsedikt *Ferdinands II.* 1630-35 Schwedischer Krieg: Siege *Gustav Adolfs*, † 1632; *Wallenstein* ermordet 1635-48 Französisch-schwedischer Krieg: Patt 1648 Westfälischer Friede			*Richelieu* 1629 Nantes revidiert	1658 Sozinianer aus Polen verschmelzen mit Arminianern bzw. Mennoniten	1642-60 engl. Revolution (*Oliver Cromwell*) 1646 Westminster-Confession
		Theologie Streitigkeiten zwischen Jesuiten und Dominikanern: Willensfreiheit Probabilismus 1640-1713 **Jansenismus** (*C. Jansenius, B. Pascal*) bis 1687 **quietistische Mystik** (*M. de Molinos*)	Hoch-Orthodoxie analytische Methode *J. A. Quenstedt* *A. Calov* *D. Hollaz* 1646-85 **Synkretistischer Streit** (*G. Calixt*/Helmstedt)				
			Philosophie **Unendlichkeit der Welt** *Nikolaus von Kues († 1464), G. Bruno († 1600)* **Rationale Konstruktion politischer Normen** *N. Machiavelli († 1527), Th. Morus († 1535), J. Bodin († 1596), H. Grotius († 1645), Th. Hobbes († 1679)* **Mathematisch-naturwissenschaftliche Methode** *N. Kopernikus († 1543), J. Kepler († 1630), F. Bacon († 1626), G. Galilei († 1642)*				

7.4

Prüfungsthemen

- Entstehung sowie theologische und kirchenpolitische Bedeutung der lutherischen **Bekenntnisse** von der CA an bis zur Erstellung der Konkordienformel 1577 *[1977/I; vgl. Kap. 6]*
- Geben Sie Entstehungsgeschichte, Inhalt und Wirkungsgeschichte einer lutherischen Bekenntnisschrift an *[1985/II]*
- **Calvin** und die westeuropäische Reformation; Verlauf, Bedeutung und Problematik einer evangelischen Bewegung *[1987/II; vgl. Kap. 6]*
- Katholische Reform und **Gegenreformation** von der Mitte des 16. bis zur Mitte des 17. Jahrhunderts – Hauptprobleme und Hauptereignisse einer kirchengeschichtlichen Epoche *[1982/II]*
- Der »**Dreißigjährige Krieg**« und seine *kirchen*geschichtliche Bedeutung *[1988/II]*
- Die kirchengeschichtliche Bedeutung des Dreißigjährigen Krieges und des Westfälischen Friedens *[1993/II]*
- Die Bedeutung des Westfälischen Friedens, insbesondere für die deutsche Kirchengeschichte *[1999/I]*

Große Linien

7.5

Das Verhältnis von Staat und Kirche

Das **Urchristentum** und die christliche Gemeinde der ersten Jahrhunderte respektieren den Staat der Antike zwar als von Gott verordnete Obrigkeit, sie widersetzen sich aber der heidnischen Staatsreligion und weigern sich, an deren Herrscherkult teilzunehmen. Dennoch dauert es 200 Jahre, bis diese Vorbehalte systematische Verfolgungen von Seiten des Staates nach sich ziehen (250/251, 257/258 und 303–305/311).

Mit der Vereinbarung von Mailand von **313** (⇒ 2.1c) setzt eine grundsätzlich neue Entwicklung ein. Die christliche Religion wird formal den übrigen Religionen gleichgestellt, tatsächlich aber von den christlichen Kaisern in besonderer Weise geschützt und privilegiert. Zwei Generationen später (391) erhebt Kaiser Theodosius I. das Christentum zur ausschließlichen Staatsreligion. Die Kaiser nehmen innerhalb der Kirche dieselben Befugnisse wahr, die sie auch hinsichtlich der heidnischen Kulte ausübten. Im oströmischen Reich führt dies zum Cäsaropapismus bzw. zur Theokratie, im Westen greift angesichts der sinkenden Macht des Kaisertums ein wachsendes Selbstbewusstsein der Kirche Platz.

Das Bündnis des **fränkischen Königtums** mit dem Papsttum (754/800) führt zur Vermischung kirchlicher und weltlicher Instanzen: Adelige Grundbesitzer erhalten weitgehende Rechte über die auf ihrem Grund und Boden erbauten Kirchen (Eigenkirchenwesen), die (zumeist adeligen) Bischöfe werden mit weltlicher Hoheit ausgestattet und neben den weltlichen Fürsten in den Reichsaufbau einbezogen (ottonisch-salisches Reichskirchensystem). Im Gegenzug postuliert die kirchliche Reformbewegung des 11. und 12. Jh.s. die Freiheit der Kirche; im **Investiturstreit** (1077–1122) und in der nachfolgenden Entwicklung gelingt der Kirche bis zum Ende des 13. Jh.s die weitgehende Durchsetzung dieses Anspruchs. Die dadurch bewirkte Schwächung des Reiches führt im Gegenzug jedoch zu einer Steigerung der Macht in den einzelnen Territorien, die sich nicht zuletzt an den Modernisierungsvorgängen in der entstehenden und ausgebildeten päpstlichen Monarchie orientieren. Im 14. Jh. zerfällt die Weltherrschaft des Papsttums: die Eigenständigkeit und Unabhängigkeit des Staates wird nun auch theologisch begründet, und die **Reformkonzilien** des beginnenden 15. Jh.s stellen die päpstliche Suprematie in Frage. Im ausgehenden Mittelalter streben die Monarchien, Territorien und Kommunen nach effektiver Kontrolle über die kirchlichen Einrichtungen; das Verhältnis von Staat und Kirche wird auf eine neue Grundlage gestellt (Wiener Konkordat 1448 ⇒ 5.4c).

Die **Reformation** führt in den evangelischen Territorien zur Ausbildung des Landeskirchentums. Dadurch wird das Verhältnis der Konfessionen im Reich zum Problem. Stellt der Augsburger Religionsfriede von 1555 die Grundlage des landesherrlichen Kirchenregiments (Summepiskopat) und somit eine entscheidende Stärkung der evangelischen Territorien nach innen dar, so wird im Westfälischen Frieden von 1648 ein Ausgleich der Reichsstände auf der Grundlage der Parität (Aufhebung des Mehrheitsprinzips bei Religionsfragen) erzielt und zugleich deren Position nach außen erheblich gestärkt.

Das **18. Jh.** bringt die entscheidende Wende von der theologischen Deutung und Legitimation des Staates zu der rationalinnerweltlichen Begründung staatlicher Ordnung; der absolute Staat beansprucht nun alleinige Kirchenhoheit in allen inneren und äußeren Belangen (so z. B. im »Allgemeinen Landrecht für die preußischen Staaten« von 1794) ⇒ 8.1b. Das Ende des alten Reichskirchenrechts zu Beginn des **19. Jh.s** (Reichsdeputationshauptschluss 1803) und die Neugestaltung Deutschlands und Europas (Wiener Kongress 1815) führen zum Verlust der weltlichen Hoheitsgewalt der Kirche und des weitaus größten Teils ihres Vermögens. Individuelle Bekenntnisfreiheit, der Übergang bildungspolitischer, karitativer und hoheitlicher Aufgaben (Zivilehe) auf den Staat sowie die Entstehung konfessionell gemischter Staaten prägen die weitere Entwicklung.

Das traditionelle evangelische Landeskirchentum ist mit dem Zusammenbruch der Monarchie zu Ende; die **Weimarer Reichsverfassung** von 1919 kennt nur noch abstrakte »Religionsgesellschaften«. Erst jetzt ist die seit 313 bestehende Verbindung von Kirche und Staat formell aufgehoben (in Frankreich seit der Revolution 1789). Es bleiben jedoch die öffentlich-rechtliche Stellung der Kirchen sowie ihr Besteuerungsrecht erhalten. Die rechtliche Ausgestaltung des Verhältnisses von Kirche und Staat in Westdeutschland ist laut **Grundgesetz** von 1949 (Art. 4 und Art. 140 in Rückgriff auf Art. 137 der Weimarer Reichsverfassung) von folgenden Prinzipien bestimmt: staatskirchenrechtliche Ordnung, allgemeine Religionsfreiheit, Recht kirchlicher Selbstbestimmung. Der öffentlich-rechtliche Status der Kirchen erlaubt die Beschäftigung von Kirchenbeamten in öffentlich-rechtlichen Dienstverhältnissen sowie den Einzug von Kirchensteuern aufgrund der bürgerlichen Steuerlisten. Die vorgesehene Mitwirkung der Kirchen bei der Wahrnehmung öffentlicher Aufgaben konkretisiert sich im Religionsunterricht, in der Unterhaltung theologischer Fakultäten an staatlichen Hochschulen und in der Militär-, Krankenhaus- und Gefängnisseelsorge.

1650-1800 Pietismus und Aufklärung

Kapitel 8

Zwischen Diesseits und Jenseits: Die barocke Wieskirche
Die von Dominikus Zimmermann 1746-1754 erbaute »Wallfahrtskirche in der Wies« bei Füssen ist ein berühmtes Beispiel für den Barock, der sich zwischen 1600 und 1750 als sowohl weltlicher wie auch kirchlicher Stil von Italien her verbreitet. Er bringt das Selbstbewusstsein der katholischen Kirche in der Gegenreformation und des Staates im Absolutismus zum Ausdruck, aber auch das ambivalente Lebensgefühl zwischen Vergänglichkeit und Hoffnung. Baukunst, Plastik und Malerei vereinigen sich, um einen illusionistischen Raum zu schaffen, der durch den ovalbetonten Grundriss, die Hauptfarben Weiß und Gold und eine Fülle von dekorativem Schmuck geprägt ist. Anstelle von Ruhe und klassischer Schönheit in der Renaissance sind Bewegung und Kraft bestimmend.

1) **Alte Kirche vor Konstantin** (50-300)
2) **Alte Kirche seit Konstantin** (300-450)
3) **Frühmittelalter** (450-900)
4) **Hochmittelalter** (900-1300)
5) **Spätmittelalter** (1300-1500)
6) **Reformationszeit** (1500-1550)
7) **Konfessionelles Zeitalter** (1550-1650)
8) **Pietismus und Aufklärung (1650-1800)**
9) **19. Jahrhundert** (1800-1900)
10) **20. Jahrhundert** (Ab 1900)

Einstieg

- Mit den anderthalb Jahrhunderten zwischen dem Westfälischen Frieden und der Französischen Revolution bzw. dem Ende des Alten Reiches beginnt die **»Neuzeit«** (»Moderne«) im eigentlichen Sinne: In Politik und Philosophie zieht ein neuer Geist ein, der enorme soziale Auswirkungen hat und die Theologie nachhaltig beeinflusst. Die Epoche lässt sich auch (alternativ zur Überschrift *Pietismus und Aufklärung*) als *Das Zeitalter des Absolutismus* charakterisieren.
- Fundamental für die deutsche (wie auch europäische) Geschichte der frühen Neuzeit ist der **Aufstieg Brandenburg-Preußens** zur europäischen Großmacht und der damit einsetzende Dualismus Preußen gegen Österreich, der erst mit der Reichsgründung 1871 definitiv entschieden wird.
- Spezifikum des Zeitalters ist daneben die endgültige **Emanzipation der Philosophie** von der Theologie: Beginnend mit René Descartes wird die Vorherrschaft der Theologie erstmals (und zugleich endgültig) gebrochen. In Zukunft ist die Theologie gezwungen, sich ganz grundsätzlich ihres Platzes im Gedankensystem der Neuzeit zu vergewissern.

Themen und Begriffe

- Der **Pietismus** ist eine »Bewegung für radikale Erneuerung von Frömmigkeit und Kirche« (Wallmann) ⇒ 8.2b.
- Die **Aufklärung** ist die im 18. Jh. in Europa vorherrschende geistige Strömung, die die menschliche Vernunft zur Richtschnur erhebt und fortschrittsoptimistisch die Ideen der Toleranz, Freiheit und Autonomie vertritt. Insofern man die Aufklärung als »Rehabilitation der Sinnlichkeit« (P. Kondylis) begreift, stellt der Pietismus nur eine spezielle Form der Aufklärung dar. A.philosophie ⇒ 8.3c; A.theologie ⇒ 8.2b
- Der **Absolutismus** ist ein monarchisches Regierungssystem in autonomer Vollmacht. Rein zweckrationale »Staatsräson« ersetzt konfessionelle oder religiös-ethische Gesichtspunkte. Der Monarch ist als alleiniger Inhaber der Herrschaftsgewalt nicht an die bestehenden Gesetze gebunden. Ihre Grenze findet diese »summa potestas« (J. Bodin) im göttlichen Recht und im Naturrecht (»les lois de Dieu et de la nature«). Der Absolutismus ist als kontinentaleuropäisches Phänomen auf die Jahre zwischen 1648 und 1789 beschränkt.
- Ihm entspricht die Ausbildung kirchenrechtlicher Theorien: Neben dem **Episkopalismus** (die landesherrliche Kirchengewalt ist Fortsetzung der kirchlichen Gewalt) wird der **Territorialismus** (die Kirchengewalt des Landesherren ist Ausfluss der Staatshoheit) und der **Kollegialismus** (Kirche lediglich als Verein innerhalb des Staates) vertreten.
- Die **Französische Revolution** wird durch die Lehre Rousseaus vorbereitet, wonach die ideale (= natürliche) Staatsordnung notfalls gewaltsam herbeigeführt werden muss. Ursache der Volksaufstände in ganz Frankreich 1789 ist der Reformdruck nach der Großmachtpolitik Ludwigs XIV.; Anlass ist die Erstürmung der Bastille in Paris durch Bürger, Handwerker und Bauern.

Zeitliche Abgrenzung

1648 Der **Westfälische Friede** beendet den 30-jährigen Krieg und erkennt das gleichberechtigte Nebeneinander von Katholiken, Lutheranern und (darin über den Augsburger Religionsfrieden von 1555 hinausgehend) Calvinisten an (allgemeine Toleranz). Kirchlicher Besitz- und Bekenntnisstand werden nach dem »Normaljahr« 1624 festgelegt, die Reichsbehörden paritätisch besetzt. Die Legislative liegt nunmehr beim Reichstag, seit 1663 ein immerwährender Gesandtenkongress in Regensburg mit Vertretern der 8 Kurfürsten, 165 Fürsten und 61 Reichsstädte. Den Reichsständen wird Souveränität zugebilligt (*ius foederis*). Damit haben sich die Prinzipien Säkularisierung und Partikularismus durchgesetzt.
Die Auflösung der alten ständischen Ordnung führt zum Ruf nach der Wiederherstellung staatlicher Ordnung, die nunmehr durch die absolutistische Regierungsform erreichbar scheint. Die Konfessionskriege lassen den Ruf laut werden, auf konfessionelle Polemik zu verzichten.

8.1

Untergliederung

1661 *Ludwig XIV.* besteigt den französischen Thron und verkörpert den **absolutistischen Herrscher** schlechthin: »L'état, c'est moi.«

1675 *Spener* veröffentlicht seine »frommen Wünsche« (Pia Desideria), die zur Programmschrift des **Pietismus** werden. Um der Bibel, den Laien und dem tätigen Glauben zu ihrem Recht zu verhelfen und die Streitsucht zu dämpfen, sind Reformen von Studium und Predigt notwendig.

1700 Im Geburtsjahr *Zinzendorfs* steht der Pietismus in voller Blüte (ca. 1690–1740). *Francke* hat kurz vorher sein Waisenhaus gegründet, *Arnold* seine »Unparteiische Kirchen- und Ketzerhistorie« veröffentlicht. In England gewinnt die Aufklärung durch den Deismus zunehmend Einfluss auf die Theologie.

1740 Der Regierungsantritt von *Friedrich d. Gr.* in Preußen und *Maria Theresia* in Österreich (und *Katharina* in Russland 1764) markiert den **Aufstieg der 5 Großmächte** in Europa. Der Absolutismus nimmt zunehmend Prinzipien der Aufklärung auf (z. B. Toleranz und Gemeinwohl) und instrumentalisiert diese in seinem Sinn (z. B. Rationalität und Effektivität).

1780 Die **Aufklärung** erreicht ihren Höhepunkt und prägt sowohl evang. als auch kath. Theologie. *Lessing* veröffentlicht »Die Erziehung des Menschengeschlechts«. In den folgenden Jahren zeigen *Kants* »Kritik der reinen Vernunft« und die Französische Revolution bereits das Ende der Aufklärung an.

Zitate

»Und so komme ich, nachdem ich nun alles mehr als genug hin und her erwogen habe, schließlich zu der Feststellung, dass dieser Satz: ›Ich bin, ich existiere‹, so oft ich ihn ausspreche oder in Gedanken fasse, notwendig wahr ist …« *(René Descartes, Meditationen über die Grundlagen der Philosophie, 1641 – KTGQ IV/1,8)*

»Das Vornehmste aber achte ich dieses zu sein: Weil ja unser ganzes Christentum besteht in dem inneren oder neuen Menschen, dessen Seele der Glaube und seine Wirkungen die Früchte des Lebens sind, dass dann die Predigten insgesamt dahin gerichtet werden sollten …« *(Philipp Jakob Spener, Pia Desideria, 1675 – KTGQ IV/1,36)*

»Zufällige Geschichtswahrheiten können der Beweis von notwendigen Vernunftwahrheiten nie werden.« *(Gotthold Ephraim Lessing, Über den Beweis des Geistes und der Kraft, 1777 – KTGQ IV/1,120)*

»Aufklärung ist der Ausgang des Menschen aus seiner selbst verschuldeten Unmündigkeit.« *(Immanuel Kant, Was ist Aufklärung?, 1784 – KTGQ IV/1,146)*

»Wahre Aufklärung besteht in einem Ausgange des unmündigen Menschen aus einer allerhöchst selbstverschuldeten Vormundschaft. Die Furcht des Herrn ist der Weisheit Anfang – und diese Weisheit macht uns feig zu lügen und faul zu dichten – desto mutiger gegen Vormünder …« *(Johann Georg Hamann, Brief an Kraus vom 18.12.1784 – KTGQ IV/1,149 f.)*

Lerntipps

Die Kirchengeschichte wird in der Neuzeit zum Aspekt der Gesamtgeschichte und ist fortan primär innerkirchlich orientiert. Einzelpersönlichkeiten gewinnen an Gewicht. Deshalb bietet es sich an, folgende drei (nicht zeitgleiche!) Linien zu ziehen:

- **Politik**: Frankreich Ludwigs XIV. – Friedrich d. Gr./Maria Theresia/Katharina d. Gr. – Napoleon – Metternich (Wiener Kongress)
- **Pietismus**: Spener 1675 – Francke 1695 – Arnold 1699 – Zinzendorf 1727 ⇒ 8.3d
- **Philosophie/Aufklärung**: Rationalismus um 1650 (Descartes, Spinoza) – Empirismus um 1700 (Locke) – radikalste Aufklärung um 1750 (Voltaire) – Kant ⇒ 8.3c

Zur Theologiegeschichte

Die theologische Diskussion des 17./18. Jh.s wird zunehmend vom Thema »Glaube und Vernunft« bestimmt. Die **Orthodoxie** (⇒ 7.2b) verteidigt gegenüber neuen naturwissenschaftlichen Erkenntnissen das Schriftprinzip und zieht sich dadurch den Vorwurf der Erstarrung zu. Zwei Strömungen, die in vielfacher Weise verknüpft sind, suchen neue Wege:

- Der **Pietismus** wendet sich gegen die konfessionelle Polemik: Die Reformation der Lehre soll durch eine *Reformation des Lebens* weitergeführt werden. Der Glaube bedarf der praktischen Umsetzung durch Heiligung, soziales Engagement und Konventikelbildung. Vergleichbare Anliegen vertreten auf katholischer Seite Jansenismus und Quietismus, in England das Quäkertum.
- Die **Aufklärungstheologie** will ein *undogmatisches, moralisches Christentum* fördern und berührt sich darin (bei aller Unterschiedenheit in der Soteriologie) mit dem Pietismus. An die Stelle der übernatürlichen Gottesoffenbarung tritt die immanent erkennende Vernunft (»natürliche Theologie«): Gott, Freiheit und Unsterblichkeit sind allgemein gültige, in der Vernunft angelegte Wahrheiten. Die Bibel ist dagegen der historischen Kritik zu unterwerfen. Die institutionellen Kirchen sind lediglich Vereine zur Pflege der Religion.
  Zu unterscheiden ist in Deutschland die erste Phase der *Übergangstheologie*, die sich um eine behutsame Weiterentwicklung der Überlieferung bemüht (Baumgarten; Reimarus), und die zweite Phase der *Neologie*, die die Offenbarung einer Vernunftkritik unterzieht (Semler: seit 1752 in Halle; Lessing). Daneben spielt die *Physikotheologie* im 17./18. Jh. eine herausragende Rolle; sie schließt auf Grund der Betrachtung von zweckmäßig, geordnet oder nur schön erscheinenden Strukturen oder Prozessen in der Natur auf das Dasein und die Eigenschaften Gottes (Allmacht, Weisheit, Güte).

Zur Diskussion

- Aus welchen Wurzeln ist der Pietismus hervorgegangen? Hat er sich mit seiner Konventikelbildung zu Recht auf die »dritte Form« in Luthers Vorrede zur »Deutschen Messe« berufen?
- Inwieweit hat »der Pietismus« auch im politisch-gesellschaftlichen Leben Spuren hinterlassen? Zu beachten sind etwa das Pflicht- und Staatsethos von König Friedrich Wilhelm I. oder das literarhistorische Phänomen der »Empfindsamkeit« in der Mitte des 18. Jh.s.
- Der Pietismus ist eine der einflussreichsten Strömungen in der evangelischen Kirche der letzten Jahrhunderte. Gleichwohl gilt er heute bisweilen als engstirnig, ja als »fundamentalistisch«. Ist er eher als konservative oder als progressive Bewegung zu verstehen? Wo liegen Übereinstimmungen und Unterschiede zwischen »dem Pietismus« im 16./17. Jh. und heute?
- Können Reformation oder Pietismus als Wegbereiter der Aufklärung bezeichnet werden? Lässt sich die sog. »natürliche Theologie« biblisch begründen?
- Inwiefern kann J. G. Hamann als Überwinder der Aufklärung gelten?
- Zu Beginn des 21. Jh. wird der »Abschied von der Aufklärung« diskutiert: Ist die Überzeugung, dass mit der auf die Zukunft ausgerichteten Vernunft das menschliche Dasein bewältigt werden kann, nach gut zwei Jahrhunderten an ihr Ende gekommen?

Zusammenhänge

Wie ist die Stellung von Pietismus und Aufklärung in der Theologie- und Geistesgeschichte zu beschreiben?

Altprotestantische Orthodoxie
Schriftprinzip und Bekenntniskampf

Frühaufklärung
Systeme der Harmonie von Vernunft und Offenbarung

Pietismus
Basis übernommen:
Schrift und persönlicher Glaube
Neues Verständnis der Bibel:
kein Schriftprinzip

Aufklärung
Basis übernommen:
sinnliche Erfahrung (Empirismus) bzw. vernünftige Beweisführung (Rationalismus)
Neues Verständnis der Bibel:
Bibelkritik

Gemeinsame Intentionen:
Toleranz statt konfessioneller Polemik
Lebensgestaltung statt starrer Lehre
Autonomie statt Fremdbestimmung

Schleiermacher ⇒ 9.2b
Theologischer Neuansatz, der über den Dogmatismus der Orthodoxie und den Moralismus der Aufklärung hinausgeht:
Religion als »das Gefühl der schlechthinnigen Abhängigkeit«

Kant
Philosophischer Neuansatz, der die Aufklärung überwindet:
Vernunft auf Immanentes begrenzt
Gott, Freiheit und Unsterblichkeit als moralische Postulate

Zusammenhänge

Wichtige Herrscher-Dynastien in Mitteleuropa (⇒ 4.5b)

Brandenburg/Preußen: Kurfürsten/Könige *(Hohenzollern)*	Deutschland: Kaiser *(Habsburger/Hohenzollern)*	Österreich: Kaiser *Habsburger*
1499-1535 Joachim I.	1519-56/8 Karl V.	
1535-71 Joachim II.	1556/8-64 Ferdinand I.	
1571-98 Johann Georg	1564-76 Maximilian II.	
1598-1608 Joachim Friedrich	1576-1612 Rudolf II.	
1608-19 Johann Sigismund	1612-19 Matthias	
1619/20-40 Georg Wilhelm	1619-37 Ferdinand II.	
1640-88 Friedrich Wilhelm I. (der Große Kurfürst)	1637-57 Ferdinand III.	
1688-1713 Friedrich III. (seit 1701 *König* Friedrich I.)	1658-1705 Leopold I. 1705-11 Joseph I.	
1713-40 Friedrich Wilhelm I. (der Soldatenkönig)	1711-40 Karl VI.	
1740-86 Friedrich II. (der Große)	1742-45 Karl VII.* 1745-65 Franz I. 1765-90 Joseph II.	
1786-97 Friedrich Wilhelm II.	1790-92 Leopold II.	
1797-1840 Friedrich Wilhelm III.	1792-1806 Franz II. =	1804-35 Franz I.
1840-61 Friedrich Wilhelm IV.		1835-48 Ferdinand I.
1861-88 Wilhelm I. =	1871-88 Wilhelm I.	1848-1916 Franz Joseph I.
1888 Friedrich III. =	1888 Friedrich III.	
1888-1918 Wilhelm II. =	1888-1918 Wilhelm II.	1916-18 Karl I.

*Wittelsbacher

Seit der Mitte des 15. Jh.s tragen (abgesehen von Karl VII.) nur noch Habsburger bzw. Habsburg-Lothringer die Kaiserkrone.

Kaiser Franz II. nimmt 1804 den Titel eines Kaisers von Österreich an und regiert dort als Franz I.; zwei Jahre später erklärt er das Reich für beendet und legt die deutsche Kaiserkrone nieder.

1871 schafft Bismarck mit der Kaiserproklamation in Versailles die Würde eines deutschen Kaisers; sie ist erblich mit der Krone Preußens verbunden. 1918 gehen sowohl das deutsche als auch das österreichische Kaisertum in der Revolution unter.

Geografie

Die Ausbreitung der Aufklärungsphilosophie in Europa

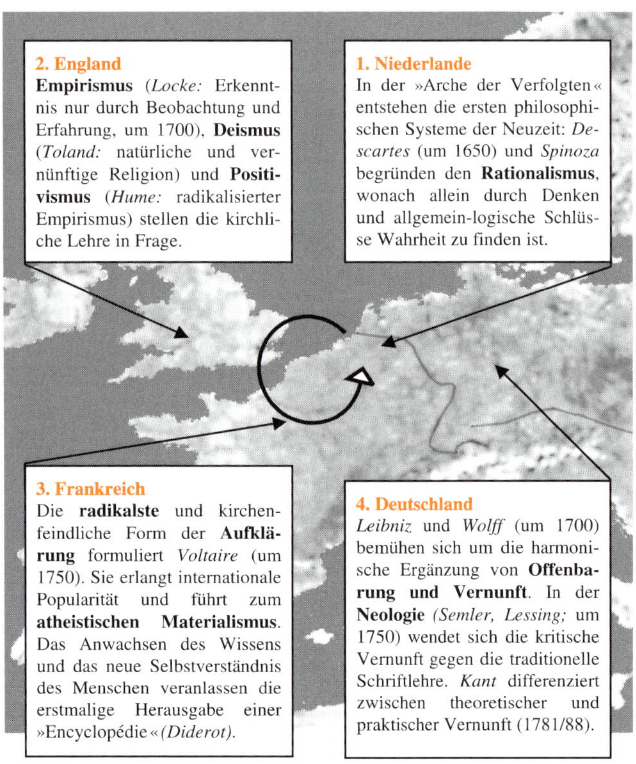

Geografie

Zentren des Pietismus in Deutschland

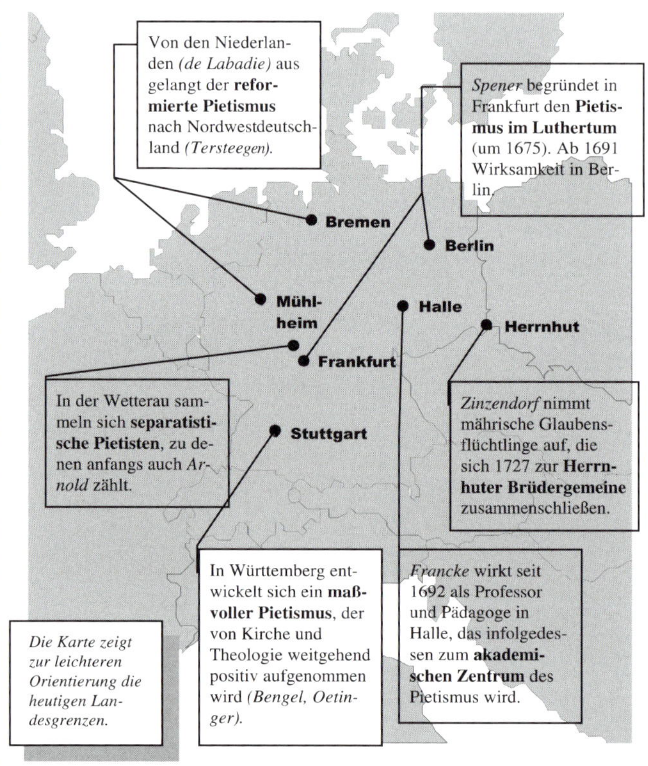

8.3

Chronologie

	Deutschland/ Preußen	*Pietismus*	*Aufklärung*	Österreich	Frankreich	England
	Prot. Staatskirchentum: - Episkopalismus - **Territorialismus** - Kollegialismus	**Wurzeln**: - *Johann Arndt* - myst. Spiritualismus - gesamteurop. Frömmigkeitsbewegung		**Russland**: *1689-1725 Peter d. Gr.* *1764-80 Katharina d. Gr.*		
1650 **Französisches Zeitalter**	***1640-88 Friedrich Wilhelm, der Große Kurfürst*** Gründung der Staatsnation Brandenburg-Preußen 1663-1806 immerwährender Reichstag von Regensburg	**Niederrheinischer/ reformierter Pietismus** *J. de Labadie (1610-74)*: Genf, Amsterdam *G. Tersteegen*	**Niederlande**: **um 1650 Rationalismus** *R. Descartes (1596-1650)* *B. de Spinoza (1632-77)*	1683 Türken am Kahlenberg geschlagen ⇨ Ende des türkischen Drucks auf Europa	*1661-1715 Ludwig XIV.* 1685 **Revokationsakte** ⇨ Flucht der Hugenotten nach Preußen	**1660-88 Haus Stuart** 1688/89 Glorious Revolution/ **Toleranzakte** - Presbyterianer - Kongregationalisten (und Baptisten) - Quäker
1700	1701-13 spanischer Erbfolgekrieg	**Lutherischer Pietismus** ***Philipp Jakob Spener*** *(1635-1705)* 1670 Collegium pietatis in Frankf. 1675 »Pia Desideria« 1686 Oberhofprediger in Dresden 1691 Konsistorialrat in Berlin	**Deutschland:** **um 1700 Aufklärungs-Philosophie** *G. W. Leibniz (1646-1716)* *C. Wolff*		1702-11 Camisardenkrieg 1713 Jansenismus verurteilt ⇨ Kirche von Utrecht	**um 1700 Empirismus** *J. Locke (1632-1704)* *G. Berkeley* *Th. Hobbes*
Aufstieg der Großmächte - Preußen - Österreich - Russland - England - Frankreich	***1713-40 Friedrich Wilhelm I., der Soldatenkönig*** Aufbau einer europ. Macht	**Radikaler Pietismus** *J. J. Schütz (1640-90)* *G. Arnold*: 1699 Unparteiische Kirchen- und Ketzerhistorie *J. K. Dippel* *E. C. Hochmann v. Hochenau* Buttlar'sche Rotte				**seit 1700 Deismus** *J. Toland* *M. Tindal* *A. Collins* **Positivismus** *D. Hume (1711-76)*
1713-48 Konvenienzpolitik 1750	***1740-86 Friedrich II. d. Gr.*** Etatismus (Kirche verstaatlicht), Toleranz	**Hallischer Pietismus** ***August Hermann Francke*** *(1663-1727)* 1687 Bußkampf 1695 Gründung des Waisenhauses in Halle Uni-Reform, Mission, »preußische Staatsreligion«	**Aufklärungs-Theologie** **Übergangstheologie** *S. J. Baumgarten* *H. S. Reimarus* Harmonie von Vernunft und Offenbarung ab 1750 **Neologie** *J. S. Semler* *G. E. Lessing (1729-81)* 1774-78 »Fragmente eines Ungenannten« [Reimarus] 1780 »Erziehung des Menschengeschlechts«	1731 Vertreibung der Protestanten aus dem Erzbistum Salzburg *1740-80 Maria Theresia*	**um 1750 Radikalste Aufklärung** *P. Bayle* *Ch.-L. de Montesquieu* *Voltaire (1694-1778)* Enzyklopädisten **Atheist. Materialismus** *J. O. de Lamettrie* *P. H. D. d'Holbach*	
	1756-63 Siebenjähriger Krieg Preußens gg. Österreich, Sachsen, Frankreich und Russland um Schlesien 1772-95 Dreifache Aufteilung Polens zw. Preußen, Österreich, Russland	**Württembergischer Pietismus** *J. A. Bengel* *F. C. Oetinger* **Brüdergemeine** *N. L. v. Zinzendorf (1700-60)* 1727 Gründung der »Erneuerten Brüderunität«	**Katholische Aufklärung** 1763 *J. Febronius*: **Febronianismus** (von Rom unabhängige dt. Kirche) 1786 Emser Punktation 1773 Aufhebung des Jesuitenordens durch Klemens XIV. (bis 1814) ⇨ Niedergang der kath. Mission	*1780-90 Joseph II.* **Josephinismus** (aufgeklärter Moralglaube) 1781 Toleranzedikt für Protestanten	*J. J. Rousseau (1712-78)* Prophet des Gefühls (⇨ Romantik) 1787 Toleranzedikt	*J. Wesley (1703-91)* Methodismus
1800	***1786-97 Friedrich Wilhelm II.*** 1788 Wöllnersches Religionsedikt (zur Unterdrückung der Aufklärung)	Kritik der Aufklärung: *J. G. Hamann (1730-88)* *J. K. Lavater*	***Immanuel Kant*** *(1724-1804)* Höhepunkt und Ende der Aufklärung 1781 »Kritik der reinen Vernunft« ⇨ Supranaturalismus ⇨ Rationalismus		**1789-99 Zeitalter der Franz. Revolution** 1789 Franz. Revolution kath. Kirche enteignet 1792-93 Republik 1793-94 Schreckensherrschaft *Robespierres* 1795-99 Direktorium, *Napoleon* General Religionsfreiheit **1799-1815 Zeitalter Napoleons** 1799 Staatsstreich *Napoleons* (1804 Kaiserkrönung) 1801 Konkordat	

Prüfungsthemen

- Der ältere **Pietismus** (Vorbereitung, Gestalt, Problematik) *[1978/II]*
- »Der Pietismus als Träger des Fortschritts in Kirche, Theologie und allgemeiner Geistesbildung«. Beurteilen Sie die These dieses Buchtitels von Horst Stephan *[1983/I]*
- Der deutsche Pietismus. Sein Anliegen, seine wichtigsten Ausgangsformen, seine Bedeutung für Kirche, Theologie und Geistesleben *[1990/II]*
- Grundzüge der theologischen **Aufklärung** in Deutschland *[1992/I]*
- Kirchen- und theologiegeschichtliche Bedeutung der Aufklärung in Deutschland *[1994/II]*
- Was verbindet und was unterscheidet Pietismus und Aufklärung in Deutschland? *[1979/I]*
- Die Bedeutung der **französischen Revolution** für die Kirchengeschichte *[1975/II]*
- Inwiefern war die französische Revolution ein Ereignis der europäischen Kirchengeschichte mit Auswirkungen bis weit in das 19. Jahrhundert? *[1989/I]*
- Die **Erweckungsbewegung** des 18. und 19. Jahrhunderts *[1997/II]*

Große Linien

Atheismus und Säkularisierung

Der **Atheismus** lässt sich ideengeschichtlich als Krisenerscheinung verstehen (antike Atomisten, nachsokratische Kyniker, französische Aufklärer, deutsche Positivisten und Monisten des 19. Jh.s). Als theoretische Möglichkeit begegnet er bereits im 7./5. Jh. v. Chr., als die entstehende griechische Philosophie die tradierten Gottesvorstellungen auf ihren Wahrheitsgehalt hin untersucht. Allerdings wird hier nicht die Existenz eines transzendenten Gottes in Frage gestellt, vielmehr *bezieht sich die Kritik auf die Objekte der religiösen Verehrung*. Weil Judentum und Christentum eine analoge Kritik beinhalten, werden sie wie die frühen Philosophen (Xenophanes, Protagoras) vom Vorwurf des Atheismus getroffen.

Im christlichen **Mittelalter** gilt der Atheismus als Häresie und wird entsprechend geahndet. Auch von der frühneuzeitlichen (Toleranz-)Gesetzgebung bleibt der Atheismus bis weit ins 19. Jh. hinein ausgeschlossen.

Mit der Auflösung der Einheit von Glaube, Wissenschaft, Recht und Staat am **Ende des Mittelalters** wird die hergebrachte Gottesvorstellung problematisch: Die staatliche Ordnung wird nun erstmals als von der Religion oder Moral unabhängig gedacht (Macchiavelli, Bayle). Atheismus im Sinne einer *Leugnung der Existenz oder Erkennbarkeit Gottes oder einer göttlichen Weltordnung* erscheint jedoch erst im 16./17. Jh.: Mit dem Siegeszug der empiristischen Erkenntnistheorie (wonach Erkenntnis durch sinnliche Wahrnehmung zu gewinnen ist) und eines mechanistischen Wissenschaftsparadigmas (wonach die Gesetzmäßigkeiten der Welt durch die Naturwissenschaft zu ergründen sind) sind alle Voraussetzungen für einen theoretischen oder auch doktrinären Atheismus gegeben (Lamettrie, Holbach).

Am **Ende der Aufklärung** führt Kant den Nachweis, dass ein theoretischer Atheismus (ebenso wie ein theoretischer Theismus) einen unzulässigen Erkenntnisanspruch erhebt. Fichte radikalisiert Kants Kritik einer metaphysischen Erkenntnis Gottes und löst den sog. »Atheismus-Streit« (1798/99) aus, indem er bestreitet, dass Gott Prädikate wie Sein, Substanz oder Person zugeschrieben werden können.

Im Laufe des **19. Jh.s** wird jeder Gottesglaube problematisch. In den verschiedensten Formen sucht man den Atheismus zu begründen: als absoluten Pessimismus (Schopenhauer), als Desillusionierungsanspruch (Feuerbach), als politisches Konzept (Marx), als (natur-)wissenschaftliche Erkenntnis (Haeckel) oder als Bejahung des vom Gottesglauben emanzipierten Daseins (Nietzsche). Für das **20. Jh.** lassen sich u. a. ein psychologisch motivierter (Freud), ein existenzieller (Sartre) sowie ein theologischer (»Gott-ist-tot-Theologie«) Begriff des Atheismus unterscheiden.

Der Begriff der **Säkularisierung** bezeichnet den vielschichtigen Prozess der Ablösung der christlich geprägten europäischen Welt des Mittelalters durch die neuzeitliche Welt und die damit verbundene Emanzipierung von der Vormundschaft der Kirche. Im Gefolge der Französischen Revolution kommt es 1803 im Reichsdeputationshauptschluss zur *Säkularisation*, d. h. zur Beseitigung der Reichskirche in Deutschland ⇒ 9.1c. Dadurch wird legitimiert, dass die weltlichen Fürsten die geistlichen Territorien in Besitz nehmen und so für linksrheinische Gebiete entschädigt werden, die sie an Frankreich verloren haben.

1800-1900 Neunzehntes Jahrhundert

Kapitel 9

1) **Alte Kirche vor Konstantin** (50-300)
2) **Alte Kirche seit Konstantin** (300-450)
3) **Frühmittelalter** (450-900)
4) **Hochmittelalter** (900-1300)
5) **Spätmittelalter** (1300-1500)
6) **Reformationszeit** (1500-1550)
7) **Konfessionelles Zeitalter** (1550-1650)
8) **Pietismus und Aufklärung** (1650-1800)
9) **19. Jahrhundert (1800-1900)**
10 **20. Jahrhundert** (Ab 1900)

Weltweite Mission: Kirche in Papua-Neuguinea
Die Gestaltung der Kapelle des Martin-Luther-Seminary in Lae/Papua-Neuguinea ist ein Beispiel dafür, wie die Missionsbewegung des 19. Jh.s das Evangelium in die unterschiedlichsten Kulturen gebracht hat. Als Taufbecken wurde eine Muschel gewählt, die einer kostbaren und begehrten Perle Schutz gibt. Sie ruht auf einer nachgebildeten Trommel (ähnlich der Altar), die im Stammesleben zur öffentlichen Bekanntmachung und zum Zusammenrufen der Gemeinschaft dient.

Einstieg

- Die politische Geschichte des 19. Jh.s wird von der **»deutschen Frage«** dominiert, genauer von der Alternative zwischen »klein-« und »großdeutsch«. Im Zusammenhang damit steht die zunächst politische, dann militärische Auseinandersetzung Preußens mit Österreich (1866) und Frankreich (1870/71).
- Als wichtige **Tendenzen** des Zeitalters lassen sich benennen: Industrialisierung und Arbeiterbewegung, Nationalismus und Liberalismus, moderne Naturwissenschaften und geistige Neuorientierung (Historismus, Positivismus, Sozialismus), zunehmende ideologische und soziale Zersplitterung der Lebensbezüge.
- Die evangelischen Kirchen finden nur zu sehr zögernden Antworten auf den Säkularisierungsprozess und die drängenden Probleme der Zeit; immerhin gilt die Epoche unter kirchlichem Gesichtspunkt zu Recht als das **Zeitalter der Inneren und Äußeren Mission**. Das eigentlich bestimmende kirchengeschichtliche Thema des 19. Jh.s ist das Ringen um eine zeitgemäße **Kirchenverfassung**. – Die katholische Kirche erlebt im 19. Jh. einen erstaunlichen Wiederaufstieg im Innern (Neuorganisation der Bistümer, päpstlicher Primat, Neuscholastik), erkauft dies jedoch mit einer rigorosen Abschottung nach außen (Verlautbarung *Syllabus errorum*, Kulturkampf, Antimodernisteneid).

Themen und Begriffe

- Die **Erweckungsbewegung** des 19. Jh. knüpft an den Pietismus und den angelsächsischen Methodismus an und stellt gewissermaßen die Form dar, »in der die Romantik sich im eigentlich kirchlichen Bereich ausprägte« (B. Moeller). Sie reagiert (vor allem im Protestantismus) auf die Aufklärung, wenn sie Erneuerung durch individuelle Glaubenserfahrung, heilsgeschichtliches Denken und Vereinstätigkeit sucht.
- Mit **Restauration** wird die Periode seit dem Wiener Kongress bezeichnet, als die europäischen Staatsmänner (allen voran Metternich) versuchen, »legitime« Regierungen wiederherzustellen, die durch die Revolution beseitigt worden sind. Dem Scheitern der Revolution von 1848 folgen die Jahre der sog. **Reaktion**, in denen das Programm eines monarchistischen Patriotismus breiten Anklang findet und Erneuerungsbestrebungen in den Hintergrund gedrängt werden (bis 1858). Demgegenüber fordert der **Liberalismus** Glaubens-, Meinungs- und Gewissensfreiheit, wirtschaftlich ungehinderte Entfaltung sowie Gewaltenteilung.
- **Unionismus und Konfessionalismus** ⇒ 9.1d
- **Soziale Frage**: die Diskrepanz zwischen wirtschaftlichem Aufschwung und krassen sozialen Missständen, die durch die rasche Industrialisierung verursacht wird. Während die **christlich-sozialen Bewegungen** außerhalb der offiziellen Kirchen darauf zu reagieren versuchen, wird die **Innere Mission** (Begriff seit 1842) u. a. durch Wicherns Auftritt auf dem Kirchentag 1848 zur innerkirchlichen Bewegung. Sie bemüht sich um Hilfe für ihre sozial und glaubensmäßig in Not geratenen Mitglieder, ist somit nicht auf Diakonie im heutigen Sprachgebrauch beschränkt.

Zeitliche Abgrenzung

Der Wechsel vom 18. zum 19. Jh. stellt einen entscheidenden kirchengeschichtlichen Einschnitt dar:

1787 Der amerikanischen Unabhängigkeitserklärung (1776) folgt die Verfassung der Vereinigten Staaten (mit Trennung von Kirche und Staat).

1789 Mit der **Französischen Revolution** erreicht die Aufklärung zugleich ihren Höhepunkt und Abschluss. Die Einführung der Republik in Frankreich (1792) bedeutet die Abschaffung der absolutistischen Monarchie und die planmäßige Ausschaltung der Kirche aus dem staatlichen Leben (Gegenreaktion und Restauration im übrigen Europa).

1799 **Schleiermacher** wendet sich mit seinen Reden »Über die Religion« an »die Gebildeten unter ihren Verächtern« ⇒ 8.3a.

1803 Napoleon verordnet mit dem **Reichsdeputationshauptschluss** die *Mediatisierung* (Unterstellung zahlreicher Reichsstädte, Fürstentümer und Grafschaften unter die Landesherren anderer Territorien) und die *Säkularisation* (Aufhebung der geistlichen Fürstentümer ⇒ 8.5b). Letztere bedeutet das Ende des »Ottonischen Reichskirchensystems« ⇒ 4.1b.

1806 Mit dem Verzicht von Franz II. auf die deutsche Kaiserkrone ist das »Heilige Römische Reich Deutscher Nation« zu Ende.

1814/15 Auf dem **Wiener Kongress** erfolgt die politische Neuordnung Europas im Geist der Restauration, Legitimität und monarchischen Solidarität (Gleichgewicht der fünf Großmächte). In Deutschland wird der Deutsche Bund errichtet (1815–66).

1817 Altpreußische Union ⇒ 9.1d

Untergliederung

1830 Eine allgemeine Rückbesinnung in kirchlichen Kreisen auf die identitätsstiftenden Bekenntnisgrundlagen führt zum Erstarken des sog. **Konfessionalismus**. Dieser bewirkt langfristig das Scheitern der **Unionsbemühungen**. Dem Aufruf zur Vereinigung von lutherischer und reformierter Kirche durch König Friedrich Wilhelm III. (Altpreußische Union 1817) sind bis dahin Verwaltungs-, Kultus- und Konsensusunionen in einigen kleineren Territorien gefolgt (Nassau, Pfalz, Hanau, Anhalt-Bernburg, Baden, Waldeck-Pyrmont, Rheinhessen). In Preußen selbst besteht lediglich eine Verwaltungsunion (dennoch Agendenstreit 1822–1829, Auswanderungsbewegung, Gründung der altlutherischen Kirche).

1848 Die **Revolution in Deutschland** unterbricht nur kurz die restaurative Stimmung. Hoffnungen auf mehr Freiheiten für die Kirche erfüllen sich nicht. Wichern wirbt auf dem Kirchentag für die Innere Mission. Die Auswanderungswelle nach Nordamerika und Australien erreicht ihren Höhepunkt.

1871 Die »kleindeutsche Lösung« führt zur Gründung des **Deutschen Reiches**. Das 1. Vatikanische Konzil (1869/1870) und die preußische Presbyterial- und Synodalordnung (1873) stärken die jeweilige kirchliche Unabhängigkeit gegenüber dem Staat. Im **Kulturkampf** ringt Bismarck mit der Kurie in Rom um die obrigkeitliche Kontrolle des politischen Katholizismus. Diverse Gesetze zur Ausschaltung der Kirchen aus dem staatlichen Bereich (1871–75) werden seit 1880 schrittweise zurückgenommen. Bestehen bleiben: Zivilehe, staatliche Schulaufsicht, Kanzelparagraph und Verbot des Jesuitenordens.

Zitate

»Ihr [der Religion] Wesen ist weder Denken noch Handeln, sondern Anschauung und Gefühl. Anschauen will sie das Universum, von seinen unmittelbaren Einflüssen will sie sich in kindlicher Passivität ergreifen und erfüllen lassen.« *(Friedrich D. E. Schleiermacher, Reden über die Religion, 1799 – KTGQ IV/1,167)*

»Die Kirche des Neuen Testamentes, nicht mehr eine Landeskirche, sondern eine Kirche aller Völker – sie ist das Werk Gottes in der letzten Stunde der Welt, der Lieblingsgedanke aller Heiligen – der Gedanke, welcher die Mission durchdringen muss. Denn die Mission ist nichts als die Eine Kirche Gottes in ihrer Bewegung, – die Verwirklichung Einer allgemeinen, katholischen Kirche.« *(Wilhelm Löhe, Drei Bücher von der Kirche, 1845 – GW V/1,96)*

»Als innere Mission gilt uns die *gesamte* Arbeit der aus dem Glauben an Christum geborenen Liebe, welche diejenigen *Massen in der Christenheit* innerlich und äußerlich erneuern will, die der Macht und Herrschaft des aus der Sünde entspringenden Verderbens anheimgefallen sind, ohne dass sie von den jedesmaligen geordneten christlichen Ämtern erreicht werden.« *(Johann Hinrich Wichern, Denkschrift über die Innere Mission, 1849 – KTGQ IV/1,237 f.)*

»Wenn der römische Bischof in höchster Lehrgewalt (ex cathedra) spricht, eine Lehre über Glauben oder Sitten sei von der ganzen Kirche festzuhalten, so besitzt er auf Grund des göttlichen Beistandes jene Unfehlbarkeit, mit der der göttliche Erlöser seine Kirche ausgerüstet haben wollte.« *(Vaticanum I, 1870 – KTGQ IV/1,255)*

Lerntipps

Das 19. Jh. erscheint aus der relativ geringen Distanz und auf Grund der guten Quellenlage als besonders schwer überschaubar. Die Vielzahl von Fakten muss in ein Raster eingeordnet werden. Hilfreich ist es, die Epoche in **4 Längsschnitte** einzuteilen, die annähernd gleich große Zeitabschnitte umfassen:

- bis 1830: Erweckungsbewegung; Reorganisation der Kirchen
- bis 1848: Religiös-konfessionelle Erneuerung, Innere Mission
- bis 1871: Verfassungsreformen der Kirchen
- bis 1914: Erstarken des Katholizismus

Querschnitte zeigen die Wechselwirkungen der verschiedenen Aspekte untereinander, z. B.

- in der Entwicklung von evang. und kath. Kirche ⇒ 9.3a
- von Unionismus und Konfessionalismus ⇒ 9.3b
- zwischen der »sozialen Frage« und den Antwortversuchen von Innerer und Äußerer Mission ⇒ 9.3bc
- zwischen Erweckungsbewegung, Theologie, Kirchenpolitik und Mission.

Zur Theologiegeschichte

In der Theologie des 19. Jh.s wird das Grundproblem »Glaube und Vernunft« abgelöst durch das Thema »Glaube und Geschichte«, das durch den »garstigen Graben« (Lessing) gestellt ist. Gegen *Kant*, der Gott (nur, aber immerhin) als Postulat der praktischen Vernunft gelten lässt, und gegen die Metaphysik der Altprotestantischen Orthodoxie wendet sich *Schleiermacher* (⇒ 8.3a): Er versteht Gott als das Woher des »Gefühls der schlechthinnigen Abhängigkeit« im Sinne eines unmittelbaren Betroffenseins. Dem entspricht eine »Urbildchristologie«: Das vollkommene Gottesbewusstsein Jesu setzt das latent vorhandene Gottesbewusstsein der ihm folgenden Menschen frei. *Hegel* versteht Gott als den »absoluten Geist«, der alles Bewusstsein begründet. Dem entspricht eine »Prinzipchristologie«: Die Gestalt Jesu steht für ein spekulatives Denkprinzip, die Idee der Gottmenschlichkeit. Anknüpfend oder ablehnend auf Schleiermacher und Hegel bezogen lassen sich drei Strömungen unterscheiden:

- Die **Vermittlungstheologie** versucht, im Gefolge Schleiermachers Kirchlichkeit und Wissenschaftlichkeit zusammenzuhalten *(A. Ritschl)*. Der **Kulturprotestantismus** bemüht sich um eine Synthese zwischen Christentum und Kultur, wobei er optimistisch »Kulturfortschritt« und »Reichsgottesarbeit« gleichsetzt *(A. v. Harnack)*.
- Die **konservative Theologie** wendet sich gegen die Aufklärung, indem sie die Bibelkritik ablehnt. Neu ist jedoch, dass das Subjekt des Theologen thematisiert und die Reformation durch einen Rückgriff auf die Bibel kritisch beleuchtet wird: *J. C. K. von Hofmann* (konfessionelle Theologie), *M. Kähler* (biblische Theologie) u. a.
- Die **liberale Theologie** (Begriff nach Semlers »Versuch einer *freieren* theologischen Lehrart«, 1777) wendet sich gegen den orthodoxen Dogmatismus, indem sie die Gestalt Jesu als Idee der Gottmenschlichkeit oder im Rahmen der Religionssoziologie interpretiert: *F. C. Baur* (hist.-krit. Theologie), *E. Troeltsch* (Religionsgeschichtliche Schule) u. a. ⇒ 10.2b

Zur Diskussion

- Unionismus darf nicht als naiver Konformismus aus politischem Kalkül abqualifiziert werden, Konfessionalismus nicht als engstirniger »Bekenntnisfetischismus«, durch Berührungsängste motiviert. Wie kann das beiderseitige Anliegen zutreffend beschrieben und bewertet werden?
- Wie verhalten sich die Missionsbemühungen des 19. Jh.s zu Imperialismus und Kolonialismus? Welche Motivationen führen zu den weitreichenden Missionsanstrengungen? Inwiefern erweist sich Mission als kulturzerstörend, inwiefern als kulturbewahrend?
- Schleiermacher und Hegel stehen als überragende Denker am Anfang des Jahrhunderts. Die Modelle der Urbild- bzw. Prinzipchristologie werden bis in die Gegenwart vielfach rezipiert. Gleichwohl werden sie der Geschichtlichkeit Jesu nicht gerecht. Wo liegen Alternativen?
- Nach weit verbreiteter Meinung haftet dem 19. Jh. ein bestimmter »Geschmack« an (vgl. etwa Sprache und Stil von Kirchenliedern), der den inhaltlichen Zugang erschwert. Wo sind Anzeichen erkennbar, dass Erkenntnisse dieser Epoche noch auf Rezeption warten?
- Auf das 19. Jh. gehen verschiedene Erscheinungen des Verbandsprotestantismus (Evangelisationsbewegung, Jugend- und Studentenbünde, kirchliche Verbände und Vereine) sowie diverse Sekten (Mormonen, Adventisten, Ernste Bibelforscher/Zeugen Jehovas) zurück. Wie sind diese Neben- und Gegenbewegungen zu den etablierten Großkirchen zu verstehen?

Zusammenhänge

*Wie kommt es nach dem »Tiefpunkt« vom 1803 zum **Wiedererstarken der Kirchen**?*

Evang. Kirche		Kath. Kirche
Unionsbemühungen	*Reorganisation*	Reorganisation der Bistümer
Erweckung Äußere Mission Innere Mission Konservative Theologie	*Religiöse Erneuerung*	»Katholische Bewegung«
Presbyterial- und Synodalordnung	*Verfassungsreform*	Ultramontanismus

Wodurch werden die Kirchen in Frage gestellt?

Staatskirchentum	*Restauration*	staatliche Kirchenhoheit
Rationalismus	*Liberalismus*	Modernismus

Auf die Krise im Zeitalter der Moderne reagieren sowohl der deutsche Protestantismus als auch der römische Katholizismus durch eine Neubesinnung auf die jeweilige kirchliche Identität in organisatorischer, spiritueller und struktureller Hinsicht. Gegentendenzen bilden auf staatlich-politischer Ebene ein monarchischer (Neo-) Absolutismus, auf ideengeschichtlicher Ebene ein säkularisierter Liberalismus.

Geografie

Unionen und Zentren des Konfessionalismus; soziale Frage und Innere Mission

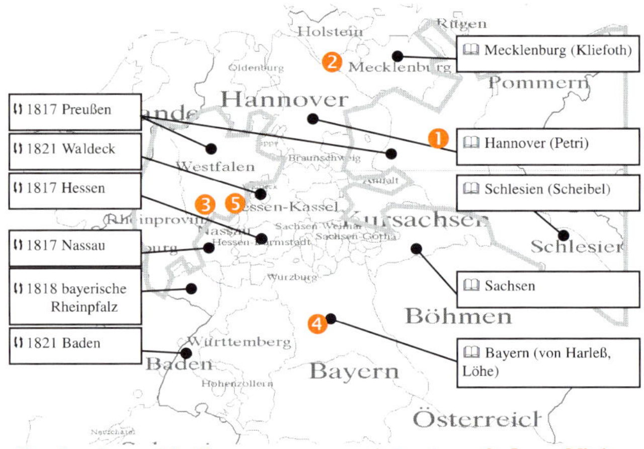

Ursachen der »sozialen Frage«

- Industrielle Revolution (1835 erste Eisenbahn zwischen Nürnberg und Fürth)
- Auflösung traditioneller patriarchalischer Ordnungen (Großfamilie, Grundherren)
- Auswüchse des kapitalistischen Wirtschaftssystems (Konkurrenzdruck, schlechte Arbeitsbedingungen, Lohnabsenkung)
- Bevölkerungsexplosion (steigende Bodenerträge, medizinische Erfolge)

⇨ Massenarbeitslosigkeit
⇨ Massenverarmung (Pauperismus)
⇨ Auswanderungsbewegung

Antwortversuch »Innere Mission«

1. Berlin: von Kottwitz
2. Hamburg: Wichern
3. Kaiserswerth: Fliedner
4. Neuendettelsau: Löhe
5. Bethel/Bielefeld: von Bodelschwingh

Unionen
Zentren des Konfessionalismus
Preußen 1815

Geografie

Zentren der Erweckung und der Evangelischen Mission in Deutschland

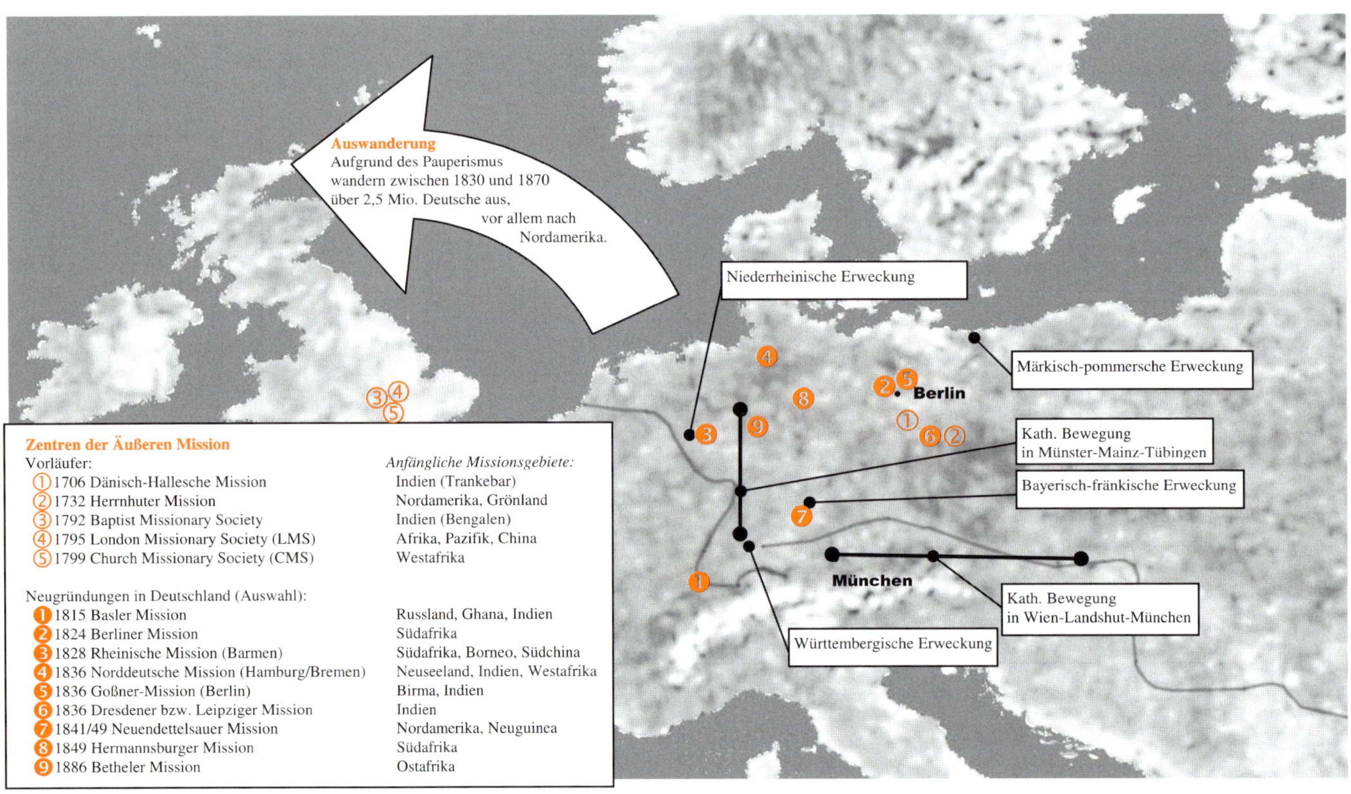

Zentren der Äußeren Mission

Vorläufer:	*Anfängliche Missionsgebiete:*
① 1706 Dänisch-Hallesche Mission	Indien (Trankebar)
② 1732 Herrnhuter Mission	Nordamerika, Grönland
③ 1792 Baptist Missionary Society	Indien (Bengalen)
④ 1795 London Missionary Society (LMS)	Afrika, Pazifik, China
⑤ 1799 Church Missionary Society (CMS)	Westafrika
Neugründungen in Deutschland (Auswahl):	
❶ 1815 Basler Mission	Russland, Ghana, Indien
❷ 1824 Berliner Mission	Südafrika
❸ 1828 Rheinische Mission (Barmen)	Südafrika, Borneo, Südchina
❹ 1836 Norddeutsche Mission (Hamburg/Bremen)	Neuseeland, Indien, Westafrika
❺ 1836 Goßner-Mission (Berlin)	Birma, Indien
❻ 1836 Dresdener bzw. Leipziger Mission	Indien
❼ 1841/49 Neuendettelsauer Mission	Nordamerika, Neuguinea
❽ 1849 Hermannsburger Mission	Südafrika
❾ 1886 Betheler Mission	Ostafrika

Chronologie

Deutschland/Preußen

1800

1797-1840 ***Friedrich Wilhelm III.***
Kirche durch Rationalismus in tiefster Krise

1803 **Reichsdeputationshauptschluss**
Säkularisation und Mediatisierung

1806 Ende des Hl. Röm. Reiches Dt. Nation

1807-15 Reformen in Preußen (»Revolution von oben« durch *Stein* und *Hardenberg*)

1813-15 Befreiungskriege

1814/15 **Wiener Kongress**
5 Großmächte im Gleichgewicht, Restauration

1815-62 Kampf zwischen Restauration und Liberalismus

1815-66 Deutscher Bund

1830 Pariser Julirevolution

1830

1840-61 ***Friedrich Wilhelm IV.***

1848

1848 Revolution

1862-1914 Nationalstaaten und Imperialismus

1858-88 Wilhelm I.

Ende der Reaktion

1862-90 Bismarck Ministerpräsident bzw. Reichskanzler

1864-71 Kriege gg. Dänemark, Österreich und Frankreich

1871

1871 Reichsgründung

Kulturkampf:
1871-75 Gesetze
1880-87 Rücknahme

1900

1888-1918 Wilhelm II.
dt. Reich Weltmacht

Evang. Kirche

Unionsbestrebungen
Verwaltungsunionen
1817 Preußen (Kabinettsorder)
Konsensusunionen 1817-22 in Hessen-Nassau, Pfalz, Baden ...
1834 **Lockerung der Union** in Preußen
⇨ uniert, lutherisch und reformiert

Gottesdienst-Reformen
1822-29 Agendenstreit

seit 1830 Lutherischer Konfessionalismus
Schlesien
Bayern (*A. v. Harleß, W. Löhe*)
Hannover (*L. A. Petri*)
Mecklenburg (*Th. Kliefoth*)
Sachsen
1868 „Allg. evang.-luth. Konferenz"
⇨ Union gescheitert

Kirchenverfassung
größere Unabhängigkeit ggü. dem Staat
1815 preußische Reaktion
⇨ absolutistisch
1835 Presbyterial- und Synodalordnung im Rheinland/Westfalen
Preußen: 1850 Oberkirchenrat; erst 1873 Presbyterial- und Synodalordnung (*A. Falk*)

Kath. Kirche

Deutschland:
1803 Säkularisierung
1814/15 päpstl. Kardinal *Consalvi:* Wiederherstellung des Kirchenstaats, universalkirchl. Politik

Reorganisation der dt. Bistümer
1817 Konkordat Rom – Bayern
1821/24 Zirkumskriptionsbullen mit Preußen und Hannover
Febronianismus im dt. Südwesten
⇨ Staat hat Kirchenhoheit, Rom bricht nationalkirchl. Tendenzen

Kath. Bewegung
Münster-Mainz-Tübingen
Wien-Landshut-München
J. M. Sailer (München)
J. v. Görres
Fürstin A. Gallitzin (Münster)
C. M. Hofbauer (Wien)
⇨ Ultramontanismus
1836-40 Kölner Mischehenstreit
1842-49 kath. Vereine gegr.
Kölner Dombaufest
1844 Ausstellung des Hl. Rocks in Trier

Liberalismus
1844 Abtrennung des liberalen »Deutschkatholizismus«
1835-57 »Hermesianismus« und »Güntherianismus«: Kampf um Vereinbarkeit von kantischer Philosophie und kath. Lehre
nach 1848 Trennung vom polit. Liberalismus

Ultramontanismus
1846-78 (!) Pius IX.
1854 Dogma der unbefleckten Empfängnis Marias
1858 Marienerscheinung von Lourdes
1869/70 1. Vat. Konzil
Universalepiskopat, Unfehlbarkeit
⇨ Altkath. Kirche abgespalten
(*I. v. Döllinger*)
1878-1903 Leo XIII.
beendet Kulturkampf
»Arbeiterpapst«

1903-14 Pius X.
1910 Antimodernisteneid

Theologie

F. D. E. Schleiermacher (1768-1834)
1799 »Über die Religion. Reden an die Gebildeten unter ihren Verächtern«
1811 »Kurze Darstellung des theol. Studiums«
1821/30 »Glaubenslehre«

Theologie der Vermittlung
Spekulative Theologie
K. Daub
Ph. Marheineke
Vermittlungstheologie
C. I. Nitzsch
R. Rothe
A. Ritschl (1822-89)
Kulturprotestantismus
A. v. Harnack
W. Herrmann (Systematik)

Konservative Theologie
Erweckungstheologie
A. Neander (Pectoraltheologie)
A. Tholuck: »Die Lehre von der Sünde ...«
Konfessionelle Theologie
E. W. Hengstenberg (Berlin)
J. C. K. v. Hofmann,
G. Thomasius (Erlanger Schule)
Biblische Theologie
J. T. Beck
M. Kähler
A. Schlatter

Liberale Theologie
Rationalismus
J. A. L. Wegscheider
H. E. G. Paulus
Hist.-krit. Theologie (Tübinger Schule)
F. C. Baur
J. Wellhausen
Religionsgeschichtliche Schule (1890-1920)
W. Bousset
H. Gunkel
E. Troeltsch

Erweckungsbewegung

Wurzeln:
- 1780 Dt. Christentumsgesellschaft (*J. A. Urlsperger*)
- Herrnhuter Brüdergemeine, *J. G. Hamann*, *J. G. Herder*
- Methodismus in England, Erweckung in USA

1800-15 Überkonfessionelle Frühzeit
weit + ökumenisch

1815-30 Blütezeit
Volksbewegung, Abgrenzung
Hauptzentren:
bayerisch-fränkisch
luth.; Uni Erlangen
C. Krafft, K. v. Raumer, A. v. Harleß, J. C. K. v. Hofmann; W. Löhe
märkisch-pommersch
luth.; preuß. Adel
Frhr. v. Kottwitz,
A. Tholuck (Uni Halle),
E. W. Hengstenberg (Evang. Kirchenzeitung)
⇨ Bismarck
württembergisch
pietist.
J. M. Hahn,
J. C. Blumhardt (1805-80), L. Hofacker
niederrheinisch
pietist.; kapitalist. Unternehmertum
F. W. Krummacher,
H. F. Kohlbrügge
⇨ F. Engels

1830-48 Zeit des Konfessionalismus
Kirche und Bekenntnis – kircheninterne Parteienkämpfe

seit 1875 Gemeinschaftsbewegung (Oxford-Bewegung, Heiligungsbewegung)

Mission/Soziale Frage

Bibel- und Missionsgesellschaften
1812 Württembergische Bibelanstalt
1814 Preußische Hauptbibelgesellschaft
1815 Baseler Mission
1824 Berliner Mission
1828 Rheinische Mission
1836 Norddeutsche, Leipziger und Goßner Mission
1841/49 Neuendettelsauer Mission
1849 Hermannsburger Mission
1899 Liebenzeller Mission

»Innere Mission«
1807 »Freiwilligen-Armen-Beschäftigungsanstalt« in Berlin (*Frhr. v. Kottwitz*)
1836 erste Diakonissenanstalt in Kaiserswerth (*Th. Fliedner*)

J. H. Wichern (1808-81)
1833 »Rauhes Haus«
1844 »Fliegende Blätter«
1849 Denkschrift

Fr. v. Bodelschwingh (1831-1910)
1872 Bethel

Evang.-soziale Bewegung
J. H. Wichern
G. Werner: christl. Fabrik
R. Todt
A. Stoecker: Volksmissionar, 1878 Christl.-Soziale Arbeiterpartei, Antisemitismus
F. Naumann: Übergang zum national-sozialen Prinzip

Religiöser Sozialismus
C. Blumhardt
H. Kutter, L. Ragaz (Schweiz)

Katholizismus
Frhr. v. Ketteler
A. Kolping

Philosophie
Dt. Idealismus
Überführung der Religion in Kunst: *J. G. v. Herder († 1803), Novalis († 1801), J. W. v. Goethe († 1832), Fr. v. Schiller († 1805)*
Überführung der Religion in Philosophie: *J. G. Fichte († 1814), Fr. W. J. v. Schelling († 1854), G. W. Fr. Hegel († 1831)*
Positivismus, Materialismus, Marxismus
A. Comte († 1857); J. Bentham († 1832), J. St. Mill († 1873), H. Spencer († 1903); Ch. Darwin († 1882); D. Fr. Strauß († 1874), L. Feuerbach († 1872); K. Marx († 1883)
„Lebensphilosophie"
A. Schopenhauer († 1860), S. Kierkegaard († 1855), Fr. W. Nietzsche († 1900)

Prüfungsthemen

- Inwiefern war die **französische Revolution** ein Ereignis der europäischen Kirchengeschichte mit Auswirkungen bis weit in das 19. Jahrhundert? *[1989/I; vgl. Kap. 8]*
- Die **Erweckungsbewegung** in Deutschland im 19. Jahrhundert *[1991/II]*
- Die Erweckungsbewegung des 18. und 19. Jahrhunderts *[1997/II; vgl. Kap. 8]*
- Friedrich **Schleiermacher** – Überblick über Leben und Werk *[1994/I]*
- Neuansätze evangelischer Theologie im 19. Jahrhundert nach Schleiermacher. Geschichtliche Grundzüge und theologische Würdigung *[1996/I]*
- Die Kirche vor der **sozialen Frage** im 19. Jahrhundert *[1976/II]*
- Die soziale Frage in der evangelischen Kirche im 19. und 20. Jahrhundert *[1980/II]*
- Die Evangelische Kirche und die soziale Frage im 19. Jahrhundert *[1986/I]*
- Die Kirchen in ihrer Auseinandersetzung mit der Sozialen Frage im 19. Jahrhundert *[1993/I]*
- Hauptgestalten und zentrale Problemstellungen in der Begegnung der Kirchen mit der sozialen Frage im 19. Jahrhundert *[1998/I]*
- Evangelisches **Staatskirchentum** im 19. Jahrhundert und die Trennung von Staat und Kirche 1918/19 *[1981/II]*
- Nationales und völkisches Denken im deutschen Protestantismus zwischen 1870 und 1933: religiöse Einstellungen – theologische Positionen – Vertreter aus Kirche und Wissenschaft – kritische Stimmen gegenüber einer nationalen und völkischen Religiosität *[1999/II]*
- Die **römisch-katholische Kirche** in Europa seit der französischen Revolution *[1985/I]*

Große Linien

9.5

Geschichte der Mission

Mission, das »In-die-Welt-gesandt-Sein« (W. Freytag), ist von Anfang an Wesensmerkmal der Kirche. Verfolgungen und Wanderungsbewegungen fördern die Ausbreitung des Christentums und den Übergang von Syrien-Palästina in die hellenistische Welt (Antiochien in Syrien als neues Zentrum, Rom mit einer frühen christlichen Gemeinde). **Paulus** betreibt erstmals planmäßige Mission: Er gründet Gemeinden in den wichtigen Städten des römischen Reiches, wobei er an die jüdische Diaspora anknüpft. Auch in theologischer Hinsicht hat er wesentlichen Anteil an der Überführung des Kerygmas in die griechisch-römische Welt (gesetzesfreies Evangelium, vgl. Röm 3,28).

Die enorme **Ausbreitung des Christentums** in den ersten drei Jahrhunderten geschieht vorwiegend durch persönliche Kontakte. Vorreiter der Mission jenseits der Grenzen des römischen Reiches ist Wulfila im 4. Jh. unter den Goten. Durch die iroschottischen und angelsächsischen Mönche lebt die Wandermission noch einmal auf (Columban 590, Bonifatius 740). Die Hinwendung der Germanen zum Christentum erfolgt überwiegend »von oben nach unten« durch die Bekehrung der Stammesfürsten (Chlodwig 498). Vor allem seit Karl d. Gr. (800) wird die Christianisierung auch mit Gewalt vorangetrieben. Mit der Entstehung des christlichen Abendlandes ist die Aufgabe der Mission scheinbar hinfällig geworden. Zu gleicher Zeit werden jedoch Nordafrika und Spanien islamisch; wenig später zerbricht die Einheit von Ost- und Westkirche endgültig (1054).

Erst die Entdeckung neuer Länder und dortiger »Heiden« im **15./16. Jh.** fordert vor allem die Orden neu zur Mission heraus – teilweise in Zusammenarbeit mit der Eroberungspolitik, teilweise als Protest dagegen. Im Protestantismus führt erst der Pietismus über die Ansicht hinaus, dass der Missionsbefehl nur an die Apostel gerichtet war und diese ihn erfüllt hätten. Durch ihre Beziehung zum dänischen König können Francke und Zinzendorf Missionsstationen in Indien (Ziegenbalg 1706 in Trankebar) und Grönland (1733) errichten.

Der Durchbruch zum **»Jahrhundert der Mission«** ist mit dem Einfluss William Careys und der Entstehung der Baptist Missionary Society (1792), London Missionary Society (LMS 1795) und Church Missionary Society (CMS 1799) verbunden. Die Erweckungsbewegung bringt die englischen Impulse nach Deutschland, wo freie Missionsvereine und -gesellschaften in drei Phasen gegründet werden: zunächst überkonfessionelle Werke (Baseler Mission 1815, Berliner Mission 1824, Rheinische Mission 1828 u. a.), Mitte des Jh.s konfessionelle Gesellschaften (Leipzig 1836, Neuendettelsau 1841/49, Hermannsburg 1849 u. a.) und Ende des Jh.s sog. Glaubensmissionen (Liebenzeller Mission 1899 u. a.). Zu den klassischen Missionsfeldern Indien und Südafrika kommen durch Auswanderungsbewegung und Kolonisierung Wirkungsgebiete in Nord- und Südamerika, in Zentralafrika und im pazifischen Raum hinzu.

Die Missionsarbeit etabliert sich außerhalb der Struktur der verfassten Kirche, auch wenn die Frage nach der Verbindung von (privat betriebener) Mission und (verfasster) Kirche in den Blick kommt: Mission als »die Eine Kirche Gottes in ihrer Bewegung« (W. Löhe). Ebenso wird die Zusammengehörigkeit von »innerer« und »äußerer« Mission (auf die Getauften bzw. Ungetauften bezogen) diskutiert. Warneck definiert 1892 Mission als die »gesamte auf die Pflanzung und Organisation der christlichen Kirche unter Nichtchristen gerichtete Tätigkeit der Christenheit«, will sie jedoch von unabhängigen Missionsgesellschaften getragen wissen.

Die Missionsbewegung des 19. Jh.s führt zur Einsicht, dass die ökumenische Zusammenarbeit der Kirchen unerlässlich ist (Weltmissionskonferenz in Edinburgh 1910 als Wegbereiter des ÖRK). Nach dem Zweiten Weltkrieg kommt es zu einer tiefgreifenden **»Krise der Mission«**: die Glaubwürdigkeit des »christlichen« Abendlandes ist durch die fortschreitende Säkularisierung und die beiden Weltkriege zerstört; die Mission in China ist infolge der Kulturrevolution zusammengebrochen; die unabhängig gewordenen Kolonien stellen die »Westmission« in Frage; die neu entstandenen »jungen Kirchen« fordern eine erneuerte Zielbestimmung der Mission.

Es folgt eine Neubesinnung darauf, dass eine **»Integration von Kirche und Mission«** erfolgen muss, dass Mission durch »Partnerschaft im Gehorsam« von alten und jungen Kirchen geschieht (Whitby 1947) und dass sie Gottes eigene Mission ist (»missio Dei«, Willingen 1952). Während die einen fordern, die »Kirche als Zentrum und Werkzeug von Gottes Mission« ernst zu nehmen, wollen sich andere radikal der »Welt als Ort der Mission Gottes« zuwenden. In den 70er Jahren divergieren die ökumenische und die evangelikale Missionsbewegung durch die Frage, ob Mission primär auf den »Schalom« der Welt gerichtet ist oder darauf, Menschen für Glauben und Kirche zu gewinnen.

Auf institutioneller Ebene wird die »Integration von Kirche und Mission« durch Verschmelzung von ÖRK und IMR angestrebt (Neu Delhi 1961). In den 70er Jahren gehen deutsche Missionsgesellschaften auf breiter Front in kirchliche Trägerschaft über. 1982 verabschiedet der ÖRK erstmalig eine Erklärung zu »Mission und Evangelisation«, 1988 folgt der Lutherische Weltbund mit dem Beitrag »Gottes Mission als gemeinsame Aufgabe«. Die Aufgabe einer »Integration von Kirche und Mission« bleibt jedoch als Kernthema weiterhin bestehen. Ein weitgehender Konsens wird darüber erreicht, dass Mission und Dialog, Zeugnis und Dienst zusammengehören.

Ab 1900 Zwanzigstes Jahrhundert

Kapitel 10

Weltweite Ökumene: Die Kapelle im Ökumenischen Zentrum in Genf
Das Ökumenische Zentrum in Genf ist Sitz von vier internationalen kirchlichen Organisationen: Ökumenischer Rat der Kirchen (ÖRK), Lutherischer Weltbund (LWB), Reformierter Weltbund (RWB) und Konferenz Europäischer Kirchen (KEK). Die Kapelle ist nach dem Entwurf des Dänen Erik Møller gestaltet und mit Gegenständen ausgestattet, die die Vielfalt der Traditionen widerspiegeln, die in der ökumenischen Bewegung vertreten sind. Die Ikonostase beispielsweise ist ein Geschenk der Griechisch-orthodoxen Kirche, eine Nachbildung der ältesten griechischen Ikonostase aus dem 4. Jh. Die Sitzreihen sind asymmetrisch um das Kreuz, den Altar, die Kanzel und das Lesepult angeordnet. Dadurch soll das Wesen des ÖRK als eine Gemeinschaft von Kirchen auf der Pilgerreise zur Einheit – und nicht so sehr das Bild einer bereits geeinten Kirche – unterstrichen werden.

1) **Alte Kirche vor Konstantin** (50-300)
2) **Alte Kirche seit Konstantin** (300-450)
3) **Frühmittelalter** (450-900)
4) **Hochmittelalter** (900-1300)
5) **Spätmittelalter** (1300-1500)
6) **Reformationszeit** (1500-1550)
7) **Konfessionelles Zeitalter** (1550-1650)
8) **Pietismus und Aufklärung** (1650-1800)
9) **19. Jahrhundert** (1800-1900)
10) 20. Jahrhundert (Ab 1900)

Einstieg

- Was hat das »**Jahrhundert der Kirche**« (Dibelius) der Kirche gebracht – und was kommt danach? Oder muss man eher vom »Jahrhundert der Entkirchlichung« (zumindest für Europa seit 1945) sprechen? Auf jeden Fall: das Jahrhundert der Ökumene.
- Wichtige **Kennzeichen** des 20. Jh.s. zu nennen, ist schwierig. Hier ein erster Versuch:
  – Ein Jahrhundert der *Imperien:* Supermächte USA und UdSSR, Auflösung der Kolonialreiche, Renaissance des Islam, Vatikan und die Weltkirche, Chinas Weg zur Weltmacht, Zusammenbruch des Kommunismus, Zusammenwachsen der EU.
  – Ein Jahrhundert der *Kriege:* der Erste und Zweite Weltkrieg, Hiroshima und die Atombombe, der Kalte Krieg, Stellvertreterkriege in Afrika und Asien, Israel und die Kriege in Nahost, ethnische Konflikte.
  – Ein Jahrhundert des *sozialen Wandels:* Wachstum der Städte, Aufstieg durch Bildung, Entchristianisierung und neue Sekten, die mobile Gesellschaft, die elektronischen Massenmedien, Globalisierung.
  – Ein Jahrhundert der *Massenkultur:* Hollywood und die Amerikanisierung des Films, Picasso und die Malerei der Moderne, Pop in Musik und Mode, die Dichter und die Macht, Brot und Spiele – der Sport.
- Seit Ende der 50-er Jahre spricht man vom Phänomen der *Postmoderne:* dem Projekt der Moderne bzw. Aufklärung im Sinne einer universal gültigen Vernunft wird kein Zutrauen mehr geschenkt. Universale Systeme werden zu Gunsten eines prinzipiellen Pluralismus aufgegeben.
- Am Ende des Jahrtausends erleben die westlichen Gesellschaften die sog. *zweite Industrielle Revolution:* den Übergang zur Informations-/Mediengesellschaft. Die soziale Frage bezieht sich nunmehr z. B. auf eine neue Definition von Arbeit oder Armut.

Zeitliche Abgrenzung

1914–18 Der **Erste Weltkrieg** erschüttert die staatliche und kirchliche Ordnung Deutschlands in ihren Grundfesten. Mit dem **Abtreten des Kaisers** beginnt 1918 die **Weimarer Republik**. Das Ende des landesherrlichen Summepiskopats macht eine Neuregelung durch die Weimarer Reichsverfassung und die Konkordate bzw. Kirchenverträge notwendig. Auf evangelischer Seite setzt sich (noch einmal) das landeskirchliche Prinzip durch (nicht aber die denkbaren Modelle von kirchlichen Urwahlen oder einer einheitlichen deutschen Reichskirche). Die Dialektische Theologie versucht, die Kirche von einer »Gott mit uns«-Religion zu befreien.
Kaum erschüttert wird jedoch das geistige Klima in Deutschland: Eine »konservative Revolution« verhindert einen Neubeginn.

Themen und Begriffe

- **Trennung von Staat und Kirche**: Die Weimarer Reichsverfassung (1919) legt – für Deutschland erstmalig – die (modifizierte) Trennung von Staat und Kirche fest. Das Grundgesetz der Bundesrepublik Deutschland übernimmt die institutionellen Garantien von 1919 (Art. 140 GG in Verbindung mit Art. 137 WRV).
- Mit dem umstrittenen Begriff **Kirchenkampf** wird die Auseinandersetzung zwischen Kirche und Nationalsozialismus bezeichnet. Zu fragen ist, inwieweit es sich dabei um einen »Kampf« handelt oder aber um ein Taktieren. Der Auseinandersetzung zwischen Bekennender Kirche und Deutschen Christen (1933/34) folgt diejenige zwischen Kirche und NS-Staat (ab 1935).
- **Ökumene** ⇒ 10.5b
- In der »**Katholischen Aktion**« aktiviert Papst Pius XI. (1922–39) nach dem Ersten Weltkrieg die Laien zu einem selbstbewussten und tatkräftigen Katholizismus (etwa durch Zusammenfassung der kath. Vereine), um die Welt mit kath. Grundsätzen zu durchdringen. Diese Aktion zeigt den Wandel zwischen dem I. und dem II. Vaticanum an.

Untergliederung

1933 **Hitlers Machtergreifung**. Durch ein Reichskonkordat mit der röm.-kath. Kirche bzw. die Umformung der evang. Kirche in eine Reichskirche (DEK) sollen die großen Kirchen gleichgeschaltet werden.

1934 Als »**Bekennende Kirche**« (BK) verstehen sich diejenigen, die durch bekenntnisgemäße Organisationsformen neben die von den Deutschen Christen (DC) beherrschten Leitungsorgane auf Reichs-, Landes- und Gemeindeebene treten. Die BK ist neben der katholischen Kirche die einzige große Institution, die sich der nationalsozialistischen Gleichschaltung entzieht; in Teilen übt sie Widerstand gegen den totalen Staat.

1937 Während Pius XI. die Enzyklika »Mit brennender Sorge« verfasst, geht die NS-Politik von Ausgleichsversuchen zur **Bekämpfung der Kirchen** über.

1945 Ende des Zweiten Weltkriegs und Beginn der Teilung Deutschlands. Das **Stuttgarter Schuldbekenntnis** und die **Gründung der EKD** ermöglichen es 1948 den evang. Landeskirchen, an der Gründung des **ÖRK** teilzunehmen.

1962 Das Zustandekommen des **II. Vatikanischen Konzils** ist ein Ereignis von gesamtkirchlicher Bedeutung. Im Jahr vorher waren dem **ÖRK** die orthodoxen Kirchen und der IMR beigetreten.

1990/91 Der Öffnung der Berliner Mauer folgt die **Wiedervereinigung Deutschlands**. Als Folge von Perestroika und Glasnost wird die **UdSSR aufgelöst**.

Zitate

»Es besteht keine Staatskirche. Jede Religionsgesellschaft ordnet und verwaltet ihre Angelegenheiten selbstständig innerhalb der Schranken des für alle geltenden Gesetzes. Die Religionsgesellschaften bleiben Körperschaften des öffentlichen Rechtes, so weit sie solche bisher waren.« *(Art. 137 Weimarer Reichsverfassung, 1919 – KTGQ IV/2,77)*

»Keine Vermählung und Verschmelzung zwischen Gott und Mensch findet hier statt, kein Aufschwung des Menschen ins göttliche und keine Ergießung Gottes ins menschliche Wesen, sondern was uns in Jesus dem Christus berührt, indem es uns nicht berührt, das ist das Reich Gottes, des Schöpfers und Erlösers.« *(Karl Barth, Römerbrief, ²1922, 6)*

»Jesus Christus, wie er uns in der Heiligen Schrift bezeugt wird, ist das eine Wort Gottes, dem wir im Leben und im Sterben zu vertrauen und zu gehorchen haben.« *(1. These der Barmer Theol. Erklärung, 1934 – KTGQ IV/2, 130)*

»Der Ökumenische Rat der Kirchen ist eine Gemeinschaft von Kirchen, die den Herrn Jesus Christus [gemäß der Heiligen Schrift] als Gott und Heiland bekennen [und darum gemeinsam zu erfüllen trachten, wozu sie berufen sind, zur Ehre Gottes, des Vaters, des Sohnes und des Heiligen Geistes].« *(Basis des ÖRK nach der Vollversammlung in Amsterdam 1948 [und Neu-Delhi 1961] – KTGQ IV/2,170.180)*

»Im Abendmahl schenkt sich der auferstandene Jesus Christus in seinem für alle dahingegebenen Leib und Blut durch sein verheißendes Wort mit Brot und Wein.« *(Leuenberger Konkordie, 1973 – KTGQ IV/2, 216)*

Zur Theologiegeschichte

- **Neuprotestantismus**: *Ernst Troeltsch* wollte mit diesem Begriff 1906 den modernen Protestantismus von der »Altprotestantischen Orthodoxie« (⇒ 7.1b) absetzen; ihm ging es um die Entkonfessionalisierung des Luthertums zugunsten einer philosophischen Bildungsreligion. Darin berührt er sich mit dem **»Kulturprotestantismus«** von *Albrecht Ritschl, Adolf v. Harnack* und *Wilhelm Herrmann* ⇒ 9.2b.
- **Dialektische Theologie**: *Karl Barth* und seine Mitstreiter wenden sich gegen die bürgerliche Vereinnahmung des Christentums (im Kulturprotestantismus), indem sie den »unendlichen qualitativen Unterschied zwischen Gott und Mensch« konstatieren (»Römerbrief« 1919/22).
- **Luther-Renaissance**: *Karl Holl* entwirft zum 400-jährigen Jubiläum des Thesenanschlags ein Bild von Luther, das nicht seinen nationalen Freiheitskampf, sondern seine Kreuzes- und Rechtfertigungstheologie hervorhebt.
- Mit **Erlanger Schule** wird einerseits eine Professorengruppe des 19. Jh.s bezeichnet *(Harleß, Hofmann, Thomasius)*, die der Erweckung nahe steht und zum Neuluthertum zu rechnen ist (⇒ 9.2b, 9.4), andererseits die konfessionell-lutherische Theologie von *Althaus* und *Elert* im 20. Jh.
- Wichtige Programme seit 1945 (Tendenz: Bindestrich-Theologien): Entmythologisierung und existenziale Interpretation (Bultmann); Offenbarung als Geschichte (Pannenberg); Volkskirche als Institution der Freiheit (Rendtorff); Feministische Theologie; Theologie der Befreiung; Konziliarer Prozess für Frieden, Gerechtigkeit und Bewahrung der Schöpfung (ÖRK); Interreligiöser Dialog; Jesus – der erste »neue Mann« u.v.m.

Lerntipps

- Durch die tiefgreifenden und weitreichenden **Einschnitte** der Jahre 1918, 1933, 1945 und 1989/91 zerfällt das Jahrhundert in die Abschnitte *Weimarer Republik, Nationalsozialismus, Nachkriegszeit* und *Zusammenbruch der Nachkriegsordnung*.
- Dies betrifft jedoch nicht den Themenbereich **Ökumene**. Diese in ihrer Ausprägung und internationalen Reichweite völlig neuartige Erscheinung zeigt eine zeit- und ortsübergreifende Entwicklung.

Zur Diskussion

- Lässt sich ein Jahrhundert am Ende desselben überhaupt überblicken – oder ist dazu größere Distanz erforderlich?
- Sind die verschiedenen Modelle einer Trennung von Staat und Kirche, wie sie mittlerweile in den meisten europäischen Ländern eingeführt wurden, hinderlich oder chancenreich für die Entwicklung der Kirche?
- Inwiefern lässt sich die Situation von 1918 ff. mit der von 1815 ff. vergleichen? (Möglichkeit der gesellschaftlichen Modernisierung und faktische Durchsetzung reaktionärer Tendenzen; Aufgabe der Kirchen, ihr jeweiliges Verhältnis zum neuen Staat zu bestimmen; »Paradigmenwechsel« auch in der Theologie durch Barth bzw. Schleiermacher)
- Inwieweit kann von *kirchlichem* Widerstand im Dritten Reich gesprochen werden?
- Welche Rolle spielen die unterschiedlichen theologischen Schulrichtungen im Kirchenkampf, wie kommen sie etwa in der Barmer Erklärung oder dem Ansbacher Ratschlag zur Geltung? Kann die Barmer Theologische Erklärung als Grundlage weiterer Bekenntnisbildung dienen?
- Ist das Stuttgarter Schuldbekenntnis als vorbildlich oder ungenügend zu bewerten, und welche Bedeutung hat es für das Verhältnis von Christentum und Judentum?
- Welche Stellung hatte und hat die EKD und ihre Vorgängerorganisationen: loser Verband – verbindliche Föderation – Kirche?
- Hat der ÖRK in den 50 Jahren seines Bestehens die Kirchen enger zusammengeführt?

Zusammenhänge

*Wie ist der **Weg vom Kurialismus des I. Vaticanums zur Ekklesiologie des II. Vaticanums** zu beschreiben?*

Absage an die Moderne | ***Ökumenische Öffnung***

1869/70 **Vaticanum I**
Unfehlbarkeit des Papstes

»Arbeiterpapst« *Leo XIII.*:
Verständigungsbemühungen

Pius X.:
1910 Antimodernisteneid

Pius XI.:
»Kath. Aktion«

Pius XII.:
1950 Dogmatisierung der Himmelfahrt Marias

Gesicherte Stellung durch Kirchenstaat und Konkordate

Johannes XXIII.:
Einberufung des Konzils

1962-65 **Vaticanum II**
Bruch mit dem Klerikalismus

Die kath. Kirchenpolitik zeigt im 20. Jh. eine große Variationsbreite. Sie ist Ausdruck unterschiedlicher Prägungen der Päpste und innerkath. Spannungen zwischen integralistisch-konservativen und modern-liberalen Richtungen. Das 2. Vatikanische Konzil gewährt lange zurückgehaltenen Reformgedanken Einlass.

1982 Lima-Papier

1999 Gemeinsame Erklärung zur Rechtfertigungslehre

Zusammenhänge

*Wie ist der **Weg der Ökumene** zu beschreiben?*

Ursprünge:
- Erweckungsbewegung
- Begegnung auf den Missionsfeldern
- 1855 »Pariser Basis« des CVJM
- 1895 Christl. Studentenweltbund *(J. Mott)*
- 1905 Weltbund der Baptisten
- 1906 Entstehung der Pfingstbewegung

Weltrat für christl. Erziehung
Praktisches Christentum
Glauben und Kirchenverfassung
Internationaler Missionsrat

Vollversammlungen

1948 **Amsterdam**: ÖRK-Gründung (147 Kirchen)
1954 **Evanston**
1961 **Neu Delhi**: IMR beigetreten
1968 **Uppsala**
1975 **Nairobi**
1983 **Vancouver**: Konziliarer Prozess
1991 **Canberra**
1998 **Harare**: 50-jähriges Jubiläum (330 Kirchen)

Weitere ökumenische Ereignisse

1910 **Weltmissionskonferenz Edinburgh**
1952 **Weltmissionskonferenz Willingen**: »Missio Dei«
1963 **Weltmissionskonferenz Mexiko**: »Mission in 6 Kontinenten«
1973 **Leuenberger Konkordie**: Abendmahlsgemeinschaft der reformatorischen Kirchen Europas
1982 **Konvergenzerklärungen von Lima** zu Taufe, Eucharistie und Amt
1999 Unterzeichnung der **Gemeinsamen Erklärung** zur Rechtfertigungslehre in Augsburg

Geografie

Die katholischen Bistümer in Deutschland heute

Geografie

Die Evangelische Kirche in Deutschland heute

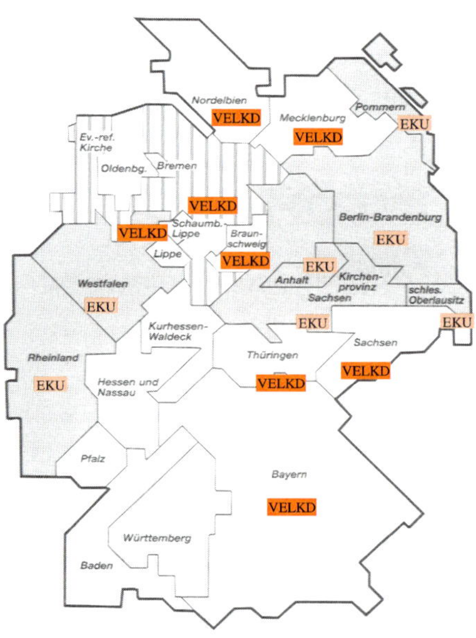

Schraffiert ist Mischgebiet der Ev.-luth. Landeskirche Hannovers und der Ev.-ref. Kirche.
Gerastert sind die in der EKU zusammengeschlossenen Gliedkirchen.

Vereinigte Evangelisch-Lutherische Kirche Deutschlands (VELKD) *Mitgliedskirchen im Lutherischen Weltbund (zusätzlich Pommern)*	Sitze in der EKD-Synode
1. Bayern	9
2. Braunschweig	2
3. Hannover	11
4. Mecklenburg	1
5. Nordelbien	8
6. Sachsen	5
7. Schaumburg-Lippe	1
8. Thüringen	3
Übrige lutherische Kirchen	
9. Oldenburg	2
10. Württemberg	8
Evangelische Kirche der Union (EKU)	
11. Anhalt	1
12. Berlin-Brandenburg	6
13. Schlesische Oberlausitz	1
14. Kirchenprovinz Sachsen	3
15. Pommern	1
16. Rheinland	10
17. Westfalen	9
Übrige unierte Kirchen	
18. Baden	4
19. Bremen	1
20. Hessen und Nassau	7
21. Kurhessen-Waldeck	3
22. Pfalz	2
Reformierte Kirchen	
23. Lippe	1
24. Reformierte Kirche	1

10.3

Chronologie

	Politik	Evang. Kirche	Kath. Kirche	Theologie	Ökumene
	1914-18 **1. Weltkrieg** Ende der Monarchie		*1914-22 Benedikt XV.*	**Liberalismus/ Kulturprotestantismus** *E. Troeltsch, A. Jülicher, A. v. Harnack*	**1910 Weltmissions-konferenz Edinburgh**
1920	**Weimarer Republik** 1919 Versailler Vertrag, Weimarer Reichsverfassung 1925 Parteiprogramm der NSDAP: positives Christentum »konservative Revolution« 1928 Fall Dehn 1930 Wahlsieg der NSDAP 1932 Gründung der Deutschen Christen *(J. Hossenfelder)*	**Neuregelung des Verhältnisses Kirche – Staat** 1919 Reichsverfassung: Ende des Summepiskopats, »modifizierte Trennung von Staat und Kirche«, Kirchen als öffentl.-rechtl. Körperschaften, Kirchensteuer, theol. Fakultäten, Religionsunterricht 1926 »Das Jahrhundert der Kirche« *(O. Dibelius)* **Reform der landeskirchlichen Verfassungs-struktur** 1922 »Ev. Kirche der altpreußischen Union« (Synoden, Bischofstitel) Kirchenverträge 1925 Bayern/Pfalz 1931 Preußen 1932 Baden **Einigungsbestrebungen** 1922 »Dt. Evang. Kirchenbund« 1933 DEK	*1922-39 Pius XI.* **»Katholische Aktion«** Liturg. Bewegung (Maria Laach) Kath. Jugendbewegung *(R. Guardini)* Una-Sancta-Bewegung Kath. Bibelwerk Monastischer Frühling Konkordate 1924 Bayern 1929 Preußen 1932 Baden **Kirchenstaat** 1929 Lateranverträge mit dem italien. Staat	**Lutherrenaissance** *K. Holl, E. Hirsch* **Dialektische Theologie** *K. Barth (1886-1968):* »Römerbrief« (1919/22) *E. Thurneysen, E. Brunner, F. Gogarten, R. Bultmann* *G. Merz:* »Zwischen den Zeiten« (1923-33) **Konfessionelles Luthertum** Erlanger Schule *(P. Althaus, W. Elert)* Bibl. Richtung *(A. Schlatter, K. Heim)*	1925 Life + Work (Stockholm) *N. Söderblom* 1927 Faith + Order (Lausanne)
1933	Machtergreifung Hitlers **Zeit des National-sozialismus** Notverordnung – Ermächtigungsgesetz – Kirchenkampf April: Arier-Paragraph Sportpalastkundgebung	1933-März 1934 **Machtergreifung der Deutschen Christen** 1. Reichstagung der DC 29.5.-26.6. *Fr. v. Bodelschwingh* Reichsbischof seit 27.9. *L. Müller* Reichsbischof Kirchenwahlen: Sieg der DC Pfarrernotbund gegr. *(M. Niemöller):* »Kirchenkampf« gg. DC	Juli: Reichskonkordat Hitlers mit Rom		
1934		März 1934-Sept. 1935 **Formierung des Widerstandes** Mai 1934: 1. Bekenntnissynode in Barmen: »**Barmer Theologische Erklärung**« Okt. 1934: 2. Bekenntnissynode in Berlin-Dahlem »Vorläufige Kirchenleitung der DEK« *(A. Marahrens)* Kirchenleitungen in Bayern, Württemberg, Hannover bleiben intakt ⇨Okt. 1934: Kirchenpolitik Müllers gescheitert		Bruch zwischen *K. Barth* und *E. Brunner*	
1935-37		1935-37 **Staatliche Ausgleichsversuche** *H. Kerrl* beruft Reichskirchenausschuss Febr. 1936: 4. Bekenntnissynode in Bad Oeynhausen: Spaltung der Bekenntniskirche ⇨Febr. 1937: Politik der Kirchenausschüsse gescheitert; »Kirchenkampf« gg. Nationalsozialismus			
1937-45	1939-45 **2. Weltkrieg**	**Bekämpfung der Kirche** 1937 Entmachtung aller Kirchenregierungen Prozess gegen *M. Niemöller* zunächst »Burgfrieden« staatl. »Euthanasieprogramm« und kirchl. Widerstand *(Th. Wurm, C. A. v. Galen, Fr. v. Bodelschwingh)* 1940 Warthegau: Beispiel völliger Vernichtung kirchl. Organisation 1941 Beschluss zur »Endlösung« der »Judenfrage« kirchl. Versagen (außer Einzelunternehmungen) 1945 Hinrichtung *D. Bonhoeffers*	1937 Enzyklika »Mit brennender Sorge« *1939-58 Pius XII.* erst liberal, dann integralistisch; kein Protest gg. Judenvernichtung Widerstand: *Kardinal Faulhaber, Bischof Graf v. Galen*		1937 2. Weltkonferenz für praktisches Christentum (Oxford) und 2. Welt-konferenz für Glauben und Kirchenverfassung (Edinburgh) Beschluss zur Bildung des ÖRK (deutsche Kirchen nicht beteiligt)
1945	Zeit des geteilten Deutschland 1948 Gründung des Staates Israel 1969 bemannte Mondlandung	1945 Stuttgarter Schuldbekenntnis 1945 Konferenz von Treysa: **EKD** (13 luth., 13 unierte, 2 ref. Kirchen) 1948 **VELKD** 1965 EKD-Ost-Denkschrift 1973 Leuenberger Konkordie	1949/50 Exkommunikation aller Kommunisten 1950 Dogma von der Himmelfahrt Marias *1958-63 Johannes XXIII.* **1962-65 2. Vat. Konzil** *1963-78 Paul VI.* 1965 Paul VI. und Athenagoras heben gegenseitige Exkommunikation auf *seit 1978 Johannes Paul II.*	Tillich Ebeling Pannenberg Moltmann Rendtorff u.v.a.	**1948 Erste Vollversamm-lung in Amsterdam** ÖRK gegr. (147 Mitgliedskirchen) **1961 Neu Delhi** orth. Kirchen und IMR beigetreten 1963 Mexico City Mission in 6 Kontinenten 1973 Leuenberger Konkordie 1982 Konvergenzerklärun-gen von Lima zu Taufe, Eucharistie und Amt **1983 Vancouver** Konziliarer Prozess 1991 Canberra 1998 Harare 1999 Gemeinsame Erklärung zur Rechtfertigungslehre
1990/91	Wiedervereinigung Deutschlands Auflösung der UdSSR	EKD: 10 luth., 12 unierte, 2 ref. Kirchen			

Prüfungsthemen

- Die **soziale Frage** in der evangelischen Kirche im 19. und 20. Jahrhundert *[1980/II; vgl. Kap. 9]*
- Evangelisches **Staatskirchentum** im 19. Jahrhundert und die Trennung von Staat und Kirche 1918/19 *[1981/II; vgl. Kap. 9]*
- **Nationales und völkisches Denken** im deutschen Protestantismus zwischen 1870 und 1933: religiöse Einstellungen – theologische Positionen – Vertreter aus Kirche und Wissenschaft – kritische Stimmen gegenüber einer nationalen und völkischen Religiosität *[1999/II; vgl. Kap. 9]*
- Die **Barmer Bekenntnissynode** der Deutschen Evangelischen Kirche (1934) – Vorgeschichte und kirchengeschichtliche Bedeutung *[1984/I]*
- Die Barmer Theologische Erklärung – ihre Vorgeschichte, ihre Aussagen und ihre Bedeutung für den Kirchenkampf *[1991/I]*
- Die **römisch-katholische Kirche** in Europa seit der französischen Revolution *[1985/I; vgl. Kap. 9]*
- Der Weg zur **Evangelischen Kirche in Deutschland** und zur Vereinigten Evangelisch-Lutherischen Kirche Deutschlands seit dem 19. Jahrhundert *[1983/II]*
- Die **Ökumenische Bewegung** unseres Jahrhunderts mit besonderer Berücksichtigung des Lutherischen Weltbundes *[1989/II]*
- Die Rechtfertigungslehre im heutigen ökumenischen Dialog *[1988/I]*

Große Linien

Geschichte der Ökumene

Der Begriff Ökumene (von griech. οἰκουμένη = die ganze bewohnte Erde) bezeichnet seit dem 6. Jh. die universale Kirche und seit dem 19. Jh. das *Zusammenwirken der christlichen Kirchen und Konfessionen zur Einigung in Glaubensfragen und zum gemeinsamen Zeugnis und Dienst.* Auch im letzteren (modernen) Sinn ist das Phänomen Ökumene schon seit der **Urkirche** erkennbar: als Einheitsbewusstsein und -streben (vgl. Joh 17 und die »katholischen Normen« Bibel, Bischof und Bekenntnis ⇒ 1.2c). Dem stehen diverse Schismen (Trennung auf Grund der Weigerung, sich kirchenrechtlich dem Papst unterzuordnen) und sonstige Spaltungen (auf Grund dogmatischer Differenzen) gegenüber, die es von Anfang an gab (vgl. Gal 2).

Zunächst trennen sich im **3. Jh.** die Novatianer in Rom von der katholischen Kirche (*Novatianisches Schisma*), weil sie die sichtbare Heiligkeit der Gemeinde verlangen. Im **4. Jh.** fordern die Donatisten in Nordafrika die sichtbare Heiligkeit des Klerus (*Donatistisches Schisma*). Ihr entscheidender theologischer Gegner wird Augustin ⇒ 2.4ab.

Die vier ersten **Ökumenischen Konzile** (Nicäa 325, Konstantinopel 381, Ephesus 431 und Chalcedon 451) formulieren eine universale Glaubensdefinition, zugleich erfolgt 451 die Trennung der »altorientalischen« (= non-chalcedonensischen) Orthodoxen Kirchen, der Nestorianer und Monophysiten (heute 5 Kirchen) ⇒ 2.3b.

Zur ersten großen **Kirchenspaltung** zwischen Ost und West, zwischen der byzantinischen Reichskirche und dem Patriarchat in Rom, kommt es zwischen 484 und 519 im *Akazianischen Schisma*. Es folgt das *Photianische Schisma* im 9. Jh., das als Vorspiel gelten kann zum *Morgenländischen Schisma* von 1054. Dieses trennt die Ostkirche (Byzantinisch-Orthodoxe Kirche, heute 8 Patriarchate und 6 autokephale Kirchen) endgültig von Rom. Als die byzantinischen Kaiser westliche Hilfe brauchen, ermöglicht dies 1274 und 1439 die kurzfristigen Reunionen von Lyon und Florenz. Katholisierungsversuche Roms verstärken jedoch den Widerstand der Ostkirchen gegen eine Annäherung.

Eine Spaltung innerhalb der westlichen Christenheit des Spätmittelalters bezeichnet das *Abendländische Schisma* (1378–1415), wo zwei bzw. drei Päpste gleichzeitig Anspruch auf die oberste Gewalt in der Kirche erheben ⇒ 5.1d.

Die **Reformation** bringt die Entstehung der Konfessionen mit sich, nachdem Einigungsversuche bei Reichstagen und Religionsgesprächen gescheitert sind. Der Augsburger Religionsfrieden kann ökumenischen Frieden nicht gewährleisten ⇒ 7.3b. Auch misslingt der erste evangelisch-katholische Unionsversuch 1645 in Thorn/Polen. Die reformatorischen Kirchen zersplittern in vier Hauptrichtungen (Lutheraner, Reformierte, Anglikaner, Spiritualisten).

Gleichwohl verstummt der Ruf nach Einheit nicht: Der **Humanismus** sucht nach einer verbindenden Grundlage (G. Calixt: consensus quinquesaecularis), die **Aufklärung** fordert Toleranz (Friedrich d. Gr.), der **Pietismus** sieht in der Erfahrung der Wiedergeburt eine konfessionsübergreifende Gemeinschaft ermöglicht.

Äußere und innere Anstöße im **19. Jh.** führen zur modernen ökumenischen Bewegung: Durch die Säkularisierung wächst der Druck auf die Kirchen, die Internationalisierung befördert einen ökumenischen Horizont, die missionarische Expansion trägt die Spaltungen in alle Welt und verdeutlicht deren Problematik. Interkonfessionelle Verbände und Einheitsprogramme bereiten den Weg: CVJM 1855, Christlicher Studentenweltbund 1895, Weltbund der Baptisten 1905; Lambeth-Quadrilateral der Anglikanischen Kirchengemeinschaft 1886, Bemühung der orthodoxen Diasporakirchen um ein pan-orthodoxes Konzil.

Die Weltmissionskonferenz in Edinburgh 1910 markiert den Beginn der **ökumenischen Bewegung** im engen Sinn. Zwei Ereignissen kommt Schlüsselbedeutung zu:

- Die Bewegung für Glauben und Kirchenverfassung (Faith and Order, 1927) und die Bewegung für praktisches Christentum (Life and Work, 1925) führen 1948 zur *Gründung des Ökumenischen Rates der Kirchen* mit 147 Mitgliedskirchen. Er schließt sich 1961 mit dem Internationalen Missionsrat (seit 1921) zusammen. Auch die orthodoxen Kirchen treten bei, nicht jedoch die röm.-kath. Kirche. Der ÖRK versteht sich nicht als Über-Kirche (Toronto-Erklärung 1950) und verzichtet deshalb auf die Legislative. Als Zielvorstellungen werden diskutiert: konziliare Gemeinschaft (Föderation) – Einheit in versöhnter Verschiedenheit (Abendmahlsgemeinschaft) – Konsens (organische Einheit).
- Auch wenn die röm.-kath. Kirche im ÖRK nur durch Beobachter vertreten ist, bestimmt sie im *Zweiten Vatikanischen Konzil* (1962–65) ihre Ekklesiologie neu, so dass eine Zusammenarbeit möglich wird (Dekret über den Ökumenismus). Das Konzil räumt eine Mitschuld an der Glaubensspaltung ein und bekennt sich zur fortwährenden Reformbedürftigkeit der Kirche.

Die bilateralen und multilateralen ökumenischen **Dialoge** führen zu unterschiedlichen Graden der Annäherung: 1965 heben die römisch-katholische und die orthodoxe Kirche den gegenseitigen Bann von 1054 auf. Die Leuenberger Konkordie (1973) stellt die Abendmahlsgemeinschaft der reformierten, lutherischen und unierten Kirchen in Europa her. Die Konvergenzerklärungen von Lima zu Taufe, Eucharistie und Amt (1982) bleiben jedoch ohne weiterreichende Folgen. In der »Gemeinsamen Erklärung« stellen der Lutherische Weltbund und die röm.-kath. Kirche »Übereinstimmung in Grundwahrheiten der Rechtfertigungslehre« fest (1999).

Zur *innerkonfessionellen* (z. B. im LWB) und *innerchristlichen* Ökumene (z. B. in der Konferenz Europäischer Kirchen) tritt seit den 60-er Jahren auch die umstrittene Bemühung einer *interreligiösen* Ökumene (mit der Untergruppe monotheistische Ökumene).

Häufige Verwechslungen

Einige Beispiele besonders häufiger und geradezu beliebter Verwechslungen sollen Klarheit in die allezeit drohende Begriffsverwirrung bringen. Meist geht es dabei um ähnliche oder gar gleich lautende Namen, teilweise um Begriffe, deren präzise Abgrenzung wichtig und aufschlussreich ist. Nicht zuletzt soll diese Auflistung als Anregung dienen, sich eine eigene Namens- und Begriffskartei anzulegen.

Alexandria und Antiochien

Die Stadt ***Alexandria***, nach ihrem Gründer Alexander d. Gr. benannt, war kultureller Mittelpunkt des Hellenismus. Mit dem 2. Jh. n. Chr. wird sie zu einem der wichtigsten Zentren des Christentums mit bedeutenden Persönlichkeiten (⇒Clemens, Origenes) und Sitz der Alexandrinischen Schule (Verbindung von Platonismus und Theologie, λόγος-σάρξ-Modell ⇒ 2.3d).

Den Namen ***Antiochien*** trugen mehrere hellenistische Städte; wichtig ist A. am Orontes als frühchristliches Zentrum (vgl. Apg 11,26), altkirchliches Patriarchat und Sitz der Antiochenischen Schule (historisch-grammatische Bibelauslegung, Arianische Christologie, λόγος-ἄνθρωπος-Modell ⇒ 2.3d).

Ambrosius und Ambrosiaster

Ambrosius (339–397), Bischof von Mailand, ist neben Augustin, Hieronymus und ⇒Gregor d. Gr. einer der vier großen abendländischen Kirchenväter. Nach ihm nennt Erasmus von Rotterdam den bis heute unbekannten Verfasser eines lateinischen Kommentars zu den Paulusbriefen aus dem 4. Jh. ***Ambrosiaster***.

Arndt und Arnold

Johann Arndt (1555–1621) gibt besonders durch seine »Vier Bücher vom wahren Christentum« (1605 ff.) Anstöße zu einer neuen Frömmigkeitsbewegung und wird dadurch zu einem Wegbereiter des Pietismus.

Gottfried Arnold (1666–1714) ist Vertreter des radikalen Pietismus und unternimmt in seiner »Unparteiischen Kirchen- und Ketzerhistorie« (1699) den Versuch, die kirchengeschichtliche Darstellung einer ganz spezifischen – und unkonfessionellen – Perspektive unterzuordnen.

Ernst Moritz Arndt (1769–1860) gehört in die religiös-deutschnationale Bewegung der ersten Hälfte des 19. Jh.s.

Bonifatius und Bonifatius

Bonifatius (675–754) ist ein bedeutender Vertreter der angelsächsischen Mission auf dem Kontinent. 719–754 wirkt er als »Apostel der Deutschen«, indem er die fränkische Reichskirche organisatorisch und spirituell prägt und für eine enge Bindung an Rom sorgt.

Bonifatius VIII. (1235–1303), Papst seit 1294, scheitert mit seiner Auffassung von der Überordnung des Papsttums über alle Institutionen der Welt und leitet damit ungewollt den Niedergang der päpstlichen Autorität ein.

Brandenburg und Preußen

Brandenburg wird 1157 zur Markgrafschaft (= Grafschaft an der Ostgrenze des Heiligen Römischen Reiches), ***Preußen*** geht 1525 als Herzogtum aus dem Staat des Deutschen Ordens hervor. 1618 werden beide Gebiete vereinigt und unter Kurfürst Friedrich Wilhelm I. (1640–88) zum einheitlichen Staatswesen erhoben. Dessen Sohn regiert seit 1701 als König Friedrich I. *in* Preußen (⇒ 8.3b), zu dessen Königreich auch die anderen Länder der Hohenzollern (Pommern, Magdeburg usw.) gehören. ⇒Friedrich II. d. Gr. erwirbt zusätzlich Ostfriesland, Schlesien u. a. und macht Preußen zur europäischen Großmacht neben dem habsburgischen Österreich. Nach dem Sturz Napoleons I. wird die preußische Großmacht wiederhergestellt. Seit 1866 erstreckt sich Preußen infolge des preußisch-österreichischen Krieges von der Rheinprovinz bis nach Ostpreußen. Die Einigung der deutschen Staaten 1871 erfolgt unter preußischer Führung, der preußische König wird deutscher Kaiser (⇒Wilhelm I.). Brandenburg ist 1815–1945 preußische Provinz.

Bodenstein, Brenz, Bucer und Bugenhagen

⇒ 6.4d

Byzanz, Konstantinopel, Ostrom und Istanbul

Alle vier Namen bezeichnen dieselbe Stadt am Bosporus, allerdings zu verschiedenen Zeiten bzw. unter verschiedenen Aspekten. Die ursprünglich thrakische Siedlung ***Byzanz*** (Byzantion) wird 330 von ⇒Konstantin d. Gr. zur christlichen Reichshauptstadt gemacht und in ***Konstantinopel*** (Konstantinupolis) umbenannt – im bewussten Gegensatz zum heidnischen Rom. Nach der Eroberung Roms durch die Germanen und dem Ende des Weströmischen Reiches 476 kann ⇒Justinian d. Gr. von ***Ostrom*** aus noch einmal das Römische Weltreich wiederherstellen. 1453 stürmen die Truppen des Sultans die Stadt mit dem Ruf »Eis ten pol« (»in die Stadt«), und der letzte oströmische Kaiser (auch er heißt Konstantin) fällt im Kreise seiner Getreuen. Der Schlachtruf der Eroberer gibt ***Istanbul*** seinen Namen. Das Ende der christlichen Epoche in Kleinasien löst folgenreiche Entwicklungen aus ⇒ 5.1d.

Calixt, Cassian, Cassiodor, Celsus, Clemens, Columban, Cyprian und Cyrill

Dass diese Namen teilweise mit »K« geschrieben werden, ist zu beachten, erleichtert aber die Unterscheidung nicht wesentlich.

Celsus ist der erste Philosoph, der das Christentum prinzipiell zu widerlegen versucht (um 180). Er erregt den Widerspruch von Origenes.

Clemens ist um 200 Leiter einer privaten Schule in Alexandria (oft fälschlich als Katechetenschule bezeichnet), kurz vor der dortigen Wirksamkeit des Origenes. Er trägt zur Begründung einer kirchlich-theologischen Wissenschaft bei. Nichts zu tun hat er mit den beiden ***Clemensbriefen***, die zu der Schriftengruppe der Apostolischen Vätern gerechnet werden: Der erste wurde um 96 von der römischen an die korinthische Gemeinde gerichtet, der zweite Clemensbrief um 150 von einem unbekannten Verfasser geschrieben.

Calixt I. (auch: Kallist) ist unter mehreren Trägern dieses Namens der bekannteste. Um 220 Bischof von Rom, spricht er sich unter Berufung auf Mt 16,18 f. dafür aus, dass Bischöfe die zweite Buße gewähren können.

Cyprian, Bischof in Karthago (210–258), wird durch sein Verständnis der Kirche als sichtbarer Heilsanstalt berühmt. Dem entspricht seine Position im Ketzertaufstreit: »salus extra ecclesiam non est«. Dieser Satz ist jedoch nicht als allgemeine Aussage gedacht, sondern bezieht sich auf die Taufpraxis.

Cyrill lebt wie Clemens in Alexandria und vertritt um 430 im christologischen Streit die Alexandrinische Schule mit ihrer λόγος-σάρξ-Christologie ⇒ 2.3b. Ein anderer ***Cyrill*** (Kyrillus) missioniert im 9. Jh. mit Methodius in Mähren; nach ihm ist die kyrillische Schrift benannt.

Columban heißen etwas ungenau zwei iroschottische Mönche, genauer Columba und Columbanus. Sie wirken im 6./7. Jh. in Schottland bzw. im Frankenreich als Missionare ⇒ 3.3ac.

Cassian(us), Johannes, Mönch, Theologe und Schriftsteller (340/360–430), hat einen prägenden Einfluss auf das südgallische Mönchtum; sein Werk spielt im Streit um den ⇒ Semipelagianismus eine bedeutende Rolle.

Cassiodor, römischer Staatsmann, Gelehrter und Schriftsteller (485–583), bemüht sich um einen Ausgleich zwischen römischer Bevölkerung und gotischer Verwaltung des Weströmischen Reiches. Durch die von ihm angeregte Sammel- und Abschreibtätigkeit wird das antike Geisteserbe in das Mittelalter hinübergerettet.

Devotio moderna und via moderna

Als ***devotio moderna*** (»neue Frömmigkeit«) wird eine der deutschen Mystik (⇒ 5.2b) verwandte religiöse Erneuerungsbewegung des 14./15. Jh.s bezeichnet. Als deren Anreger gilt Geert Groote, als deren Programmschrift »Von der Nachfolge Christi« von ⇒Thomas von Kempen. Bedeutsam ist ihr Einfluss auf den Humanismus, ⇒Ignatius von Loyola (Exerzitien) und den Pietismus.

Via moderna nennt sich demgegenüber die nominalistische Position der Spätscholastik. ⇒Wilhelm von Ockham, ⇒ 4.2b.

Diderot, Diodor, Diogenes, Diognet, Diokletian, Dionysios, Dioskur, Domitian

Diogenes (400–323 v. Chr.): griechischer Philosoph, Vertreter des Kynismus.

Domitian (51–96): römischer Kaiser, der entsprechend seinem autokratischen Regierungsstil oppositionelle Elemente wie Stoiker oder Christen verfolgen lässt.

Diokletian (240–313): römischer Kaiser mit zahlreichen außen- und innenpolitischen Maßnahmen zur Stabilisierung des Reiches. Seit 303 verbietet er die als staatsfeindlich geltenden Religionen des Christentums und des Manichäismus.

Als Brief des ***Diognet*** wird eine anonyme griechische Schrift (um 200) bezeichnet, die zu den altkirchlichen Apologeten zählt.

Diodor von Tarsus († 394): antiochenischer Theologe und Bischof von Tarsus; 399 als Nestorianer verurteilt ⇒ 2.3b.

Dioskur († 454): Patriarch von Alexandria und Vertreter der Alexandrinischen Schule, Vorsitz bei der »Räubersynode« von Ephesus 449; abgesetzt auf dem Konzil von Chalcedon 451 ⇒ 2.3b.

Dionysios Areopagita: Pseudonym eines griechisch schreibenden Schriftstellers des 5. oder 6. Jh.s, dessen theologisch-mystische Schriften große theologische Wirkung haben.

Denis Diderot (1713–84): bedeutender französischer Aufklärer, vor allem als Herausgeber und Autor der »Encyclopédie« ⇒ 8.3c.

Franck, Francke und Frank

Sebastian Franck (1499–1542) ist süddeutscher Schriftsteller mit einer pessimistischen Geschichtsphilosophie. Er wird aufgrund seines mystischen Spiritualismus von Luther als »Schwärmer« abgelehnt.

August Hermann Francke (1663–1727), Theologe und Pädagoge sowie Professor für orientalische Sprachen in Halle, ist einer der herausragendsten Vertreter des Pietismus. 1695 gründet er dort ein Waisenhaus, aus dem die nach ihm benannten Franckeschen Stiftungen entstehen. Zusammen mit C.H. von Canstein gründet er die erste deutsche Bibelanstalt.

Franz Hermann Reinhold von Frank (1827–94) lehrt seit 1857 als Professor in Erlangen. Er ist der eigentliche Systematiker der Erlanger Schule und Gegner der Union von Reformierten und Lutheranern.

Franken und Frankreich

Die ***Franken*** sind ursprünglich ein Germanenstamm (⇒ Westgermanen), der unter Chlodwig sein Herrschaftsgebiet im heutigen Nordwest-Frankreich festigen kann. Unter Karl d. Gr. wird das Gebiet auf ganz Mitteleuropa ausgedehnt. Unter seinen Nachfolgern erfolgt in den Verträgen von Verdun (843) und Meerssen (870) die Aufteilung in das Westfrankenreich (später ***Frankreich***), das »Mittelreich« (im Süden später Reichsitalien) und das Ostfrankenreich (Deutschland) ⇒ 4.3d.

Friedrich II. und Friedrich II.

Friedrich der Zweite heißt nicht nur Friedrich d. Gr., König von Preußen (1712–86), sondern auch der deutsche Kaiser (1194–1250), ein Hohenstaufe und Enkel Kaiser Friedrichs I. Barbarossa (⇒Innozenz IV.).

Galerius, Gelasius und Gratian

Galerius (250–311), römischer Kaiser, führt das von ⇒Diokletian 303 erlassene Edikt gegen das Christentum und den Manichäismus rigoros durch. Mit seinem Toleranzedikt von 311 erkennt er das Christentum als religio licita an ⇒ 2.3a.

Gratian, 375–383 römischer Kaiser im Westen, verfolgt (mit ⇒Theodosius d. Gr., Kaiser im Osten) eine Religionspolitik, die konsequent auf Einheit zielt, und erklärt 379 alle Häresien für unzulässig.

Gelasius I. verteidigt als 492–496 amtierender Papst mit bis dahin unbekannter Klarheit und Schärfe den römischen Primat. Er formuliert die im Mittelalter maßgebliche ⇒Zwei-Schwerter-Lehre.

Gratian, Mönch und Rechtsgelehrter um 1140 in Bologna, gibt im *Decretum Gratiani* eine harmonisierte Zusammenfassung des geltenden kirchlichen Rechts und begründet die Schule der Kanonisten bzw. das Kirchenrecht als eigene Wissenschaft. Durch Ergänzung oder Abänderung der Decretum Gratiani entsteht das Corpus iuris canonici.

Gregor und Gregor

Gregor I. d. Gr. (540–604) vermittelt als Papst seit 590 maßgeblich zwischen christlicher Antike und abendländischem Mittelalter. Er nimmt Beziehungen zu den Germanen auf, fördert die Benediktregel und leitet liturgische Reformen ein. So gilt er als einer der vier abendländischen Kirchenväter (⇒Ambrosius).

Gregor VII., Papst 1073–85, ist Vorkämpfer für die innere Reform (gegen Simonie und Priesterehe) und die äußere Freiheit der Kirche. Im Investiturstreit wird er die zentrale Gegenfigur zu König ⇒Heinrich IV.

Gregor von Nazianz (330–390), Bischof von Konstantinopel, ***Gregor von Nyssa*** (335–394) und dessen Bruder *Basilius d. Gr.* werden als die »drei Kappadozier« bezeichnet. Sie präzisieren die Begriffe im trinitarischen Streit (Interpretation des ὁμοούσιος als wesens*gleich* statt als wesens*eins* ⇒ 2.2a) und schaffen damit die Voraussetzung für eine Einigung hinsichtlich des Nizänischen Glaubensbekenntnisses auf dem Konzil von Konstantinopel 381.

Heinrich IV. und Heinrich VII.

Hinter diesen Namen verbergen sich (mindestens) je zwei Herrscher: Ein ***Heinrich IV.*** regiert 1056–1106 Deutschland (bekannt als Gegner ⇒Gregors VII. im Investiturstreit) und 1589–1610 Frankreich (bekannt für das Edikt von Nantes). Ein ***Heinrich VII.*** herrscht 1308–13 in Deutschland und 1485–1509 in England (Vater des Heinrich VIII., der die Kirche von England von der päpstlichen Rechtsprechung löst).

Um die Verwirrung komplett zu machen, gibt es auch noch einen **Heinrich (VII.)** (»Heinrich, den Klammer-Siebten«), deutscher Kaiser zwischen 1220 und 1235, der nach einem Aufstand gegen Kaiser und Papst entthrohnt und in Süditalien gefangengesetzt wird.

Innozenz und Innozenz

Innozenz I., Papst 402–417, vertritt den römischen Primat in der Gesamtkirche. ***Innozenz III.,*** im Amt 1198–1216, initiiert ein groß angelegtes innerkirchliches Reformprogramm und führt die Inquisition ein. Höhepunkt und Ausklang seines Pontifikates ist das 4. Laterankonzil (1215). ***Innozenz IV.*** schließlich, Papst 1243–1254, zeigt sich als rücksichtsloser Gegner Kaiser ⇒Friedrichs II. und aller Staufer.

Ignatius, Irenäus und Isidor

Ignatius von Antiochien, bis 115 Bischof, schreibt sieben Briefe, die zur Schriftengruppe der Apostolischen Väter zählen. Er vertritt den monarchischen Episkopat und bezeichnet das Abendmahl als »Medizin zur Unsterblichkeit« (φάρμακον ἀθανασίας).

Ignatius von Loyola (1491–1556) gründet den Jesuitenorden, der durch »geistliche Exerzitien« und den bedingungslosen Gehorsam gegenüber dem Papst geprägt ist. Der Orden hat wesentlichen Anteil an der Gegenreformation bzw. ⇒Katholischen Reform und an der katholischen Mission.

Irenäus (130–200), seit 177 Bischof von Lyon, ist der erste bedeutende Schrifttheologe der Alten Kirche (heilsgeschichtliche Theologie mit Zusammenschau von Schöpfung und Erlösung) und der einflussreichste Antignostiker (Hauptwerk »Adversus haereses« / »Entlarvung und Widerlegung der fälschlich sog. Erkenntnis«). Als solcher gehört er zu den »frühkatholischen Vätern« ⇒ 1.1d.

Isidor von Sevilla (560–636) verfasst als Bischof und Kirchenlehrer zahlreiche Schriften, durch die das antike Geistesgut und die älteren theologischen Werke gesammelt und dem Mittelalter vermittelt werden. Von besonderer Bedeutung sind seine 20 Bücher »Etymologiae«.

Justin und Justinian

Justin, der Märtyrer († 165), einer der christlichen Apologeten des 2. Jh.s, verbindet die christliche Offenbarungslehre mit der griechischen Philosophie ⇒ 1.2b.

Justinian I. d. Gr. (482–565) regiert als letzter römischer Kaiser in ⇒Byzanz und erringt große außenpolitische Erfolge (Wiederherstellung des römischen Weltreichs ⇒ 3.3b). Innenpolitisch führt er die Auseinandersetzung mit dem Heidentum (Schließung der Athener Philosophenschule), verteidigt die Orthodoxie (5. ökumen. Konzil) und veranlasst die Kodifikation des römischen Rechts (Corpus iuris Civilis).

Kaiser und Könige

Der deutsche *König* wird von Bischöfen und Herzögen gewählt und meist in Aachen inthronisiert; er hat eine nationale Aufgabe (oberste Gerichtsbarkeit, Kirchenhoheit, Friedenswahrung). Seit der Goldenen Bulle von 1356 ist die Wahl durch drei geistliche und vier weltliche Kurfürsten (Kur = Wahl) verbindlich geregelt ⇒ 5.1b. Der *Kaiser* gilt als höchster weltlicher Herrscher des Römischen Reiches und wird durch den Papst zum Vertreter des universalen Christenvolkes geweiht. Mit dem Aufstieg der nationalen Königreiche Westeuropas, dem Erstarken der territorialen Gewalten und der konfessionellen Spaltung des Reiches verliert das Kaisertum seine ideelle und materielle Grundlage. Wahl- und Krönungsort ist in der frühen Neuzeit regelmäßig Frankfurt ⇒ 4.5b.

Katholische Aktion, Katholische Bewegung, Katholische Normen und Katholische Reform

⇒Reform-Papsttum

In der ***»Katholischen Aktion«*** aktiviert Papst Pius XI. nach dem Ersten Weltkrieg die Laien zu einem selbstbewussten und tatkräftigen Katholizismus ⇒ 10.1b.

Die ***»Katholische Bewegung«*** ist ein religiöser Aufbruch Anfang des 19. Jh.s, der in Verbindung mit der protestantischen Erweckungsbewegung steht. Zentren sind Münster, Mainz und Tübingen sowie Wien, Landshut und München ⇒ 9.3d.

Als ***»Katholische Normen«*** werden die drei Elemente bezeichnet, die zur Konsolidierung der Alten Kirche beitragen: Kanonbildung, Ämterausbildung und Bekenntnisformulierung ⇒ 1.2c.

Der Begriff ***»Katholische Reform«*** bezeichnet die Erneuerung des Katholizismus im Zeitalter der Gegenreformation vor allem durch Ordensgründungen.

Konstans, Konstantin und Konstantius

Ein Vater, sein Sohn und drei Enkel, alle römische Kaiser:

Der plötzliche Tod von ***Konstantius I. Chlorus*** 306 löst Wirren im Römischen Reich aus. Sein Sohn ***Konstantin I. d. Gr.*** (280–337) greift nach der Macht und wird 324 Alleinherrscher. Er schreibt Geschichte durch seine Anerkennung und Förderung des Christentums (Vereinbarung von Mailand 313) und die Gründung der nach ihm benannten Reichshauptstadt Konstantinopel. Nach seinem Tod wird die Kaiserherrschaft durch seine drei Söhne übernommen: ***Konstans I.*** (337–350, Anhänger des Athanasius) und anfangs auch ***Konstantin II.*** (337–340) regieren im Westen. ***Konstantius II.*** (337–361) regiert zunächst im Osten, bevor er 353 die Alleinherrschaft übernimmt und versucht, im Gesamtreich den Arianismus durchzusetzen. Die drei Söhne Konstantins d. Gr. treiben die Entwicklung einer Reichskirche voran und unterdrücken zunehmend das Heidentum ⇒ 2.3d.

Kulturkampf und Kulturprotestantismus

⇒ 9.1d und 9.2b

Ludwig und Ludwig

Ludwig IV., der Bayer (1283–1347), führt als römischer König und Kaiser heftige Auseinandersetzungen mit dem Papsttum um die Anerkennung des Königtums und die Wahrung der Reichsrechte.

Ludwig XIV. von Frankreich (1638–1715) verkörpert als »Sonnenkönig« die absolutistische Regierungsform schlechthin und hat Vorbildfunktion für ganz Europa.

Ludwig I. von Bayern (1786–1868) ist König seit 1825 und wird während der Märzrevolution 1848 zum Rücktritt gezwungen.

Ludwig II. von Bayern (1845–86), König seit 1864, ist bekannt als Erbauer der »Märchenschlösser« Linderhof, Neuschwanstein und Herrenchiemsee und als enthusiastischer Wagner-Fan.

Mani, Marcion und Montanus

Mani (216–277) ist ein babylonischer Religionsstifter iranischer Herkunft. Der nach ihm benannte Manichäismus kennt einen straff geformten Mythos mit gesichertem Kanon und fester Glaubensregel (Seelenwanderung, strenge Askese) und gewinnt den Kirchenvater Augustin 375 als Auditor.

Marcion (85–160), ein frühchristlicher häretischer Theologe, wird 144 in Rom abgewiesen und gründet daraufhin eine eigene, straff organisierte Kirche ⇒ 1.2b.

Montanus († vor 179) aus Phrygien begründet den Montanismus, eine schwärmerischen Bewegung, die die Parusie für das Jahr 179 in Pepuza/Kleinasien erwartet. Ihr schließt sich auch Tertullian 207 an ⇒ 1.2b.

Orthodoxie und Orthodoxie

Je nach historischem Zusammenhang werden unterschiedliche Kirchen mit dem Attribut der »Rechtgläubigkeit« beschrieben:

In der Alten Kirche werden damit die Kirchen bezeichnet, die die Beschlüsse der Konzile von Nicäa, Ephesus und Chalcedon annehmen (im Gegensatz zur Häresie).

Seit dem Mittelalter ist »Orthodoxie« ein Sammelbegriff für alle Kirchen, die 1054 und danach im Gefolge Konstantinopels die Gemeinschaft mit Rom aufkündigen (auch: Ostkirchen; im Gegensatz zur abendländischen Kirche).

Das »Zeitalter der Orthodoxie« meint schließlich die nachreformatorische Epoche in der evangelischen Theologie zwischen der Mitte des 16. und dem Ende des 17. Jh.s. (auch: Altprotestantische Orthodoxie).

Ostgermanen und Ostgoten, Westgermanen und Westgoten

Die in der Völkerwanderung ins Römische Reich vordringenden Germanenstämme lassen sich in Westgermanen und Ostgermanen unterscheiden. Bedeutendster Stamm der ***Westgermanen*** sind die Franken, die unter Chlodwig ihr Reich durch weiträumige Eroberungen erweitern ⇒ 3.3c. Zu den ***Ostgermanen*** zählen Westgoten und Ostgoten.

Die ***Westgoten*** (seit 200 n. Chr. *westlich* des Flusses Dnjestr) weichen dem Hunnensturm und werden 376 ins Oströmische Reich aufgenommen. Sie ziehen durch die Balkanhalbinsel nach Italien, stehen unter Alarich 410 vor Rom und gründen 419 in Südfrankreich und Nordspanien das Tolosanische Reich, das 711 durch die Araber zerstört wird ⇒ 2.4c.

Die ***Ostgoten*** (seit 200 n. Chr. *östlich* des Dnjestr) treten Mitte des 5. Jh.s zum arianischen Christentum über und spielen eine wichtige Mittlerrolle zwischen der Welt der Spätantike und den Germanen. 490 ziehen sie unter ⇒Theoderich nach Italien und beseitigen die Herrschaft Odoakers. 553 wird das Ostgotenreich durch Ostrom vernichtet ⇒ 2.4d.

Otto und Otto

Otto I. d. Gr. (912–973): römischer König und Kaiser, der eine umfassende Neuordnung des Reiches durchführt (ottonisch-salisches Reichskirchensystem ⇒ 4.1b) und eine ausgreifende Italienpolitik betreibt.

Otto III. (980–1002): römischer König und Kaiser; seine Konzeption von der Erneuerung des Römischen Reiches (renovatio imperii) unter Einschluss der römischen Kirche scheitert nach einem Aufstand der Römer und seinem frühen Tod.

Otto von Freising (1111–58): Bischof von Freising und deutscher Geschichtsschreiber; seine »Chronik oder Geschichte der zwei Reiche« deutet den Verlauf der Geschichte in augustinischer Sicht.

Platon und Plotin

Platon (427–343 v.Chr.) ist der berühmteste Philosoph der Antike (und vielleicht aller Zeiten). ***Plotin*** (205–270) gründet etwa 600 Jahre später eine platonische Philosophenschule in Rom und begründet den Neuplatonismus (Hauptgedanke: Aus den Ideen als unveränderlichem, göttlichem Urgrund aller Dinge gehen die Einzeldinge durch Emanation, d. h. »Ausfluss«, hervor).

Reformation, Reformierte Kirche, Reformkatholizismus, Reformkonzilien, Reform-Papsttum

Der Begriff ***Reformation*** meint die von Luther initiierte religiöse Bewegung im 16. Jh. mit dem Anspruch der Erneuerung der Kirche aus dem Evangelium heraus.

Reformierte Kirche(n): Die Konfessionsgemeinschaft(en), deren Entstehung auf den theologischen und organisatorischen Einfluss Zwinglis, Bucers und/oder Calvins zurückzuführen ist und die reichsrechtlich erst 1648 anerkannt wurde(n).

Unter ***Reformkatholizismus*** sind verschiedenartige Reformbestrebungen in der katholischen Kirche (bes. in Deutschland) seit dem Ende des 19. Jh.s bis zum 2. Vatikanischen Konzil zu verstehen. ⇒Katholische Aktion

Reformkonzilien werden die Konzilien der ersten Hälfte des 15. Jh.s genannt, die eine Erneuerung der Kirche »an Haupt und Gliedern« anstreben ⇒ 5.1d.

Das ***Reform-Papsttum*** (im Unterschied zum ⇒Renaissance-Papsttum) will im Hochmittelalter die libertas ecclesiae erreichen, indem sie den Einfluss der weltlichen Herrscher auf die Besetzung kirchlicher Ämter beseitigt. Papst ⇒Gregor VII. beansprucht darüber hinaus die weltliche Herrschaft im Sinne der ⇒Zwei-Schwerter-Theorie, was 1076 zum Ausbruch des Investiturstreits führt ⇒ 5.3a.

Reichskirchentum und Reichskirchentum

Zu unterscheiden sind das Reichskirchentum infolge der Konstantinischen Wende, das Reichskirchentum des Mittelalters (⇒ 2.1b, 4.1b) sowie der Versuch der Deutschen Christen, im Einklang mit der nationalsozialistischen Gleichschaltungspolitik seit März 1933 eine zentralistische Reichskirche mit einem Reichsbischof an der Spitze aufzubauen, was aber am innerkirchlichen Widerstand scheitert ⇒ 10.1d.

Renaissance und Renaissance-Papsttum

Im Rahmen des (kirchen-)politischen Programms von Karl d. Gr. kommt es zur ***karolingischen Renaissance***, dem Rückgriff auf antike und spätantik-christliche Form- und Stofftraditionen. ***Renaissance*** im allgemeinen Sinn bezeichnet die Wiederentdeckung (»Wiedergeburt«) der Antike, insbesondere seit dem Ende des 14. Jh.s in Italien und von dort auf andere Länder Europas ausstrahlend. Das Papsttum am Vorabend der Reformation (Julius II., Alexander VI. und Leo X.) wird entsprechend ***Renaissance-Papsttum*** genannt. Es zeigt die Kurie am Höhepunkt der Verweltlichung, aber durchaus gefestigt und in kultureller Blüte ⇒ 5.3b.

Romanik und Romantik

Romanik: Epoche der abendländischen Kunst des frühen Mittelalters (um 950–1250), die auf die karolingische Kunst folgt und von der Gotik abgelöst wird.

Romantik: Im engeren Sinne eine geistige, künstlerische, insbesondere literarische Bewegung in Europa zwischen 1790 und 1830/50.

Säkularisation und Säkularisierung

Säkularisation: Staatliche Einziehung geistlicher Besitzungen für den weltlichen Gebrauch, v. a. unter Napoleon I.

Säkularisierung: Der geistig-politische Prozess der Loslösung des Einzelnen, gesellschaftlicher Gruppen und des Staates aus der Bindung an die Kirche seit dem Ausgang des Mittelalters.

Schisma und Schisma

⇒ 10.5b

Spalatin und Staupitz

⇒ 6.4d

Salier und Staufer

Die ***Salier*** sind ein fränkisches Adelsgeschlecht, das die deutschen Könige und Kaiser von Konrad II. (1024) bis Heinrich V. († 1125) stellt. Ihre Privaterben werden die ***Staufer*** (Hohenstaufen), ein schwäbisches Adelsgeschlecht. Aus ihnen stammen die deutschen Könige und Kaiser von Konrad III. (1138) über Friedrich Barbarossa und Friedrich II. bis Konrad IV. († 1254).

Theoderich, Theodor, Theodoret, Theodosius und Theodot

Theodot, der Gerber, vertritt um 190 den Adoptianismus in Rom.

Theodosius I. d Gr. (347–395) beendet als römischer Kaiser mit dem 1. Konzil von Konstantinopel 381 den Kirchenstreit um die Auslegung der Beschlüsse von Nizäa 325. Unter dem Einfluss von ⇒Ambrosius und gemeinsam mit ⇒Gratian geht er verschärft gegen die Heiden vor.

Theodor von Mopsuestia (352–428) und ***Theodoret von Kyrrhos*** (393–460) sind beide syrische Kirchenschriftsteller und Bischöfe, die als bedeutende Verteidiger der Antiochenischen Schule im christologischen Streit auftreten und das Dogma von Chalcedon mit vorbereiteten ⇒ 2.3b. Letzterer verfasst eine Geschichte des syrischen Mönchtums.

Theoderich d. Gr. (453–526) ist König der ⇒Ostgoten und seit 489/493 König von Italien. Er versucht, das römische Imperium unter Anerkennung der Oberhoheit von ⇒Byzanz wiederherzustellen.

Thomas und Thomas

Thomas von Aquin (1225–74) ist der bedeutendste Kirchenlehrer des Mittelalters. Er verbindet Glauben und Wissen, Offenbarung und Vernunft, Gnade und Natur in einer globalen Synthese. Von besonderer Bedeutung ist seine »Summa theologiae«.

Thomas von Kempen (1379–1471), deutscher Mystiker, gilt als bedeutendster Vertreter der ⇒devotio moderna. Er ist der Verfasser (Herausgeber?) der Erbauungsschrift »De imitatione Christi« (»Von der Nachfolge Christi«), eines der auflagenstärksten Werke der Weltliteratur.

Wilhelm und Wilhelm

Wilhelm von Aquitanien, Herzog von Burgund, gründet 910 das Kloster Cluny. Die von dort ausgehende cluniazensische Reformbewegung bringt eine strenge Beachtung der Benediktinerregel, eine Befreiung der Klöster und langfristig den Aufstieg des Papsttums mit sich.

Wilhelm I., der Eroberer (1027–87) errichtet als König von England mit Hilfe des normannischen Adels einen zentral gelenkten anglo-normannischen Feudalstaat, in dem die Herrschaft über die Kirche – unter Ausschaltung des päpstlichen Einflusses – allein beim König liegt.

Wilhelm von Champeaux (1070–1122) ist neben Anselm von Canterbury ein Vertreter des Realismus im Hochmittelalter.

Wilhelm von Ockham (1285–1347) ist der führende Theologe und Philosoph der ⇒ via moderna. Seine radikale Papstkritik passt in das Konzept ⇒Ludwigs IV. des Bayern, unter dessen Schutz er in München als politischer Theoretiker wirkt.

Wilhelm III. von Oranien (1650–1702) ist ab 1688 König von England, Schottland und Irland. Er sichert die protestantische Thronfolge und arbeitet der konstitutionellen Monarchie zu.

Wilhelm I. (1797–1888) wird als König von Preußen deutscher Kaiser ⇒ 8.3b. Er stellt sich trotz gewisser Vorbehalte hinter Bismarcks Vorgehen im Kulturkampf.

Wilhelm II. (1859–1941), König von Preußen und deutscher Kaiser 1888–1918, entlässt Bismarck 1890 und trägt mit aggressiver Politik und Rhetorik zum Ausbruch des Ersten Weltkrieges bei ⇒ 8.3b.

Zwei-Reiche-Lehre, Zwei-Schwerter-Theorie und Zwei-Staaten-Lehre

Zwei-Staaten-Lehre könnte man die monumentale geschichtstheologische Apologie des Augustinus nennen, die er gegen heidnische Vorwürfe angesichts der Plünderung Roms durch die Westgoten (410) entwickelt (»De civitate dei«, in 22 Büchern von 412–426/27 ⇒ 3.1c): Die Liebe zu Gott (*amor dei*) und ihre Perversion in der Selbstliebe (*amor sui*) begründen zwei Gemeinschaften, den Gottesstaat (*civitas dei*) und den Teufelsstaat (*civitas diaboli*). In der Geschichtszeit bleiben die beiden Staaten »vermischt«, ihre Entflechtung geschieht erst mit dem Ende der Geschichte. Politische Folgen hat Augustins Unterscheidung von den zwei *civitates*, als sie – entgegen dessen ursprünglicher Konzeption – mit den geschichtlichen Größen »Kirche« und »weltliches Reich« gleichgesetzt werden.

Zwei-Schwerter-Theorie (oder: Zwei-Gewalten-Lehre) wird die Lehre genannt, die Papst ⇒Gelasius I. 494 (unter Berufung auf Lk 22,35–38) entwickelt. Demnach ist die geistlich-päpstliche Macht (Sacerdotium) der weltlich-königlichen (Imperium) übergeordnet. Das Modell wird u. a. von Papst ⇒Gregor VII. aufgenommen und bekommt dadurch weitreichende Wirkung.

Zwei-Reiche-Lehre (präziser: Zwei-Regimenten-Lehre) wird nachträglich das Prinzip der kritischen Differenzierung zwischen weltlichem und geistlichem Bereich genannt, das Luther (in Anlehnung an Mk 12,17) seit 1520 einführt. Während sich das geistliche Regiment ausschließlich durch die Verkündigung des Evangeliums vollzieht, kommt das weltliche Regiment nicht ohne Anwendung von Macht aus. Dieses Modell wird tragender Bestandteil der politischen Ethik lutherischer Theologie.

Literaturhinweise

Die folgenden Hinweise beschränken sich auf Literatur, die helfen kann, einen Überblick über die Kirchengeschichte zu gewinnen. Weitere Literaturangaben sind mühelos in Denzler/Andresen, Wörterbuch Kirchengeschichte, oder Sommer/Klahr, Kirchengeschichtliches Repetitorium, zu finden.

Lehrbücher und Überblicksdarstellungen

Ausbüttel, Frank u. a.: Grundwissen Geschichte, Nachdruck Stuttgart 1998 [29,50 DM]

Hägglund, Bengt: Geschichte der Theologie. Ein Abriß, München ^{3}1997 (KT 79) [38,00 DM]

Handbuch der Dogmen- und Theologiegeschichte, hg. v. Carl Andresen/Adolf Martin Ritter, 3 Bde., Göttingen ^{2}1998/99 (UTB 8160– 8162) [248,00 DM]

Hauschild, Wolf-Dieter: Lehrbuch der Kirchen- und Dogmengeschichte, 2 Bde., Gütersloh 1995/99 [78,00/98,00 DM]

Heussi, Karl: Kompendium der Kirchengeschichte, Tübingen ^{18}1991 [58,00 DM]

Jedin, Hubert: Kleine Konziliengeschichte, Freiburg u. a. ^{9}1986

Lohse, Bernhard: Epochen der Dogmengeschichte, Stuttgart ^{8}1994 (Hamburger Theologische Studien 8) [24,80 DM]

Moeller, Bernd: Geschichte des Christentums in Grundzügen, Göttingen ^{7}2000 (UTB 905) [34,80 DM]

Mühlenberg, Ekkehard: Epochen der Kirchengeschichte, Heidelberg/Wiesbaden ^{3}1999 (UTB 1046) [36,80 DM]

Sommer, Wolfgang/Klahr, Detlev: Kirchengeschichtliches Repetitorium, Göttingen ^{2}1997 (UTB 1796) [22,80 DM; ^{3}2001 mit Lernfragen von M. Nieden]

Wallmann, Johannes: Kirchengeschichte Deutschlands seit der Reformation, Tübingen ^{5}2000 (UTB 1355) [12,80 DM]

Hilfsmittel

Baumgart, Winfried: Bücherverzeichnis zur deutschen Geschichte. Hilfsmittel – Handbücher – Quellen. München 1994 (dtv 32509) [19,90 DM]

Denzler, Georg/Andresen, Carl: Wörterbuch der Kirchengeschichte, München ^{5}1997 (dtv 32503) [29,90 DM]

Der kleine Ploetz. Hauptdaten der Weltgeschichte. Neuausgabe, Freiburg/Br. ^{37}1999 [28,00 DM]

Fischer-Wollpert, Rudolf: Lexikon der Päpste, Regensburg ^{2}1988 [34,00 DM]

Fuchs, Konrad/Raab, Heribert: Wörterbuch Geschichte, München ^{11}1998 (dtv 3364) [38,00 DM]

Müller, Helmut M.: Schlaglichter der deutschen Geschichte. In Zusammenarbeit mit Karl-Friedrich Krieger u. a., Lizenzausgabe für die Bundeszentrale für politische Bildung, Mannheim u. a. ^{3}1996

Personenlexikon Religion und Theologie, hg. v. Martin Greschat, Göttingen 1998 (UTB 2063) [39,80 DM]

Schlaglichter der Weltgeschichte, hg. v. Helmut M. Müller u. a., Lizenzausgabe für die Bundeszentrale für politische Bildung, Mannheim 1994

Quellenausgaben

Kirchen- und Theologiegeschichte in Quellen. Ein Arbeitsbuch, hg. v. Heiko A. Oberman u. a., 4 Bde. in 5 Teilen, Neukirchen-Vluyn ^{6}1994 ff. [ca. 225,00 DM]

Klassiker des Protestantismus, hg. v. Christel Matthias Schröder, 7 Bde., Bremen 1967, Nachdruck Wuppertal 1988

Atlanten

Atlas Bibel und Geschichte des Christentums, hg. v. Tim Dowley, Wuppertal 1997 [78,00 DM]

Atlas der Weltgeschichte [The Times Concise Atlas of World History], hg. v. Geoffrey Barraclough, Augsburg 1997 [29,80 DM]

Atlas zur Kirchengeschichte. Die christlichen Kirchen in Geschichte und Gegenwart, hg. v. Hubert Jedin u. a., Aktualisierte Sonderausgabe, Freiburg u. a. 1987 [128,00 DM]

Centennia. Ein dynamischer Geschichtsatlas. Europa und der Mittlere Osten von 1000 bis heute. CD-ROM, hg. v. Frank E. Reed, Stuttgart 1996 [68,00 DM]

Hartmann, Karl: Atlas-Tafel-Werk zu Bibel und Kirchengeschichte. Karten, Tabellen, Erläuterungen, 5 Bde., Stuttgart 1979–83 [160,00 DM]

Hartmann, Karl: Zwanzig Jahrhunderte Kirchengeschichte. Vom Anfang bis zur Gegenwart erzählt. Mit erläuternden Karten, Skizzen und Tabellen, Lahr 1992

Heussi, Karl/Mulert, Hermann: Atlas zur Kirchengeschichte, Tübingen ^{3}1937

Kinder, Hermann/Hilgemann, Werner: dtv-Atlas Weltgeschichte, 2 Bde., München ^{33}1999 [je 19,90 DM]

Niederer, Otto u. a.: Arbeitsfolien Religion. Teil 2: Kirchengeschichte, Stuttgart/München 1989

Putzger Historischer Weltatlas, hg. v. Walter Leisering, Berlin ^{102}1999 [49,80 DM]

Zeittafeln

Aland, Kurt: Kirchengeschichte in Zeittafeln und Überblicken, Gütersloh 1984 (GTB 1411) [19,80 DM]

Bornkamm, Heinrich: Zeittafeln zur Kirchengeschichte, Gütersloh ^{4}1980

Schmidt, Kurt Dietrich/Ruhbach, Gerhard: Chronologische Tabellen zur Kirchengeschichte, bearb. v. Horst Reller, Göttingen ^{6}1999 [32,00 DM; die Synoptischen Zeittafeln sind auch abgedruckt in: EKL^{1} 2, 1958, Sp. 662–730, Art. Kirchengeschichte]

Wichtige Reihen

Deutsche Geschichte, hg. v. Joachim Leuschner, 10 Bde. (abgeschlossen), Göttingen ^{3}1988 ff. [je 18,80 DM]

Enzyklopädie deutscher Geschichte, hg. v. Lothar Gall, z. Zt. 73 Bde., München 1990 ff. [je 29,80 DM]

Oldenbourg Grundriss der Geschichte, hg. v. Jochen Bleicken u. a., z. Zt. 56 Bde., München 1988 ff. [je 38,00 DM]

Zugänge zur Kirchengeschichte, hg. v. Horst F. Rupp, 11 Bde. (noch nicht vollständig erschienen), Göttingen 1987 ff. [je 20,00–30,00 DM]

Wer das **Internet** nutzt, dem seien auch nicht-theologische Seiten empfohlen, z. B. http://www.historiker.de mit einem »Nachrichtendienst für Historiker« und einer Liste historisch relevanter CD-ROMs.

Register

Verzeichnis der Abbildungen

Umschlag: Schlussstein aus dem 5./6. Jh. in der Nähe von Qalaat Seman (Simeonskloster)/Nordsyrien (Foto: Christian Weber)
Kapitel 1: Christus als Sonnengott in Rom (aus: Die ersten Christen in Rom, Text von Francesco Papafava)
Kapitel 2: Madaba-Karte (Foto: Christian Weber)
Kapitel 3: Synagoge in Toledo (Foto: Christian Weber)
Kapitel 4: Franziskus-Kruzifix in Arezzo (aus: Arezzo, Basilica di S. Francesco, Rechte Wand, Piero della Francesca, hg. v. Scala, Antella/Firenze)
Kapitel 5: Michelangelos David in Florenz (Foto: Christian Weber)
Kapitel 6: Cranach-Altar in Wittenberg-St. Marien (aus: Lutherstadt Wittenberg, Stadtpfarrkirche »St. Marien« III, Nr. 1110, Defa Kopierwerk)
Kapitel 7: Dom in Trient (Foto: Christian Weber)
Kapitel 8: Wieskirche bei Füssen/Allgäu (Foto: Christian Weber)
Kapitel 9: Taufstein in Lae/Papua-Neuguinea (Foto: Christian Weber)
Kapitel 10: Kapelle im Ökumenischen Zentrum, Genf (Foto: Christian Weber)

Verzeichnis der Karten (chronologisch)

Zentren der Theologie und Häresie 1.3b
Ausbreitung des Christentums und Verfolgungen 1.3cd
Patriarchate, Konzilien (325–451) und Mönchtum (seit 300); Reichsteilung (395) 2.3cd
Die Völkerwanderung (375–568); Wulfila und Augustin 2.4cd
Aufstieg des Frankenreichs, Germanenmission 3.3c
Entstehung und Ausbreitung des Islam 3.3d
Zentren der Macht und die Kreuzzüge; Zentren der theologischen Auseinandersetzung und spirituellen Erneuerung 4.3cd
Die Aufteilung des Reiches Karl d. Gr. unter seinen Nachfolgern: Vertrag von Meerssen (870) 4.3d
Schisma, Reformkonzilien und Erneuerungsbestrebungen 5.3c
Die Entdeckung der Welt an der Schwelle zur Neuzeit 5.3d
Politische Machtverhältnisse Anfang des 16. Jh.s 6.3a
Der Anlass der Reformation 6.3b
Wichtige Reichstage und Konzilien der Reformationszeit; Zentren der Reformation 6.3cd
Lutherstätten heute 6.4a
Konfessionskriege in Europa 7.3cd
Die Ausbreitung der Aufklärungsphilosophie in Europa 8.3c
Zentren des Pietismus in Deutschland 8.3d
Unionen und Zentren des Konfessionalismus; soziale Frage und Innere Mission 9.3b
Zentren der Erweckung und der Evangelischen Mission in Deutschland 9.3cd
Die katholischen Bistümer in Deutschland heute 10.3c
Die Evangelische Kirche in Deutschland heute 10.3d

Verzeichnis der Grafiken (chronologisch)

Entwicklung der Kirche des 2. bis 4. Jh.s 1.3a
Machtverhältnisse des Römischen Reiches 2.3a
Dogmatische Streitigkeiten der Alten Kirche 2.3b
Missionierung bzw. Christianisierung der Germanen; Ost- und Westkirche 3.3ab
Verlauf der Kreuzzüge; Entwicklungen des Hochmittelalters 4.3ab
Papsttum im Hoch- und Spätmittelalter 5.3ab
Verzögerung des Prozesses gegen Luther 6.4c
Reformatoren und Weggefährten der Reformation 6.4d
Entwicklung der Rechtfertigungslehre 7.3a
Verschärfung der konfessionellen Spannungen nach 1555 7.3b
Pietismus und Aufklärung in der Theologie- und Geistesgeschichte 8.3a
Wichtige Herrscher-Dynastien in Mitteleuropa 8.3b
Wiedererstarken der Kirchen nach 1803 9.3a
Weg vom Kurialismus des I. Vaticanums zur Ekklesiologie des II. Vaticanums 10.3a
Weg der Ökumene 10.3b

Verzeichnis der »Großen Linien« (chronologisch)

Geschichte der Kirchengeschichtsschreibung S. 12
Geschichte der Kirchenverfassung 1.5
Geschichte der Konzilien 2.5
Geschichte des Papsttums 3.5
Geschichte des Deutschen Reiches 4.5
Geschichte des Mönchtums 5.5
Dogmen und Bekenntnisse 6.7
Das Verhältnis von Staat und Kirche 7.5
Atheismus und Säkularisierung 8.5
Geschichte der Mission 9.5
Geschichte der Ökumene 10.5

Verzeichnis der Karten, Grafiken und »Großen Linien« (thematisch)

Alte Kirche: Entwicklung der Kirche des 2. bis 4. Jh.s 1.3a
Atheismus und Säkularisierung 8.5
Aufklärung: Die Ausbreitung der Aufklärungsphilosophie in Europa 8.3c
Aufklärung: Pietismus und Aufklärung in der Theologie- und Geistesgeschichte 8.3a
Augustin: Völkerwanderung (375–568); Wulfila und Augustin 2.4cd
Bekenntnisse: Dogmen und Bekenntnisse 6.7b
Christenverfolgungen: Ausbreitung des Christentums und Verfolgungen 1.3cd
Deutschland: Die Aufteilung des Reiches Karl d. Gr. unter seinen Nachfolgern: Vertrag von Meerssen (870) 4.3d
Dogmatische Streitigkeiten der Alten Kirche 2.3b
Dogmen und Bekenntnisse 6.7b
Entdeckungen: Die Entdeckung der Welt an der Schwelle zur Neuzeit 5.3d
Erneuerung: Schisma, Reformkonzilien und Erneuerungsbestrebungen 5.3c
Erneuerung: Zentren der Macht und die Kreuzzüge; Zentren der theologischen Auseinandersetzung und spirituellen Erneuerung 4.3cd
Erweckung: Zentren der Erweckung und der Evangelischen Mission in Deutschland 9.3cd
Evangelische Kirche: Die Evangelische Kirche in Deutschland heute 10.3d
Evangelische Kirche: Wiedererstarken der Kirchen nach 1803 9.3a

Franken: Aufstieg des Frankenreichs, Germanenmission 3.3c
Germanen: Aufstieg des Frankenreichs, Germanenmission 3.3c
Häresie: Zentren der Theologie und Häresie 1.3b
Islam: Entstehung und Ausbreitung des Islam 3.3d
Katholische Kirche: Die katholischen Bistümer in Deutschland heute 10.3c
Katholische Kirche: Weg vom Kurialismus des I. Vaticanums zur Ekklesiologie des II. Vaticanums 10.3a
Katholische Kirche: Wiedererstarken der Kirchen nach 1803 9.3a
Kirchengeschichte: Geschichte der Kirchengeschichtsschreibung S. 12
Kirchenverfassung: Geschichte der Kirchenverfassung 1.5
Konfessionen: Unionen und Zentren des Konfessionalismus; soziale Frage und Innere Mission 9.3b
Konfessionen: Verschärfung der konfessionellen Spannungen nach 1555 7.3b
Konfessionskriege in Europa 7.3cd
Konzilien: Dogmatische Streitigkeiten der Alten Kirche 2.3b
Konzilien: Geschichte der Konzilien 2.5
Konzilien: Patriarchate, Konzilien (325–451) und Mönchtum (seit 300); Reichsteilung (395) 2.3cd
Konzilien: Schisma, Reformkonzilien und Erneuerungsbestrebungen 5.3c
Konzilien: Weg vom Kurialismus des I. Vaticanums zur Ekklesiologie des II. Vaticanums 10.3a
Konzilien: Wichtige Reichstage und Konzilien der Reformationszeit; Zentren der Reformation 6.3cd
Kreuzzüge: Verlauf der Kreuzzüge; Entwicklungen des Hochmittelalters 4.3ab
Kreuzzüge: Zentren der Macht und die Kreuzzüge; Zentren der theologischen Auseinandersetzung und spirituellen Erneuerung 4.3cd
Luther: Verzögerung des Prozesses gegen Luther 6.4c
Lutherstätten heute 6.4a
Mission: Aufstieg des Frankenreichs, Germanenmission 3.3c
Mission: Ausbreitung des Christentums und Verfolgungen 1.3cd
Mission: Geschichte der Mission 9.5
Mission: Unionen und Zentren des Konfessionalismus; soziale Frage und Innere Mission 9.3b
Mission: Zentren der Erweckung und der Evangelischen Mission in Deutschland 9.3cd
Missionierung bzw. Christianisierung der Germanen; Ost- und Westkirche 3.3ab
Mönchtum: Geschichte des Mönchtums 5.5
Mönchtum: Patriarchate, Konzilien (325–451) und Mönchtum (seit 300); Reichsteilung (395) 2.3cd
Mönchtum: Zentren der Macht und die Kreuzzüge; Zentren der theologischen Auseinandersetzung und spirituellen Erneuerung 4.3cd
Ökumene: Geschichte der Ökumene 10.5
Ökumene: Weg der Ökumene 10.3b
Ostkirche: Missionierung bzw. Christianisierung der Germanen; Ost- und Westkirche 3.3ab
Papsttum im Hoch- und Spätmittelalter 5.3ab
Papsttum: Geschichte des Papsttums 3.5
Papsttum: Weg vom Kurialismus des I. Vaticanums zur Ekklesiologie des II. Vaticanums 10.3a
Patriarchate, Konzilien (325–451) und Mönchtum (seit 300); Reichsteilung (395) 2.3cd
Pietismus und Aufklärung in der Theologie- und Geistesgeschichte 8.3a
Pietismus: Zentren des Pietismus in Deutschland 8.3d
Politik: Das Verhältnis von Staat und Kirche 7.5
Politik: Geschichte des Deutschen Reiches 4.5
Politik: Machtverhältnisse des Römischen Reiches 2.3a
Politik: Wichtige Herrscher-Dynastien in Mitteleuropa 8.3b
Politik: Zentren der Macht und die Kreuzzüge; Zentren der theologischen Auseinandersetzung und spirituellen Erneuerung 4.3cd
Politische Machtverhältnisse Anfang des 16. Jh.s 6.3a
Rechtfertigungslehre: Entwicklung der Rechtfertigungslehre 7.3a
Reformation: Der Anlass der Reformation 6.3b
Reformation: Lutherstätten heute 6.4a
Reformation: Wichtige Reichstage und Konzilien der Reformationszeit; Zentren der Reformation 6.3cd
Reformatoren und Weggefährten der Reformation 6.4d
Reichstage: Wichtige Reichstage und Konzilien der Reformationszeit; Zentren der Reformation 6.3cd
Reichsteilung: Patriarchate, Konzilien (325–451) und Mönchtum (seit 300); Reichsteilung (395) 2.3cd
Schisma, Reformkonzilien und Erneuerungsbestrebungen 5.3c
Soziale Frage: Unionen und Zentren des Konfessionalismus; soziale Frage und Innere Mission 9.3b
Theologie: Dogmatische Streitigkeiten der Alten Kirche 2.3b
Theologie: Entwicklung der Rechtfertigungslehre 7.3a
Theologie: Zentren der Macht und die Kreuzzüge; Zentren der theologischen Auseinandersetzung und spirituellen Erneuerung 4.3cd
Unionen und Zentren des Konfessionalismus; soziale Frage und Innere Mission 9.3b
Verfassung: Geschichte der Kirchenverfassung 1.5
Völkerwanderung (375–568); Wulfila und Augustin 2.4cd
Wulfila: Völkerwanderung (375–568); Wulfila und Augustin 2.4cd

Namen- und Sachregister

Chronologische Angaben bei Personen sind i. d. R. Geburts- und Todesjahr. Sie sind für die gesamte Antike und das Mittelalter häufig nur Annäherungswerte. Davor werden Titel in Abkürzung angegeben: Ks. = Kaiser, Kg. = König, Kf. = Kurfürst, Hg. = Herzog, Bf. = Bischof. Falls die Lebensdaten nicht bekannt sind, werden ggf. Regierungsjahre angegeben und dem Titel ohne Komma vorangestellt. Texte mit Beschlusscharakter sind *kursiv* gesetzt. ***Fettdruck*** weist auf Schwerpunktausführungen zum jeweiligen Stichwort hin. Auf Stichwörter in der Einführung bzw. im Abschnitt »Häufige Verwechslungen« wird mit Angabe der Seitenzahl verwiesen.

Aachen 3.2b, 3.3c, 5.5c
– Aachen, Bistum 10.3c
Abaelard, Peter (1079–1142) 4.4b
Abendmahlsstreit
– sog. erster (844 ff.) 3.4d
– sog. zweiter (1050–1080) 4.4b
– sog. erster (1526–1528) 6.6ab, 6.7c
– sog. zweiter (1552–1562) 7.4ab
Ablass/Ablasshandel 5.2d, **6.1b**c, 6.3ab
Absolutismus 7.5b, 8.0, **8.1**a**b**c**d**, 9.1c, 9.3a
Adiaphoristischer Streit (1548–1552) 6.6d, 7.1b, 7.4a
Adoptianismus 1.2b, 1.4b, 3.2b
Adventisten 9.2d
Agendenstreit (1822–1829) 9.1d, 9.4a
Ailli, Pierre d' (Petrus von Alliaco, 1352–1420) 5.4b
Akko 4.3abd, 5.1c
Alarich I. (westgotischer Kg., 370–410) 2.4cd
Alba, Fernando Alvarez de Toledo (Hg. von, 1507–1582) 7.4b
Albertus Magnus (1193–1280) 4.1d, 4.3cd, 4.4d
Albigenserkriege (1209–1229) 4.4d
Albrecht von Brandenburg (Kf.-Erzbischof von Mainz, 1490–1545) 6.3b, 6.5a
Alexandria 1.3b, 1.4d, 2.3d, S.75
Alexandriner 2.3b
Allgemeine evangelisch-lutherische Konferenz (1868) 9.4a
Allgemeines Landrecht für die preußischen Staaten (ALR, 1794) 7.5b
Althaus, Paul (1888–1966) 10.2b, 10.4b
Altkatholische Kirche 9.4c
Altpreußische Union (1817) 9.1d
Ambrosiaster S.75
Ambrosius von Mailand (339–397) S.75
Amerika 5.1d, 5.3d, 6.1c, 9.1cd, 9.3c, 9.4b, 9.5b
Amsterdam 8.4a, 10.4d
Amt 1.1a, 1.2b, 1.4a, 1.5c, 6.1a
Andreä, Jakob (1528–1590) 7.4a
Andreä, Johann Valentin (1587–1654) 7.4c
Angeln 2.4c
Angelsachsen 3.2c, 3.3a, **3.4a**, 3.5c
Anglikaner 10.5b
Anhalt 10.3d
– Fürstentum Anhalt-Bernburg 9.1d
Ansbach 6.7b
– Markgraftum Ansbach-Kulmbach 6.3cd
Ansbacher Ratschlag (1934) 10.2d
Anselm von Canterbury (1033–1109) **4.2a**d, 4.3c, 4.4b
Antimodernisteneid (1910) 9.1a, 9.4c, 10.3a
Antiochener 2.3b
Antiochia 2.3d, 4.3bd, 9.5c, S.75
Antisemitismus 9.4d
Antitrinitarier 6.2c, 6.6d, 7.2d
Antonius (250–356) 2.1c, 2.3d, 2.4a
Apollinaris von Laodicea (310/315–390) 2.3b
Apologeten 1.1d, **1.2b**c, **1.4b**, 1.5a
Apologie (1530) 6.6b
Apostelkonzil 1.1ac
Apostolicum 6.7b
Apostolische Väter 1.1cd, **1.2b**c, **1.4b**
Aragon 5.1a
Arcadius (röm. Ks., 377–408) 2.3a
Arianer/Arianismus/Arius (260–336) **2.2a**d, 2.3b, 2.4a, 3.3a
Arier-Paragraph (1933) 10.4a
Aristides (um 140) 1.4b
Aristoteles (384–322 v. Chr.) 4.2b
Aristoteles-Renaissance 4.4d
Arminianer 7.4d
Armutsbewegung 4.1b
Arndt, Ernst Moritz (1769–1860) S.75
Arndt, Johann (1555–1621) 7.2a, 7.4c, 8.4a, S.75
Arnold, Gottfried (1666–1714) 8.1d, 8.2c, 8.3d, 8.4a, S.12, S.75
Assisi 4.0, 4.3cd
Athanasium 6.7b
Athanasius (295–373) **2.2a**, 2.3b
Atheismus **8.5bd**
Atheismus-Streit (1798/1799) 8.5b
Athen 2.4a
Athenagoras (um 170/180) 1.4b, 10.4d
Attila (434–453 hunnischer Heermeister) 3.5c
Aufklärung **8.1bd**, 8.2d, **8.3a**, 8.5a, 9.1bc, 9.2b, 10.5b, S.12
– Frühaufklärung 6.4b, 8.3a
– katholische Aufklärung 8.4cd
– Aufklärungsphilosophie 8.2c, 8.3c, 8.4ab
– Aufklärungstheologie s. *Theologie*
Augsburg 6.3b
– Bistum Augsburg 10.3c
Augsburger Religionsfriede (1555) 6.3d, 6.6c, **7.1a**c, 7.2d, 7.3bd, 7.5b, 8.1c, 10.5b
Augustin(us), Aurelius (354–430) 1.2d, 2.1ad, **2.2b**cd, **2.4a**c, 2.5a, 3.1c, 4.4b, 5.5c, 7.3a, 10.5c, S.12
Augustinerchorherren (CanA) 5.5b
Augustinereremiten (OESA) 5.5b, 6.1b, 6.4d, 6.5ab
Australien 9.1d
Auswanderungsbewegung 9.3b
Avignon 3.5b, 5.1cd, 5.2d, 5.3bc, 5.4a

»Babylonische Gefangenschaft der Päpste« (1309–1377) 5.1c, 5.2cd, 5.3b, 5.4a
Bacon, Francis (1561–1626) 7.4c
Bad Oeynhausen 10.4c
Baden 10.3d
– Großherzogtum Baden 9.1d, 9.3b, 9.4a
Bamberg, Erzbistum 10.3c
Baptisten 8.4b, 10.3b, 10.5b
Bar Kochba (um 130) 1.1c
Barmen 9.3c, 10.4a
Barmer Bekenntnissynode 10.5a

Barmer Theologische Erklärung (1934) 6.7d, 10.2ad, 10.4a, 10.5a
Barmherzige Brüder/Schwestern 5.5d
Barnabasbrief 1.4b
Barock **7.1**a**d**, 8.0
Barth, Karl (1886–1968) 10.2abd, 10.4b, S.12
Basel 5.2b, 5.3c
Basilides (um 140?) 1.4b
Basilius von Cäsarea, d. Gr. (330–379) **2.2a**, 2.3bd, 2.4a, 5.5c
Bauernkrieg (1525) 6.1d, 6.5cd
Baumgarten, Siegmund Jakob (1706–1757) 8.2b, 8.4ab
Baur, Ferdinand Christian (1792–1860) 9.2b, 9.4d, S.12
Bayern 10.3d, 10.4c
– Herzogtum/Kurfürstentum Bayern 7.1d, 7.3b, 7.4a
– Königreich Bayern 9.3b, 9.4a
Bayle, Pierre (1647–1706) 8.4d, 8.5b
Beck, Johann Tobias (1804–1878) 9.4d
Befreiungskriege (1813–1815) 9.4a
Bekennende Kirche **10.1**b**d**, 10.4c
Bekenntnisse 1.2c, 1.3a, 1.4a, **6.7bd**c, 7.5a
Bekenntnissynoden
– Bad Oeynhausen (Februar 1936) 10.4c
– Barmen (Mai 1934) 10.4a
– Berlin-Dahlem (Oktober 1934) 10.4a
Benedikt XV. (Papst, 1854–1922) 10.4b
Benedikt von Aniane (750–821) 4.4a
Benedikt von Nursia (480–555/560) 2.3c, 2.4a, 3.4ab, 5.5c
Benediktiner (OSB) 5.5c
beneficium 3.1b
Bengel, Johann Albrecht (1687–1752) 8.3d, 8.4c
Bentham, Jeremy (1748–1832) 9.4d
Berengar von Tours (1000–1088) 4.4b
Berkeley, George (1685–1753) 8.4b
Berlin 8.3d, 9.3bcd, 9.4b
– Berlin-Brandenburg 10.3d
– Berlin-Dahlem 10.4a
– Erzbistum Berlin 10.3c
Bernhard von Clairvaux (1090–1153) 4.2ad, 4.3ac, 4.4b
Bethel 9.3b, 9.4b
Bettelorden **4.1b**, 4.2c, 4.4c, 5.3a, 5.5ab
Bewegung für Glauben und Kirchenverfassung (Faith and Order, 1927) 10.3b, 10.4d, 10.5b
Bewegung für praktisches Christentum (Life and Work, 1925) 10.3b, 10.4b, 10.5b
Bibel 1.2c, 1.3a, 1.4a
Bibelgesellschaften 9.4b
– Preußische Hauptbibelgesellschaft (1814) 9.4b
– Württembergische Bibelanstalt (1812) 9.4b
Bielefeld 9.3b
Bilderfrage/Bilderstreit (726–787/843) 2.5b, 3.2b, 3.4d
Bischof/Bischofsamt 1.2c, 1.3a, 1.4ac, 1.5c
Bismarck, Otto von (1815–1898) 9.1d, 9.4bc
Bistümer, katholische 9.1a, 9.3a, 9.4a, **10.3c**
Blarer, Ambrosius (1492–1564) 6.6b
Blumhardt, Christoph (1842–1919) 9.4d
Blumhardt, Johann Christoph (1805–1880) 9.4b
Boccaccio, Giovanni (1313–1375) 5.4b
Bodelschwingh, Friedrich von (1831–1910) 9.3b, 9.4b, 10.4ac
Bodenstein, Andreas (Karlstadt, 1480–1541) 6.4d, 6.5d
Bodin, Jean (1530–1596) 7.4c, 8.1b
Böhmen 5.1a, 5.4bd, 7.3d, 7.4c
Bologna 5.1b, 6.6c, 7.0
Bonhoeffer, Dietrich (1906–1945) 10.4c
Bonifatius (Winfrith, 675–754) 3.1d, 3.2ac, 3.3ac, **3.4c**, 3.5a, 9.5c, S.75
Bonifaz VIII. (Papst, 1235–1303) 4.2a, 4.4c, 5.1c, 5.3ab, 5.4a, S.75
Book of Common Prayer (1549) 7.4b
Bousset, Wilhelm (1865–1920) 9.4d
Brandenburg S.75
– Kurfürstentum Brandenburg 5.5b, 6.3b, 6.4b, 6.6b, 7.3b, 7.4d
– Kurfürstentum/Königreich Brandenburg-Preußen 8.1a, **8.3b**, 8.4a
Brant, Sebastian (1458–1521) 5.1a
Braunschweig 10.3d
– Herzogtum Braunschweig-Lüneburg 6.3cd
Breitenfeld 7.3d
Bremen 8.3d, 9.3c, 10.3d
Brenz, Johannes (1499–1570) 6.4d, 6.5b
Brüder/Schwestern vom gemeinsamen Leben 5.1b, 5.3c, 5.4b
Bruder-/Schwesternschaften 5.5d
Brüdergemeine 8.4c
Brunner, Emil (1889–1966) 10.4b
Brunner, Otto 7.1a
Bruno, Giordano (1548–1600) 7.4d
Bucer, Martin (1491–1551) 6.4d, 6.5b, 6.6d, 7.4b
Bugenhagen, Johannes (1485–1558) 6.0, 6.4d
Bulle
– von Eger (1213) 4.4c
– Unam Sanctam (1302) 4.4c, 5.1c
– Goldene Bulle (1356) 5.1b, 5.4a
– Execrabilis (1460) 5.4c
– Exsurge Domine (1520) 6.4c, 6.5a
– Decet Romanum Pontificem (1521) 6.4c, 6.5a
Bullinger, Heinrich (1504–1575) 6.6bd
Bultmann, Rudolf (1884–1976) 10.2b, 10.4b
Bündnis von Gotha *s. Torgauer Bund*
Burgund 4.1c, 4.5b
Burgunder 2.4cd, 3.4a
Buße 1.3b, 1.5a, 2.5a, 3.2b, 3.5a, 4.5a, 5.5a
Buttlar'sche Rotte 8.4a
Byzanz 2.3d, 5.4b, S.75

Caelestius (um 410/420) 2.1d
Cajetan, Thomas de Vio (1469–1534) 6.4c, 6.5a
Calixt/Kalixt/Kallist I. (217–222 röm. Bischof) 1.4c, S.76
Calixt II. (1119–1124 Papst) 4.4a
Calixt, Georg (1586–1656) 7.4c, 10.5b
Calov, Abraham (1612–1686) 7.4c
Calvin, Johann(es) (1509–1564) 1.5b, 6.1b, 6.2abc, **6.4bd**, 6.6d, 6.7a, 7.5a
Calvinismus/Calvinisten 7.1ad, 7.2b, 7.3bd
Camisardenkrieg (1702–1711) 8.4b
Canossa, Bußgang von (1077) 4.1d, 4.2d, 4.3c, 4.4a
Canterbury 4.3c
Carafa, Gian Pietro (1476–1559, ab 1555 Papst Paul IV.) 7.4a
Carey, William (1761–1834) 9.5b
Cäsarea 1.3b, 1.4d
Cäsaropapismus 3.5c, 7.5c
Cassian, Johannes (340/360–430/435) S.76
Cassiodor, Flavius Magnus Aurelius (485/490–583) S.76
Cellerarius, Christoph (1634/38–1707) S.9
Celsus (um 180) S.76
Chalcedon 2.3d
Chalcedonense (451) 6.7b
Chemnitz, Martin (1522–1586) 7.2b, 7.4a
China 9.5b
Chlodwig I. (fränkischer Kg., 466–511) 3.1c, 3.2acd, 3.3ac, 3.4a, 9.5c
Christenverfolgungen **1.1**ab**d**, 1.2cd, 1.3a, 1.4ac, 1.5ac, 2.1c, 7.5c

Christian IV. (Kg. von Dänemark, 1577–1648) 7.4cd
Christianisierung der Germanen 3.1b, **3.3a**, 9.5c
Christlicher Studentenweltbund 10.3b, 10.5b
Christlicher Verein junger Männer/Menschen (CVJM) 10.3b, 10.5b
Christlich-Soziale Arbeiterpartei 9.4d
Christologie 1.0
– Christologische Entwicklung 1.5a, 2.5a
– Christologischer Streit (428–451) 1.1d, **2.1b**, 2.2a, **2.3b**, 2.4b
– Monenergistisch-monotheletischer Streit (633–681) 3.4b
– Logos-Christologie **1.2b**, 1.4bd
– Prinzipchristologie 9.2b, 9.2d
– Subordination 2.2c
– Urbildchristologie 9.2b, 9.2d
Cicero, Marcus Tullius (106–43 v. Chr.) 2.4a
Cîteaux 4.3c
Clairvaux 4.3c
Clemens (VII.) (Papst, 1342–1394) 5.1d
Clemens II. (1046/1047 Papst) 4.1d
Clemens VII. (Papst, 1478–1534) 6.5c
Clemens von Alexandrien (140–215) 1.1d, 1.4b, 2.3b, S.76
Clemensbriefe 1.4b, S.76
Cluniazensische Bewegung 3.5b, 4.1cd, 4.2b, 4.4a
Cluny 4.1c, 4.3c, 5.5bc
Coburg 6.4a, 6.6ab
Coccejus, Johannes (1603–1669) 7.4d
Collins, Anthony (1676–1729) 8.4b
Columban (530/543–615) **3.3ac**, 3.4ab, 9.5c, S.76
Columbanregel 5.5c
Comte, Auguste (1798–1857) 9.4d
Confessio Augustana (1530) 6.3c, 6.4d, 6.6bd, 7.1a, 7.2d
Confessio Augustana variata (1540) 6.6d
Confessio Belgica (1561) 7.4b
Confessio Gallicana (1559) 7.4b
Confessio Helvetica (1536) 6.6d
Confessio Helvetica Posterior (1556) 6.6d
Confessio Tetrapolitana (1530) 6.6b, 6.7c
Confutatio (1530) 6.6a
Consalvi, Ercole (1757–1824) 9.4a
consensus quinquesaecularis 10.5b
Consensus Tigurinus (1549) 6.6d
Cranach, Lucas d. Ä. (1472–1553) 5.2b, 6.0
Cranach, Lucas d.J. (1515–1586) 6.0
Cromwell, Oliver (1599–1658) 7.4d
Cyprian, Thascius Caecilius (200–258) 1.4b, 2.3b, S.76
Cyrill von Alexandrien († 444) 2.3b, S.76
Cyrillus (826–869) 3.4c

Damaskus 4.3bd
Dänemark 7.3cd, 9.4c
Darwin, Charles Robert (1809–1882) 9.4d
Daub, Karl (1765–1836) 9.4b
Decius, Gaius Messius Quintus Traianus (röm. Ks., 200–251) 1.1d, 1.3cd, 1.4ad
Declaratio Ferdinandea (1555) 7.1c
Decretum Gratiani (1140) 4.4b
Dehn, Günther (1882–1970) 10.4a
Deismus 8.1d, 8.3c, 8.4b
Descartes, René (1596–1650) 8.1a, 8.2ac, 8.3c, 8.4ab
Dessauer Bund (1525) 6.5c
Deutsche Christen **10.1bd**, 10.4a
Deutsche Christentumsgesellschaft 9.4b
Deutsche Evangelische Kirche 10.4a
Deutsche Mystik **5.2bc**
Deutscher Bund (1815–1866) 9.1c, 9.4a
Deutscher Evangelischer Kirchenbund (DEKB, 1922) 10.4a
Deutscher Idealismus 9.4d
Deutsches Reich (911/919–1806) **4.5bcd**, 6.3a, 7.3cd, 9.1d
Deutschkatholizismus 9.4c
Deutschland 4.1bcd, 5.1a, 5.2bc, 6.1acd, 6.3b, 7.1ab, **8.3bc**, 8.4ab, 9.4a
– Bundesrepublik Deutschland 10.1b
Deutschorden 5.5b
devotio moderna 5.1b, 5.4b, S.76
Diakonissen-/Diakonenhäuser 5.5d
Dialektische Theologie 10.1c, **10.2b**, 10.4b, S.12
Dibelius, Friedrich Karl Otto (1880–1967) 10.1a, 10.4a
Didache 1.2a, 1.4b
Diderot, Denis (1713–1784) 8.3c, S.76
Diodor von Tarsus († vor 394) 2.3b, S.76
Diogenes (400–323 v. Chr.) S.76
Diognetbrief S.76
Diokletian, Gaius Aurelius Valerius (röm. Ks., 243–313) 1.1d, 1.3acd, 1.4c, 2.1b, 2.3a, 3.3b, S.76
Dionysios Areopagita (6. Jh.) 4.4b, S.76
Dionysius Exiguus (500–540) S.12
Dioskur von Alexandrien († 454) 2.3b, S.76
Dippel, Johann Konrad (1673–1734) 8.4a
Dogmen **6.7bd**
Doketismus 2.2.c
Döllinger, Johann Joseph Ignaz von (1799–1890) 9.4c
Dominikaner (OP) 4.4c, 5.5b, 7.4c
Domitian, Titus Flavius (röm. Ks., 51–96) 1.1d, 1.3cd, 1.4a, S.76
donatio Constantini 3.4cd
Donatismus/Donatistischer Streit (311–411) 2.1d, 2.4ab, 10.5c
Donauwörth 7.3b
Dreißigjähriger Krieg (1618–1648) **7.1bd**, 7.3b cd, 7.4cd, 7.5a, 8.1c
Dresden-Meißen, Bistum 10.3c
Drittes Reich (1933–1945) *s. Nationalsozialismus*
Droysen, Johann Gustav (1808–1884) S.12
Duns Scotus (1266–1308) 4.3c, 4.4d
Dürer, Albrecht (1471–1528) 5.2b
Dynamismus/Dynamisten 1.2b, **1.3b**, 1.4bd, 2.3b
Dyotheletismus 2.5b

Ebeling, Gerhard (*1912) 10.4d, S.12
Ebionismus 1.3b, 1.4b
Eck, Johann (1486–1543) 6.4a, 6.5a, 6.6ac
Edikt von Nantes (1598) 7.4bd
Eduard VI. (Kg. von England, 1537–1553) 7.4b
Eichstätt, Bistum 10.3c
Eidgenossenschaft *s. Schweiz*
Eigenkirchenwesen **3.1bd**, 3.2b, 7.5c
Eisenach 6.4a, 6.5ab
Eisleben 6.4a, 6.5ab
Ekklesiologie, frühkirchliche 1.5a
Elert, Werner (1885–1954) 10.2b, 10.4b
Elisabeth I. (Königin von England, 1533–1603) 7.4b
Empfindsamkeit 8.2d
Empirismus 8.2c, 8.3ac, 8.4b, 8.5b
Emser Punktation (1786) 8.4cd
Engels, Friedrich (1820–1895) 9.4d
England 1.3c, 1.5b, 5.1a, 6.1a, 6.3a, 6.7d, 7.1abd, 7.3cd, 8.1d, 8.3c, 8.4a, 9.4b
Englische Fräulein (IBMV) 5.5d
Englische Revolution (1642–1660) 7.3c, 7.4d
Entmythologisierung 10.2b
Enzyklika, Mit brennender Sorge (1937) 10.1d, 10.4d
Enzyklopädisten 8.4d
Ephesus 2.3d

Episkopalismus **8.1b**, 8.4a
Erasmus von Rotterdam (1465/1466–1536) 5.2b, 5.3d, 5.4d, 6.2ab, 6.4d
Erbsünde 5.2d
Erfurt 3.3c, 3.4c, 6.1b, 6.4a, 6.5ab
– Bistum Erfurt 10.3c
Erlangen 9.4b
Erlanger Schule 9.4b, **10.2b**, 10.4b
Ermächtigungsgesetz 10.4a
Ernst (Erzhg. von Österreich, 1553–1595) 7.3b
Ernste Bibelforscher *s. Zeugen Jehovas*
Erweckungsbewegung 8.5a, **9.1b**, 9.2c, **9.3acd**, 9.4bd, 9.5ab, 10.2b, 10.3b
– bayerisch-fränkische 9.3d, 9.4b
– märkisch-pommersche 9.3d, 9.4b
– niederrheinische 9.3d, 9.4d
– württembergische 9.3d, 9.4b
Essen, Bistum 10.3c
Etatismus 8.4c
Eugenius (392/393 Usurpator) 2.3a
Eurozentrismus 5.1a
Eusebius von Cäsarea (265–339) 2.0, S.12
Eusebius von Nikomedien († 342) 3.4a
Euthanasie 10.4c
Eutyches von Konstantinopel (378-nach 454) 2.3b
Evangelisation 9.2d
Evangelische Kirche der Union (EKU, 1951) 10.3d
Evangelische Kirche der altpreußischen Union (1922) 10.4a
Evangelische Kirche in Deutschland (EKD, 1945) 10.1d, 10.2d, **10.3d**, 10.4c, 10.5a
Evangelische Kirchenzeitung 9.4b
Evangelisch-soziale Bewegung 9.4d

Falk, Adalbert (1827–1900) 9.4c
Faulhaber, Michael (1869–1952) 10.4d
Febronianismus 8.4cd, 9.4a
Febronius, Justinus (Johann Nikolaus von Hontheim, 1701–1790) 8.4cd
Ferdinand I. (röm.-dt. Ks., 1503–1564) 6.5c, 7.4a, 8.3b
Ferdinand II. (röm.-dt. Ks., 1578–1637) 7.3d, 7.4cd, 8.3b
Ferdinand III. (röm.-dt. Ks., 1608–1657) 7.4c, 8.3b
Feudalzeitalter 5.1a
Feuerbach, Ludwig (1804–1872) 8.5d, 9.4d
Fichte, Johann Gottlieb (1762–1814) 8.5b, 9.4d
Fidei Ratio (1530) 6.6b
filioque 3.2b
Flavian von Konstantinopel (446–449 Patriarch) 2.3b
Fliedner, Theodor (1800–1864) 9.3b, 9.4b
Florenz 5.0, 5.3c, 5.4a, 10.5b
Formula Concordiae (1577) 6.7b, 7.1ab, 7.2ad, 7.4a
Franck, Sebastian (1499–1542) 6.6b, S.76
Francke August Hermann (1663–1727) 8.1d, 8.2c, 8.3d, 8.4c, 9.5c, S.76
Frank, Franz Hermann Reinhold von S.76
Franken 2.4c, 3.2c, 3.3a, 3.4a, S.76
Frankenhausen 6.5d
Frankfurt 8.3d
Frankfurter Anstand (1539) 6.3d
Frankfurter Nationalversammlung (1848/1849) 9.1b
Fränkische/Salische Kaiser 4.2c, 4.4a
Frankreich 1.5b, 4.1b, 4.4d, 5.1ad, 5.2cd, 6.1a, 6.3ac, 7.1abd, 7.3cd, 7.4a, 8.2c, 8.3c, 8.4ac, 8.5d, 9.1a, 9.4c, S.76
Franz I. (Kg. von Frkr., 1494–1547) 6.3a, 6.6c, 7.4b
Franz I. (röm.-dt. Ks., 1708–1765) 8.3b
Franz I. von Österreich *s. Franz II.*
Franz II. (röm.-dt. Ks., als Ks. von Österreich Franz I., 1768–1835) 4.5b, 8.3b, 9.1c
Franz Joseph I. (Ks. von Österreich, 1830–1916) 8.3b
Franz(iskus) von Assisi (1181–1226) 4.0, 4.1a, 4.3cd, 4.4c, 5.5c
Franziskaner (OFM) 4.4c, 5.5b
Französische Revolution (1789) 4.5b, 5.5d, **8.1**a**b**d, 8.4d, 8.5ad, **9.1c**, 9.5a
Französisches Zeitalter 8.4a
Freiburg, Erzbistum 10.3c
Freud, Sigmund (1865–1939) 8.5d
Freytag, Walter (1899–1959) 9.5c
Friedrich I. (Kg. in Preußen, als Friedrich III. Kf. von Brandenburg, 1657–1713) 8.3b
Friedrich I. Barbarossa (röm.-dt. Ks., 1125–1190) 4.3a, 4.4a, 4.5b, 5.3a
Friedrich II. (röm.-dt. Ks., 1194–1250) 4.1d, 4.3a, 4.4b, S.76
Friedrich II., d. Gr. (Kg. von Preußen, 1712–1786) 8.1d, 8.2c, 8.3b, 8.4c, 10.5b, S.76
Friedrich III. (dt. Ks., 1831–1888) 8.3b
Friedrich III. (röm.-dt. Ks., 1415–1493) 5.4ac
Friedrich III., der Fromme (Kf. von der Pfalz, 1515–1576) 7.3b
Friedrich III., der Weise (Kf. von Sachsen, 1463–1525) 6.3ac, 6.4d, 6.5ac
Friedrich III., Kf. von Brandenburg *s. Friedrich I.*
Friedrich IV., der Aufrichtige (Kf. von der Pfalz, 1574–1610) 7.4a
Friedrich V. (Kf. von der Pfalz, 1596–1632) 7.4cd
Friedrich Wilhelm I., der Große Kurfürst (Kf. von Brandenburg, 1620–1688) 8.2d, 8.3b, 8.4a
Friedrich Wilhelm I., der Soldatenkaiser (Kg. in Preußen, 1688–1740) 8.3b, 8.4a
Friedrich Wilhelm II. (Kg. von Preußen, 1744–1797) 8.3b, 8.4c
Friedrich Wilhelm III. (Kg. von Preußen, 1770–1840) 8.3b, 9.1d, 9.4a
Friedrich Wilhelm IV. (Kg. von Preußen, 1795–1861) 8.3b, 9.4c
Friesland 3.1d, 3.4c
Frömmigkeitsbewegungen 7.1abd, 8.4a
Fronleichnamsfest 2.5d
Frühkatholische Väter 1.1d, **1.2b**c, **1.4b**, 2.3b
Fugger 6.3b
Fulda 3.3c, 3.4c
– Bistum Fulda 10.3c
Fürth 9.3b
Füssen 8.0

Galen, Clemens August Graf von (1878–1946) 10.4cd
Galerius, Gaius (röm. Ks., um 250–311) 2.1c, 2.3a, S.76
Galilei, Galileo (1564–1642) 7.4d
Gallikanismus/Gallikanische Freiheiten 5.1d, 5.4a
Gallitzin, Amalie Fürstin von (1748–1806) 9.4a
Gama, Vasco da (1469–1524) 5.3d
Gebhard, Truchsess von Waldburg (Kf.-Erzbischof von Köln, 1547–1601) 7.3b
Gegenreformation **7.1b,** 7.3bd, 7.4a, 7.5ad, 8.0
Geiserich (428–477 vandalischer Kg.) 2.4cd, 3.5c
Geistlicher Vorbehalt *s. Reservatum ecclesiasticum*
Gelasius I. (492–496 Papst) 3.4ab, 3.5c, S.77
Gemeinsame Erklärung zur Rechtfertigungslehre (GER, 1999) 10.3ab, 10.4d, 10.5d
Gemeinschaftsbewegung 9.4d
Genf 6.4d, 6.6d, 8.4a, 10.0
Georg Wilhelm (Kf. von Brandenburg, 1595–1640) 8.3b
Gerhard, Johann (1582–1637) 7.4a
Gerhardt, Paul (1607–1676) 7.2d, 7.4c
Germanenmission **3.1b**, 3.2d
Germanisierung des Christentums 3.1b, **3.2b**, 3.4b

Gerson, Johannes (Jean Charlier, 1363–1429) 5.4b
Glorious Revolution (1688/1689) 8.4b
Gnesiolutheraner 7.4a
Gnosis/Gnostizismus **1.1b**, 1.2bc, **1.3ab**, 1.4b, 1.5ac
Goethe, Johann Wolfgang von (1749–1832) 9.4d
Gogarten, Friedrich (1887–1967) 10.4b
Görlitz, Bistum 10.3c
Görres, Joseph von (1776–1848) 9.4a
Goten 3.4a, 9.5c
Gottesdienst-Reformen 9.4a
Gottesfriedensbewegung 4.3ab
Gratian, Flavius (röm. Ks., 359–383) 2.3a, S.76 f.
Gravamina der deutschen Nation (1456) 5.1a, 5.2a, 5.4d
Grebel, Konrad (1498–1526) 6.5d
Gregor I., d. Gr. (Papst, 540–604) 3.1d, 3.4ab, 3.5c, S.77
Gregor II. (Papst, 669–731) 3.4c
Gregor VII. (Papst, 1021–1085) 3.5b, 4.1d, 4.2ac, 4.3c, 4.4a, S.77
Gregor IX. (Papst, 1160–1241) 4.4c, 5.1c, 5.3ab
Gregor XIII. (Papst, 1502–1585) 7.4a
Gregor von Nazianz (329–390) 2.3b, S.77
Gregor von Nyssa (331/338-nach 394) 2.3b, S.77
Gregorianische Reform 4.1d
Grönland 9.5c
Großkirche 1.5a
Grotius, Hugo (1583–1645) 7.4d
Grundgesetz der Bundesrepublik Deutschland (GG, 1949) 7.5b, 10.1b
Grundherrschaft **3.1b**
Guardini, Romano (1885–1968) 10.4b
Gunkel, Hermann (1862–1932) 9.4d
Güntherianismus 9.4c
Gustav Adolf (Kg. von Schweden, 1594–1632) 7.3d, 7.4c
Gutenberg, Johannes (vor 1400–1468) 5.1a, 5.3d, 5.4c, 6.3b

Habsburger/Habsburger Reich 5.2c, 5.3b, 5.4a, 6.3a, **8.3b**
Hadrian, Publius Aelius (röm. Ks., 76–138) 1.1c, 1.4a, 2.0, 6.5c
Haeckel, Ernst (1834–1919) 8.5d
Hahn, Johann Michael (1758–1819) 9.4b
Halle 8.3d, 9.4b
Hamann, Johann Georg (1730–1788) 8.2ad, 8.4c, 9.4b
Hamburg 9.3b, 9.3c
– Erzbistum Hamburg 10.3c
Hanau 9.1d
Hannover 10.3d, 10.4c
– Königreich Hannover 9.3b, 9.4a
Hardenberg, Karl August Fürst von (1750–1822) 9.4a
Häresie 1.1ad, **1.2bc**, 1.3ab, 1.4b, 2.4b, 2.5b, 4.1b, 4.2c, 4.4d, 5.4b, 8.5b
Harleß, Gottlieb Christoph Adolf von (1806–1879) 9.4ab, 9.3b, 10.2b
Harnack, Adolf von (1851–1930) 1.2d, 1.5c, 9.2b, 9.4b, 10.2b, 10.4b, S.12
Hedschra (622) 3.1d, 3.3d, 3.4b
Hegel, Georg Wilhelm Friedrich (1770–1831) 9.2bd, 9.4d, S.12
Heidelberg 6.4a, 7.4b
Heidelberger Katechismus (1563) 6.7d, 7.2abd, 7.4b
Heiliges Römisches Reich deutscher Nation 9.1c, 9.4a
Heiligungsbewegung 9.4d
Heim, Karl (1874–1958) 10.4b
Heinrich I. (dt. Kg., 876–936) 4.4a
Heinrich II. (Kg. von Frkr., 1519–1559) 7.4b
Heinrich II. (röm.-dt. Ks., 973–1024) 4.4a
Heinrich III. (röm.-dt. Ks., 1017–1056) 3.5b, 4.4a
Heinrich IV. (Kg. von Frkr., 1589–1610) S.77
Heinrich IV. (röm.-dt. Ks., 1050–1106) 4.1d, 4.2cd, 4.3c, 4.4a, S.77
Heinrich IV. von Navarra (Kg. von Frkr., 1553–1610) 7.4b
Heinrich V. (röm.-dt. Ks., 1081–1125) 4.4a
Heinrich VI. (röm.-dt. Ks., 1165–1197) 4.4a, 5.3a
Heinrich VII. (röm.-dt. Ks., 1274/76–1313) S. 77
Heinrich VII. (Kg. von England, 1457–1509) S. 77
Heinrich (VII.) (dt. Kg., 1211–1242) S. 77
Heinrich VIII. (Kg. von England, 1457–1509) 6.3a, 7.4b
Helena (257–336) 2.0
Hellenisten 1.1ab
Helmstedt 7.4c
Hengstenberg, Ernst Wilhelm (1802–1869) 9.4b
Herder, Johann Gottfried von (1744–1803) 9.4bd
Hermesianismus 9.4c
Herrmann, Wilhelm (1846–1922) 9.4b, 10.2b
Herrnhut/Herrnhuter Brüdergemeine 8.3d, 9.4b
Herrschaftsteilung 1.4c, **2.1a**
Hessen 3.1d, 3.4c, 10.3d
– Landgrafschaft/Fürstentum Hessen 6.3cd, 6.6b, 9.3b
– Hessen-Nassau 9.4a
Heussi, Karl (1877–1961) 7.2d
Hildegard von Bingen (1098–1179) 4.1a, 4.2d
Hildesheim, Bistum 10.3c
Himmelfahrt Marias (Dogma 1950) 6.7d, 10.3a, 10.4d
Hippo Regius 2.1d, 2.4c, 3.1c
Hippolyt von Rom (um 220) 1.4a
Hirsauer Reform 4.4a
Hirsch, Emanuel (1888–1972) 10.4b
Hirt des Hermas 1.4b
Historismus 9.1a
Hitler, Adolf (1889–1945) 4.5d, 10.1d, 10.4a
Hobbes, Thomas (1588–1679) 7.4c, 8.4b
Hochenau, Ernst Christoph Hochmann von (1669–1721) 8.4a
Hofacker, Ludwig (1798–1828) 9.4b
Hofbauer, Clemens Maria (1751–1820) 9.4a
Hofmann, Johann Christian Konrad von (1810–1877) 9.2b, 9.4b, 10.2b
Hohenstaufen *s. Staufer*
Hohenzollern **8.3b**
Holbach, Paul Heinrich Dietrich (Baron von, 1723–1789) 8.4d, 8.5b
Holl, Karl (1866–1926) 10.2b, 10.4b
Holland 5.3c, 7.3cd
Hollaz, David (1648–1713) 7.2b, 7.4c
Honorius, Flavius (röm. Ks., 384–423) 2.3a
Hossenfelder, Joachim (1899–1976) 10.4a
Hugenotten 8.4b
– Hugenottenkriege (1562–1598) 7.3c, 7.4b
Hugo von St. Victor (1096–1141) 4.4b
Humanismus/Humanisten 3.1a, 4.3b, 5.1bd, **5.2bc**, 5.4bd, 6.1d, 6.2d, 6.4c, 6.5d, 6.7c, 10.5b, S.9, S.12
Hume, David (1711–1776) 8.3c, 8.4b
Hunnen 2.4d, 3.1c
Hus, Jan (Johannes) (1370–1415) 2.5d, 5.1bd, 5.2a, 5.3c, **5.4bd**
Hussitenkriege 5.4d
Hutten, Ulrich von (1488–1523) 6.5b
Hutterer 6.5d

Ignatius von Antiochien (um 110/115) 1.4bc, S.77
Imperialismus 9.2d, 9.4c
Indien 5.1d, 5.3d, 9.5c
Industrialisierung 9.1ab
– Industrielle Revolution 9.3b
– Industrielle Revolution, zweite 10.1a
Innere Mission 5.5d, **9.1ab**d, 9.2c, **9.3ab**, 9.4b, 9.5b

Innozenz I. (402–417 röm. Bischof) S.77
Innozenz III. (Papst, 1160–1216) 3.5b, 4.4c, 5.1c, 5.3ab, S.77
Innozenz IV. (1243–1254 Papst) S.77
Inquisition **4.1ab**, 4.4ac
Institutio religionis christianae (1536) 6.4b, 6.6d
Interim, Augsburger (1548) 6.3d, 6.6c
Interim, Leipziger (1548) 6.3d, 6.6d
Internationaler Missionsrat (IMR) 9.5d, 10.1d, 10.3b, 10.4d, 10.5d
Interregnum (1254–1273) 5.1c, 5.3ab, 5.4a
Interreligiöser Dialog 10.2b
Investiturstreit (1076–1122) **4.1d**, 4.2c, 4.3c, 4.4a, 4.5a, 5.3ab, 7.5c
Irenäus von Lyon (130–200) 1.1d, 1.2ab, 1.3b, **1.4b**, 2.3b, S.77
Ireniker 7.2d
Isidor von Sevilla (um 560–636) S.77
Islam 3.0, 3.1a, 3.2acd, **3.3d**, 4.1b, 10.1a
Israel 10.4c
Istanbul S.75
Italien 3.5d, 4.1c, 4.5b, 5.2b, 7.4a, 8.0
Ius Reformandi 7.1c, 7.3d

Jansenismus 7.4c, 8.2b, 8.4b
Jansenius, Cornelius (1585–1638) 7.4c
Jerusalem 1.1c, 1.3b, 2.0, 2.3d, 3.3d, 4.3bd
Jesuiten *s. Societas Jesu*
Jesus (4 v. Chr.-27/30 n. Chr.) 1.1b, 1.2b, 1.3b, 1.4ab, 9.2bd, 10.2b
Joachim Friedrich (Kf. von Brandenburg, 1546–1608) 8.3b
Joachim I. Nestor (Kf. von Brandenburg, 1484–1535) 8.3b
Joachim II. Hektor (Kf. von Brandenburg, 1505–1571) 8.3b
Joachim von Fiore (1135–1202) 4.4d, 4.5d, S.12
Johann Friedrich I., der Großmütige (Kf./Hg. von Sachsen, 1503–1554) 6.6a
Johann Georg (Kf. von Brandenburg, 1525–1598) 8.3b
Johann Sigismund (Kf. von Brandenburg, 1572–1619) 7.3b, 8.3b
Johann, der Beständige (Kf. von Sachsen, 1468–1532) 6.5c
Johannes Paul II. (Papst, *1920) 10.4d
Johannes XXIII. (Papst, 1881–1963) 10.3a, 10.4d
Johanniter (JO) 4.3a, 5.5b
Joseph I. (röm.-dt. Ks., 1678–1711) 8.3b
Joseph II. (röm.-dt. Ks., 1741–1790) 8.3b, 8.4d
Josephinismus 8.4d
Jovianus, Flavius (röm. Ks., 332–364) 2.3a
Judaisten 1.1b
Judentum 1.1abd, 1.2c, 1.4a, 3.0, 10.2d
Judenvernichtung 10.4d
Julian von (A)Eclanum (um 385-vor 455) 2.4a
Julian, Flavius Claudius (Apostata) (röm. Ks., 332–363) **2.1d**, 2.3a, 2.4a
Jülicher, Adolf (1857–1938) 10.4b
Juli-Revolution (1830) 9.4a
Julius I. (337–352 röm. Bischof) 1.4c
Julius II. (Papst, 1443–1513) 6.3a
Julius III. (Papst, 1487–1555) 6.6c
Justin der Märtyrer († 165) 1.2a, 1.4b, S.77
Justinian I., d. Gr. (röm. Ks., 482–565) 2.0, 2.1b, 2.3a, 2.4cd, 3.2c, **3.3b**, 3.4b, 4.5b, S.77

Kähler, Martin (1835–1912) 9.2b, 9.4d
Kaiser/Kaisertum 4.5c, 5.1b, S.77 f.
Kaiserkult 1.1b
Kaiserswerth 9.3b, 9.4b
Kalixt/Kallist I. *s. Calixt I.*
Kanon 1.4a
Kanon Muratori 1.4a
Kant, Immanuel (1724–1804) 8.1d, 8.2ac, 8.3ac, 8.4cd, 8.5b, 9.2b
Kanzelparagraph (1871/1876) 9.1d
Kappadozier 2.3bd
Kappel 6.4d, 6.6b
Kapuziner (OFM-Cap) 5.5b, 7.4a
Karl I. (Ks. von Österreich, 1887–1922) 8.3b
Karl I., d. Gr. (röm.-fränkischer Ks., 742–814) 3.1d, 3.2abcd, 3.3a**c**, 3.4c, 3.5a, 4.1c, 4.3d, 4.5c, 9.5c
Karl II. (Erzhg. von Österreich, 1540–1590) 7.3b
Karl II., der Kahle (röm.-westfränkischer Ks., 823–877) 4.3d
Karl IV. (röm.-dt. Ks., 1316–1378) 4.5b, 5.1b, 5.4a
Karl V. (röm.-dt. Ks., 1500–1558) 5.1b, 5.2c, 5.4c, 6.2c, 6.3ac, 6.5a, 6.6a, 8.3b
Karl VI. (röm.-dt. Ks., 1685–1740) 8.3b
Karl VII. (röm.-dt. Ks., 1697–1745) 4.5b, 8.3b
Karl Martell (fränkischer Majordomus, 676–741) **3.1d**, 3.3d, 3.4a
Karlstadt *s. Bodenstein, Andreas*
Karmeliten (OCarm) 5.5b
Karolinger 2.4c, 3.5b, 4.1c, 4.5c
Karolingische Renaissance **3.2b**, 3.4cd
Kartäuser (OCart) 5.5c
Karthago 1.3b, 1.4b, 2.4cd
Katharer 4.2c, 4.4d
Katharina II., d. Gr. (Kaiserin von Russland, 1729–1796) 8.1d, 8.2c, 8.4b
Katholische Aktion **10.1b**, 10.3a, 10.4b, S.77
Katholische Bewegung 9.3ad, 9.4a, S.78
Katholische Jugendbewegung 10.4b
Katholische Liga (1609) 7.3b, 7.4a
Katholische Normen 1.2c, 10.5c, S.78
Katholische Reform **7.1b**, 7.4a, S.78
Katholisches Bibelwerk 10.4b
Katholizismus 9.2c, 10.1b
Kepler, Johannes (1571–1630) 7.4d
Kerrl, Hanns (1887–1941) 10.4c
Ketteler, Wilhelm Emanuel Freiherr von (1811–1877) 9.4d
Ketzerprozess 6.1d, 6.4ac
Kierkegaard, Sören Aabye (1813–1855) 9.4d
Kirchenföderationen 1.5d
Kirchengeschichtsschreibung S.9, S.12
Kirchenkampf **10.1b**, 10.2d, 10.4ac
Kirchenordnungen 6.1a, 6.2d
Kirchenprovinz Sachsen 10.3d
Kirchenreform
– hochmittelalterliche 4.1c
– spätmittelalterliche 5.1a
Kirchenstaat 3.5d, 6.3a, 9.4a, 10.3a
Kirchenverfassung **1.5abcd**, 9.1a, 9.2c, 9.4c, 10.4a
– episkopal-synodal 1.5b
– kongregationalistisch 1.5d
– konsistorial 1.5b
– konsistorial-synodal 1.5d
– presbyterial-synodal 1.5b
– staatskirchlich-episkopal 1.5d
Kirchenverträge 10.1c
– Bayern/Pfalz (1925) 10.4a
– Preußen (1931) 10.4a
– Baden (1932) 10.4a
Klemens XIV. (Papst, 1705–1074) 8.4cd
Klerikalismus 10.3a
Klevischer Krieg (1543) 6.6d
Kliefoth, Theodor (1810–1895) 9.3b, 9.4a
Kohlbrügge, Hermann Friedrich (1803–1875) 9.4d

Kollegialismus **8.1b**, 8.4a
Köln 1.3c, 4.3c, 7.3b, 7.4a
– Erzbistum Köln 10.3c
Kölner Bistumsstreit (1583) 7.3b
Kölner Mischehenstreit (1836–1840) 9.4a
Kolonialismus 9.2d
Kolping, Adolf (1813–1865) 9.4d
Kolumbus, Christoph (1451–1506) 5.3d, 5.4c, 6.1c
Kommunismus 10.1a, 10.4d
Kommunitäten 5.5d
Kondylis, Panajotis (1943–1998) 8.1b
Konferenz Europäischer Kirchen (KEK) 10.0, 10.5d
Konfessionalismus 9.1d, 9.2cd, **9.3b**, 9.4ad
Konfessionelle Spannungen **7.3b**
Konfessionelles Zeitalter 7.1a, 7.2d
Konfessionen 10.5b
Kongregationalisten 8.4b
König/Königtum 5.1b, 5.4a, S. 77
Konkordate 10.1cd, 10.3a
– Wiener Konkordat (1448) 5.4ac
– Konkordat (1801) 8.4d
– Konkordat (1817) 9.4a
– Zirkumskriptionsbullen (1821/1824) 9.4a
– Bayern (1924) 10.4b
– Preußen (1929) 10.4b
– Baden (1932) 10.4b
– Reichskonkordat (1933) 10.4b
Konkordienbuch (1580) 6.7b, 7.4a
Konrad I. (911–918 ostfränk.-dt. Kg.) 4.5c
Konrad II., der Salier (röm.-dt. Ks., 990–1039) 4.4a, 4.5c
Konrad III. (dt. Kg., 1093–1152) 4.3a
Konrad IV. (dt. Kg., 1228–1254) 5.1c
Konradin (1252–1268) 5.1c
Konsensusunionen 9.1d, 9.4a
Konservative Revolution 10.1c, 10.4a
Konstans I., Flavius Iulius (röm. Ks., 323–350) 2.3a, S.78
Konstantin I., d. Gr., Flavius Valerius (röm. Ks., 280–337) 1.0, 2.0, **2.1**a**b**c**d**, 2.2cd, 2.3a, 2.4a, 2.5a, 3.3a, S.78
Konstantin II. (337–340 röm. Ks.) 2.3a, S.78
Konstantinische Schenkung S.12
Konstantinische Wende **2.1**a**b**, 3.5c, 6.7b
Konstantinopel 2.3d, 3.3d, 3.5c, 4.1d, 4.3abd, 4.4c, **5.1d**, 5.3d, 5.4c, 6.1c, 6.3a, S.75
Konstantius I., Gaius Flavius Valerius (Chlorus) (293–306 röm. Ks.) 2.1c, 2.3a, S.78
Konstantius II., Flavius Iulius (röm. Ks., 317–361) 2.1d, 2.3a, S.78
Konstanz 5.3c, 5.4b
Konziliarer Prozess 10.2b, 10.4d
Konziliarismus 2.5d, **5.1b**d, 5.2cd, 5.3c, 5.4abc, 6.1c
Konzilien 2.1a, 2.2c, **2.3cd**, **2.5abd**, 3.5b; *s. a. Reformkonzilien*
– allgemeines Konzil 6.1d
– Konzilien der Reformationszeit 6.3cd
– Basel/Ferrara/Florenz (1431–1449) 2.5d, 5.1bd, 5.3c, 5.4a
– Chalcedon (451) **2.3b**, 2.4b, 2.5b, 3.1c, 10.5c
– Ephesus (431) **2.1d**, **2.3b**, 2.4b, 2.5b, 10.5c
– Konstantinopel (381) **2.1d**, **2.3b**, 2.4b, 2.5b, 10.5c
– Konstantinopel (553) 2.5b, 3.4b
– Konstantinopel (680/681) 2.5b, 3.4bd
– Konstantinopel (869/870) 2.5b
– Konstanz (1414–1418) 2.5d, 5.1abd, 5.2ac, 5.3c, 5.4a
– Lateran (1123) 2.5b
– Lateran (1139) 2.5b
– Lateran (1179) 2.5b
– Lateran (1215) 2.5b, 4.4ac, 6.7b
– Lateran (1512–1517) 2.5d, 6.3d, 6.1c
– Lyon (1245) 2.5d
– Lyon (1274) 2.5d
– Nicäa (325) **2.1d**, **2.3b**, 2.4b, 2.5b, 3.5c, 10.5c
– Nicäa (787) 2.5b, 3.4d, 6.7b
– Pisa (1409) 5.1bd, 5.4a
– Trient (1545–1563) 2.5d, 3.5d, 6.3d, 6.6c, 6.7d, 7.0, **7.2ab**, 7.3a, 7.4a
– Vatikan (1869/1870) 2.5d, 3.5d, 9.1d, 9.2a, 9.4c, 10.1b, 10.3a
– Vatikan (1962–1965) 2.5d, 3.5d, 5.2d, 5.5d, 10.1bd, 10.3a, 10.4d, 10.5d
– Vienne (1311/1312) 2.5d
Kopernikus, Nikolaus (1473–1543) 7.4c
Kottwitz, Hans Ernst Freiherr von (1757–1834) 9.3b, 9.4b
Krafft, Christian (1784–1845) 9.4b
Kreuzzüge **4.1ab**, 4.2cd, **4.3abcd**, 4.4ac, 4.5a, 5.1c, 5.3a
– sog. 4. Kreuzzug (1202–1204) 4.1d, 4.3a, 4.4c
Krieg
– erster jüdischer 1.1c
– zweiter jüdischer 1.1c
Krummacher, Friedrich Wilhelm (1796–1868) 9.4d
Kulturkampf (1871–75/1880–87) **9.1ad**, 9.4c
Kulturprotestantismus **9.2b**, 9.4b, 10.2b, 10.4b
Kultusunionen 9.1d
Kurfürsten 5.1b, 5.4a
Kurhessen-Waldeck 10.3d
Kurialismus **5.1b**, 5.2d, 10.3a
Kurpfalz *s. Pfalz, Kurfürstentum*
Kutter, Hermann (1863–1931) 9.4d

Labadie, Jean de (1610–1674) 8.3d, 8.4a
Laieninvestitur **4.1b**cd
Lamettrie, Julien Offray de (1709–1751) 8.4d, 8.5b
Landesherrliches Kirchenregiment 1.5bd, 7.5b, 10.1c, 10.4a
Landeskirchen/Landeskirchentum 6.1ab, 6.2d, 7.5b
Landshut 9.3d, 9.4a
Lanfranc (1004–1089) 4.4b
Langobarden 2.4cd, 3.3ab
Lateinamerika 7.4c
Lateranverträge (1929) 10.4b
Lausanne 10.4b
Lavater, Johann Kaspar (1741–1801) 8.4c
Lebensphilosophie 9.4d
Lechfeld, Schlacht am (955) 4.1c
Leh(e)nswesen **3.1b**
Leibniz, Gottfried Wilhelm (1646–1716) 8.3c, 8.4ab
Leipzig 6.4a
Leo I., d. Gr. (440–461 Papst) 2.3b, **3.1c**, 3.4ab, 3.5c
Leo III. (795–816 Papst) 3.4cd
Leo X. (Papst, 1475–1521) 5.4c, 6.1c, 6.3a, 6.5a
Leo XIII. (Papst, 1810–1903) 9.4c, 10.3a
Leonardo da Vinci (1452–1519) 5.2b
Leopold I. (röm.-dt. Ks., 1640–1705) 7.1d, 8.3b
Leopold II. (röm.-dt. Ks., 1747–1792) 4.5b, 8.3b
Lepanto 3.3d
Lessing, Gotthold Ephraim (1729–1781) 8.1d, 8.2ab, 8.3c, 8.4ab, 9.2b
Leuenberger Konkordie (1973) 10.2a, 10.3b, 10.4cd, 10.5d
Liberale Theologie s. *Theologie*
Liberalismus 9.1abd, 9.3a, 9.4ac, 10.4b
Licinius, Valerius (308–324 röm. Ks.) 2.1bc, 2.3a
Liga von Cognac (1526) 6.3c, 6.6a
Lima, Konvergenzerklärungen von (1982) 10.3ab, 10.4d, 10.5d
Limburg, Bistum 10.3c
Lippe 10.3d
Liturgische Bewegung 10.4b
Loci Communes (1521 ff.) 6.4d

Locke, John (1632–1704) 8.2c, 8.3c, 8.4b
Logos-Christologie *s. Christologie*
Löhe, Johann Konrad Wilhelm (1808–1872) 9.2a, 9.3b, 9.4ab, 9.5b
Lollarden 5.4b
Lothringen 4.5c
Lourdes, Marienerscheinungen von (1858) 9.4c
Loyola, Ignatius von (1491–1556) 5.5c, 6.2d, 6.6a, 7.4a, S.77
Ludwig (II.) der Deutsche (ostfränkischer Kg., 804–876) 4.3d, 4.5c
Ludwig I. (Kg. von Bayern, 1786–1868) S.78
Ludwig I., der Fromme (röm.-fränkischer Ks., 778–840) 3.4c
Ludwig II. (Kg. von Bayern, 1845–1886) S.78
Ludwig II. (röm.-fränkischer Ks., 822–875) 4.3d
Ludwig IV., der Bayer (röm.-dt. Ks., 1287–1347) 5.4a, S.78
Ludwig VII. (Kg. von Frkr., 1120–1180) 4.3a
Ludwig IX., der Heilige (Kg. von Frkr., 1214–1270) 4.3a
Ludwig XIV., der Sonnenkönig (Kg. von Frkr., 1638–1715) 7.1d, 8.1bd, 8.2c, 8.4b, S.78
Luther, Martin (1483–1546) 1.5b, 2.2d, 5.2d, 6.0, 6.1bcd, 6.2abcd, 6.3bc, **6.4abc**, 6.7ab, 7.3a, 8.2d
Lutheraner 10.5b
Lutherischer Weltbund (LWB) 9.5d, 10.0, 10.3d, 10.5d
Luther-Renaissance **10.2b**, 10.4b
Lützen 7.3d
Luxemburger 5.3b, 5.4a
Lyon 1.3b, 1.4b, 10.5b
Macchiavelli, Niccolò (1469–1527) 5.1a, 7.4c, 8.5b
Madaba 2.0
Magdeburg 6.5ab
– Bistum Magdeburg 10.3c
– Erzbistum/Herzogtum Magdeburg 5.5b
Magyaren 4.1c
Mähren 3.4c, 7.3d
Mailand 2.1bc, 2.3c, 2.4ac
Mainz 3.3c, 3.4c, 5.3d, 6.3b, 7.3d, 9.3d, 9.4a
– Bistum Mainz 10.3c
Majoristischer Streit (1552–1558) 7.1b, 7.4a
Malta 4.3a
Mani/Manichäer 2.4a, S.78
Mansfeld 6.5ab
Mantua 6.6c
Mantz, Felix (1500–1527) 6.5d
Marahrens, August (1875–1950) 10.4c
Marburg 6.4a
Marcion (um 140/160)/Marcionismus **1.2b**cd, **1.3ab**, 1.4b, S.78
Marheineke, Philipp Konrad (1780–1846) 9.4b
Maria I. Tudor, die Katholische (Königin von England, 1516–1558) 7.4b
Maria Laach 10.4b
Maria Theresia (röm.-dt. Kaiserin, 1717–1780) 8.1d, 8.2c, 8.4d
Marsilius von Padua (1290–1343) 5.1a
Martyrium 1.5a
Marx, Karl Heinrich (1818–1883)/Marxismus 8.5d, 9.4d
Materialismus 8.5b, 9.4d
– atheistischer Materialismus 8.3c, 8.4d
Matthias (Erzhg. von Österreich, röm.-dt. Ks., 1557–1619) 7.3b, 7.4c, 8.3b
Mauren 3.0
Maxentius, Marcus Aurelius Valerius (306–312 Usurpator) 2.1c, 2.4a
Maximian, Marcus Aurelius Valerius (286–305 röm. Ks.) 2.1c, 2.3a
Maximilian I. (Hg./Kf. von Bayern, 1573–1651) 7.3b, 7.4a
Maximilian I. (röm.-dt. Ks., 1459–1519) 4.5b, 5.4c
Maximilian II. (röm.-dt. Ks., 1527–1576) 7.4a, 8.3b
Maximilla (um 160/170?) 1.4d
Maximinus, Galerius Valerius (Daja) (305–313 röm. Ks.) 2.1c, 2.3a
Mecklenburg 10.3d
– Großherzogtum Mecklenburg 9.3b, 9.4a
Mediatisierung 4.5b, 9.1c, 9.4a
Medina 3.1d, 3.3d
Meerssen 3.4c
– Vertrag von Meerssen (870) 4.1c, 4.3d, 4.5c
Meister Eckhart (1260–1327) 5.2b, 5.4b
Mekka 3.1d, 3.3d, 3.4b
Melanchthon, Philipp (1497–1560) 5.2b, 6.0, 6.2c, 6.4d, 6.5bd, 6.6bcd, 6.7a, 7.4a
Mennoniten 6.5d, 7.4d
Merowinger 3.3c, 3.4a
Merz, Georg (1892–1959) 10.4b
Methodismus 8.4d, 9.1b, 9.4b
Methodius (815–885) 3.4c
Metropolitanverfassung 2.5b
Metternich, Klemens (1773–1859) 8.2c, 9.1b
Michelangelo Buonarroti (1475–1564) 5.0, 5.2b
Mill, John Stuart (1806–1873) 9.4d
Miltitz, Karl von (1490–1529) 6.5a
Mission 1.1c, 1.5a, 2.2c, 7.4c, 9.0, 9.1a, 9.2cd, **9.3acd**, 9.4bd, **9.5bcd**
– Baptist Missionary Society (1792) 9.3c, 9.5b
– Baseler Mission (1815) 9.3c, 9.4b, 9.5b
– Berliner Mission (1824) 9.3c, 9.4b, 9.5b
– Betheler Mission (1886) 9.3c
– Church Missionary Society (1799) 9.3c, 9.5b
– Dänisch-Hallesche Mission (1706) 9.3c
– Dresdner/Leipziger Mission (1836) 9.3c, 9.4b, 9.5b
– frühmittelalterliche Mission 3.2c, 3.5a
– Goßner-Mission (1836) 9.3c, 9.4b
– Hermannsburger Mission (1849) 9.3c, 9.4b, 9.5b
– Herrnhuter Mission (1732) 9.3c
– katholische Mission 8.4cd
– Liebenzeller Mission (1899) 9.4b, 9.5b
– London Missionary Society (1795) 9.3c, 9.5b
– Neuendettelsauer Mission (1841/1849) 9.3c, 9.4b, 9.5b
– Norddeutsche Mission (1836) 9.3c, 9.4b
– Rheinische Mission (1828) 9.3c, 9.4b, 9.5b
Mittelalter 3.1a
– Hochmittelalter 4.1ab, 4.2c, 5.3ab
– Spätmittelalter 5.1a, 5.2d, 5.3ab
Modalismus/Modalisten 1.2b, **1.3b**, 1.4bd, 2.2c, 2.3b
Moeller van den Bruck, Arthur (1876–1925) 4.5d
Moeller, Bernd (*1931) 9.1b
Mohammed (um 570–632) 3.1d, **3.3d**, 3.4b
Molinos, Miguel de (1628–1697) 7.4c
Moltmann, Jürgen (*1926) 10.4d
Monarchianischer Streit (200–300) 1.2bc, 1.3a, 1.4bd, 2.1b, **2.3b**
Mönchtum 2.1c, 2.2c, **2.3cd**, 2.4a, 2.5a, 4.0, 4.1a, 4.2d, 4.5a, **5.5bcd**, 6.7c
Monophysiten 2.3b, 10.5c
Montanismus/Montanisten/Montanus **1.2b**c, **1.3ab**, 1.4bd, S.78
Monte Cassino 2.3c, 2.4a, 3.4b
Montesquieu, Charles de (1689–1755) 8.4d
Moritz (Kf./Hg. von Sachsen, 1521–1553) 6.6d
Mormonen 9.2d
Morus, Thomas (1478–1535) 7.4d
Moskau 5.1d
Mott, John Raleigh (1865–1955) 10.3b
Mühlheim 8.3d
Müller, Ludwig (1883–1945) 10.4ac

München 7.3d, 9.3d, 9.4a
– Erzbistum München-Freising 10.3c
Münster 6.6b, 9.3d, 9.4a
– Bistum Münster 10.3c
Müntzer/Münzer, Thomas (1489–1525) 6.2ab, 6.5bd
Mystik 4.0, 4.1a, **4.2b**cd, 4.5a

Napoleon I. (Ks. der Franzosen, 1769–1821) 4.5b, 8.2c, 8.4d, 9.1c
Nassau 10.3d
– Herzogtum Nassau 9.1d, 9.3b
Nationalismus 9.1ad, 9.4c
Nationalsozialismus 4.5d, 10.1b, 10.2c, 10.4a, 10.4c
Natürliche Theologie s. *Theologie*
Naumann, Friedrich (1860–1919) 9.4d
Neander, Johann August Wilhelm (1789–1850) 9.4b
Neapel 5.1c
Neologie 8.2b, 8.3c, 8.4ab
Neostoizismus 6.4b
Nero, Claudius Caesar (röm. Ks., 37–68) 1.1d, 1.2d, 1.3cd, 1.4a
Nestorianer/Nestorius **2.1d**, 2.2d, 2.3b, 10.5c
Neuendettelsau 9.3b
Neuluthertum 10.2b
Neuplatonismus 2.4a, 5.2b
Neuprotestantismus 7.1b, **10.2b**
Neuscholastik 9.1a
Nicäa 2.3d
Nicaeno-Constantinopolitanum (381) 2.5b
Nicolaus V. (Papst, 1398–1455) 5.3d
Niederlande 1.5b, 6.4b, 7.1abd, 7.3c, 8.3c, 8.3d, 8.4ab
Niedersachsen 5.5b
Niemöller, Martin (1892–1984) 10.4ac
Nietzsche, Friedrich Wilhelm (1844–1900) 8.5d, 9.4d
Nikolaus I. (858–867 Papst) 3.4cd
Nikolaus von Kues (Cusanus, 1401–1464) 5.1b, 7.4c
Nikomedien 2.1bc, 2.3d
Nitzsch, Carl Immanuel (1787–1868) 9.4b
Nizänum (325) 2.5b, 6.7b
Noëtus (um 190–230?) 1.4b, 2.3b
Nominalismus 4.2b, 5.2bd
Nordamerika *s. Amerika*
Nordelbien 10.3d
Notverordnung 10.4a
Novalis (Freiherr Friedrich von Hardenberg, 1772–1801) 9.4d
Novatianer/Novatianismus **1.3b**, 1.4d, 10.5c
NSDAP 10.4a
Nürnberg 6.5c, 9.3b
Nürnberger Anstand (1532) 6.3d

Observanz/Observanzbewegung 5.5b, 6.1b
Ockhamismus 4.2b, **5.2b**
Odoaker (hunnischer Heermeister, 433–493) 2.4cd, 3.1c
Oetinger, Friedrich Christoph (1702–1782) 8.3d, 8.4c
Ökumene 10.0, 10.1a, 10.2c, **10.3b**, **10.5**abcd
Ökumenischer Rat der Kirchen (ÖRK) 9.5bd, 10.0, 10.1d, 10.2ad, 10.3b, 10.4d, 10.5d
Oldenburg 10.3d
Omaijaden 3.1d, 3.4d
Origenes (185–254)/Origenisten 1.1d, 1.2b, 1.3b, **1.4bd**, 2.3b
Orosius (380-nach 418) S.12
Orthodoxie 2.2a, 2.3b, 5.1d, S.78
– ostkirchliche/byzantinische Orthodoxie 1.5b, 3.3b, 10.0, 10.1d, 10.5bcd
– altorientalische Orthodoxie 10.5c
– altprotestantische Orthodoxie 7.1bd, 7.2bd, 7.3a, 7.4ac, 8.2b, 8.3a, 9.2b, 10.2b,

Osiandrischer Streit (1550–1566) 7.1b, 7.4a
Osmanisches Reich 5.1d, 5.2c, 6.3a
Osnabrück, Bistum 10.3c
Österreich 8.1ad, **8.3b**, 8.4ac
– Erzherzogtum Österreich 7.1d, 7.4a
– Kaiserreich Österreich 9.1a, 9.4c
Ostfränkisches Reich 4.1c, 4.5c
Ostgermanen 2.4acd, 3.2c, 3.4a, S.78
Ostgoten 2.4cd, 3.2c, 3.3ab, S.78
Ostrom S.75
Otto I., d. Gr. (röm.-dt. Ks., 912–973) 3.5b, 4.1bc, 4.4a, 4.5c, S.78
Otto III. (röm.-dt. Ks., 980–1002) S.79
Otto von Freising (1111–1158) S.79
Ottonen *s. Sächsische Kaiser*
Ottonisch(-salisch)es Reichskirchensystem 4.1bc, 4.2c, 7.5c, 9.1c
Oxford 4.3c, 5.3c
Oxford-Bewegung 9.4d

Pachomius (292–346) 2.1c, 2.3d, 2.4a, 5.5c
Paderborn, Erzbistum 10.3c
Pannenberg, Wolfhart (*1928) 10.2b, 10.4d
Papias von Hierapolis (60-nach 120) 1.4b
Papsttum 1.2c, 1.5c, 3.1d, 3.2c, **3.5bcd**, **5.3ab**
Papstwahldekret (1059) 4.4a
Papua-Neugiunea 9.0
Paraguay 7.4c
Paris 3.3c, 4.3c, 5.3c, 5.4b
Partikularismus 8.1c
Parusieerwartung/-verzögerung 1.1b, 1.2b, 1.3b, 1.4b
Pascal, Blaise (1623–1662) 7.4c
Passau, Bistum 10.3c
Passauer Vertrag (1552) 6.6c
Patriarchate **2.3cd**
Paul III. (Papst, 1468–1549) 6.6c
Paul VI. (Papst, 1897–1978) 10.4d
Paul von Samosata († nach 272) 1.4b, 2.3b
Paulus († 62/65?) 1.1ac, 1.4a, 2.3c, 9.5c
Paulus, Heinrich Eberhard Gottlob (1761–1851) 9.4d
Pauperismus 9.3bc
Pectoraltheologie s. *Theologie*
Pelagianischer Streit (411–431) 2.1d, 2.4b
Pelagius (350–418/420)/Pelagianismus 2.1d, 2.4a, 5.2b
Pella 1.1c, 1.3b
Pepuza 1.3b
Peter I., d. Gr. (Ks. von Russland, 1672–1725) 8.4b
Petrarca, Francesco (1304–1374) 5.4b
Petri, Ludwig Adolf (1803–1873) 9.3b, 9.4a
Petrus († 64/67?) 1.1c, 2.3c, 3.5c
Petrus Lombardus (1100–1164) 4.4b
Pfalz 10.3d
– Kurfürstentum Pfalz 7.3b, 7.4b
– Rheinpfalz (Bayern links des Rheins) 9.1d, 9.3b, 9.4a
Pfarrernotbund 10.4a
Pfeifer von Niklashausen (Hans Böhm, um 1450–1476) 5.1a
Pfingstbewegung 10.3b
Philipp I., der Großmütige (Landgraf von Hessen, 1504–1567) 6.6d
Philipp II. (Kg. von Spanien, 1527–1598) 7.4b
Philipp II. August (Kg. von Frkr., 1165–1223) 4.3a
Philipp IV., der Schöne (Kg. von Frkr., 1268–1314) 5.3b
Philippisten 7.4a
Philo von Alexandrien (30/20 v. Chr.-45/50 n. Chr.) 1.2b
Philosophie, neuzeitliche 8.1a
Photius (815/820–891/898) 3.3b, 3.4d

Physikotheologie 8.2b
Pia Desideria (1675) 8.1d, 8.2a, 8.4a
Picasso, Pablo (1881–1973) 10.1a
Pietismus **8.1bd**, **8.2b**cd, **8.3ad**, 8.5a, 9.1b, 9.5c
Pippin II., d.M. (687–714 f.ränkischer Majordomus) 3.4a
Pippin III., d.J. (fränkischer Kg., 714–768) 3.2c, 3.3a, 3.4c
Pippinische Schenkung 3.4cd, 3.5b
Pius II. (Papst, 1405–1464) 5.2c
Pius IX. (Papst, 1792–1878) 9.4c
Pius X. (Papst, 1835–1914) 9.4c, 10.3a
Pius XI. (Papst, 1857–1939) 10.1bd, 10.3a, 10.4b
Pius XII. (Papst, 1876–1958) 10.3a, 10.4d
Platon (427–347 v. Chr.) 4.2b, S.79
Platon-Renaissance 5.1d, 5.4b
Plinius d.J., Gaius P. Caecilius Secundus (61–113) 1.2a, 1.4a
Plotin S.79
Poitiers 3.1d, 3.3d, 3.4d
Polen 6.6d, 7.4ad, 8.4c
Polycarp von Smyrna († 167?) 1.4b
Pommern 10.3d
– Herzogtum Pommern 6.6b
Portugal 1.3c, 5.3d
Positivismus 8.3c, 8.4b, 9.1a, 9.4d
Postmoderne 10.1a
Prädestination, doppelte 6.4b, 7.2b
Prag 5.3cd, 5.4b, 7.3d
Prämonstratenser (OPraem) 4.4a, 5.5b
Praxeas (um 190) 1.4b, 2.3b
Presbyterianer 8.4b
Preußen 4.5d, 9.1ad, 9.3b, 9.4ac, S.75
– Herzogtum Preußen 6.3d
– Königreich Preußen 8.1d, 8.4abc
Primat, päpstlicher 2.5d, 3.5bc, 5.4c, 9.1a
Probabilismus 7.4c
Protagoras (485–415 v. Chr.) 8.5b
Protestantische Union (1608) 7.3b, 7.4a
Protestantismus 9.1b, 9.5c
Pseudoisidorische Dekretalen **3.1d**, 3.4cd
Puritanismus 7.1d, 7.4b

Quäker/Quäkertum 8.2b, 8.4b
Quenstedt, Johannes Andreas (1617–1688) 7.4c
Quierzy 3.1d, 3.2c, 3.3a, 3.4cd
Quietismus 7.4c, 8.2b
Quintilla (um 160/170?) 1.2a

Radbertus (Paschasius) (790–860) 3.4d
Ragaz, Leonhard (1868–1945) 9.4d
Ranke, Leopold von (1795–1886) S.12
Rationalismus 8.2c, 8.3ac, 8.4abcd, 9.3a, 9.4ad
Ratramnus von Corbie († um 870) 3.4d
Raumer, Karl Georg von (1783–1865) 9.4b
Ravenna 2.3c
Reaktion **9.1b,** 9.4c
Realismus 4.2b
Rechtfertigungslehre 6.1a, 6.2d, 6.4b, 6.7c, 7.2bd, **7.3a**
Reconquista 3.3d, 4.4b
Reformatio Sigismundi (1438/39) 5.1a
Reformation 5.1a, **6.1b**c, 6.2d, 7.5b, S.79
Reformationsgeschichte 6.7a
Reformatoren 6.7a
Reformbewegungen, monastische 5.1b, 5.2c
Reformierte Kirchen 10.3d, 10.5b, S.79
Reformierter Weltbund (RWB) 10.0
Reformkatholizismus S.79
Reformkonzilien 5.1b, 5.2c, 5.3c, 7.5b, S.79
Reformpapsttum 4.1d, 4.4a, 5.3a, 7.4a, S.79
Regensburg 6.1b
– Bistum Regensburg 10.3c
Regensburger Bündnis/Konvent (1524) 6.5c
Regularkleriker 5.5d
Reichsdeputationshauptschluss (1803) 4.5b, 7.5b, 8.5d, 9.1c, 9.4a
Reichskirche 10.1d
Reichskirchentum 2.1b, **4.1b**, S.79
Reichsreformen 5.1a, 6.1c
Reichstage **6.1b**, 6.2c, **6.3cd**, 6.6c, 10.5b
– Worms (1495) 5.1a
– Augsburg (1518) 6.5a
– Worms (1521) 6.1d, 6.3c, 6.4ac, 6.7b
– Speyer (1529) 6.3c, 6.6a, 6.7b
– Augsburg (1530) 6.1d, 6.3c, 6.4a, 6.6a, 6.7b
– Nürnberg (1532) 6.1d, 6.3d, 6.6a
– immerwährender Reichstag (1663–1806) 8.1c, 8.4a
Reichsteilung **2.3cd**, 2.4a
Reimarus, Hermann Samuel (1694–1768) 8.2b, 8.4ab
Reims 3.1c, 3.3c, 3.4a
religio licita **1.1b**, 1.3a, 2.1c, 3.3a
Religionsgeschichtliche Schule 9.2b, 9.4d
Religionsgespräche 6.6c, 10.5b
– Marburg (1529) 6.4a, 6.6ab
– Hagenau (1540) 6.6c
– Worms (1540) 6.6c
– Regensburg (1541) 6.6c
Religiöser Sozialismus 9.4d
Remigius (440–535) 3.1c
Renaissance 5.0, **5.2b**c, **5.3d**, 5.4b, 8.0, S.12, S.79
Renaissance-Papsttum 5.1d, 5.2c, 5.3b, 5.4c, 6.6a, S.79
Rendtorff, Trutz (*1931) 10.2b, 10.4d
Reservatum ecclesiasticum 7.1c
Restauration **9.1b**c, 9.3a, 9.4a
Restitutionsedikt (1629) 7.4c
Reuchlin, Johannes (1455–1522) 5.2b, 5.4b
Revokationsakte (1685) 8.4b
Rheinbund (1806) 4.5b
Rheinhessen 9.1d
Rheinland 9.4c, 10.3d
Rhens, Kurverein von (1338) 5.1b, 5.4a
Rhodos 4.3a
Richard I. Löwenherz (Kg. von England, 1157–1199) 4.3a
Richelieu, Armand-Jean du Plessis (Hg. von, 1585–1642) 7.4d
Ritschl, Albrecht (1822–1889) 9.2b, 9.4b, 10.2b
Ritterorden **4.1b**, 4.4a, 5.5b, 6.1b
Robespierre, Maximilien de (1758–1794) 8.4d
Rom 1.0, 1.1c, 1.3bd, 1.4ab, 1.5c, 2.1d, 2.2b, 2.3ac, 2.4c, 3.5bc, 4.3c, 5.1bd, 5.3cd, 6.3b, 9.5c
Romanik S.79
Romantik 8.4d, 9.1b, S.79
Römisch-katholische Kirche 9.5a, 10.5abcd
Romulus Augustulus (475/476 röm. Ks.) 3.1c
Roscellinus (Roscelin) von Compiègne (1050–1120) 4.4b
Rothe, Richard (1799–1867) 9.4b
Rottenburg-Stuttgart, Bistum 10.3c
Rotterdam 5.3d
Rousseau, Jean-Jacques (1712–1778) 8.1b, 8.4d
Rudolf I. von Habsburg (dt. Kg., 1218–1291) 5.4a
Rudolf II. (röm.-dt. Ks., 1552–1612) 7.4a, 8.3b
Russland 3.4c, 5.1d
– Kaiserreich Russland 8.1d, 8.4abc

Sabellius (um 220?) 1.4b, 2.3b
Sacco di Roma (1527) 6.6a

Sachsen 2.4c, 3.3a, 3.4c, 10.3d
– Königreich Sachsen 9.3b, 9.4a
– Kurfürstentum Sachsen 6.3d, 6.4d, 6.6b, 8.4c
Sächsische Kaiser/Ottonen (919–1024) 4.2c, 4.4a, 5.3a
Sailer, Johann Michael (1751–1832) 9.4a
Säkularisation 4.5b, 8.5d, 9.1c, 9.4a, S.79
Säkularisierung 6.2d, 7.1a, 8.1c, **8.5b**, 9.1a, 9.4a, 9.5b, 10.5b, S.79
Salesianer (SDB) 5.5d
Salier/Salische Kaiser (1024–1125) 4.2c, 5.3a, S.79
Salzburg, Erzbistum 8.4b
Sarazenen 4.1c
Sartre, Jean-Paul (1905–1980) 8.5d
Satornil (um 110/120?) 1.4b
Savonarola, Girolamo (1452–1498) 5.3c, 5.4d
Schaumburg-Lippe 10.3d
Scheibel, Johann Gottfried (1783–1843) 9.3b
Schelling, Friedrich Wilhelm Joseph von (1775–1854) 9.4d
Schiller, Johann Christoph Friedrich (1759–1805) 9.4d
Schisma 10.5c
– novatianisches (251 ff.) 10.5c
– donatistisches (312 ff.) 10.5c
– akazianisches (484–519) 3.4b, 10.5c
– photianisches (867–880) 10.5c
– morgenländisches (1054–1965) 10.5c
– abendländisches (1378–1415) 3.5b, 5.1d, 5.2c, 5.3b, 5.4a, 10.5b
Schlatter, Adolf (1852–1938) 9.4d, 10.4b
Schleiermacher, Friedrich Ernst Daniel (1768–1834) 8.3a, 9.1c, 9.2abd, **9.4b**, 9.5a, 10.2d
Schlesien 7.1d, 8.4c, 9.3b, 9.4a
Schlesische Oberlausitz 10.3d
Schmalkaldische Artikel (1537) 6.6d
Schmalkaldischer Bund (1531) 6.1d, 6.3c, 6.6ab
Schmalkaldischer Krieg (1546/1547) 6.3d, 6.6cd
Scholastik 4.1d, **4.2b**c, 7.3a
– Frühscholastik 4.2b, 4.3c, 4.4b
– Hochscholastik 4.1a, 4.2b, 4.3cd, 4.4d
– Spätscholastik 4.2b, 5.2c, 5.4b
Schopenhauer, Arthur (1788–1860) 8.5d, 9.4d
Schottland 1.5b, 7.1a
Schütz, Heinrich (1585–1672) 7.4c
Schütz, Johann Jakob (1640–1690) 8.4a
Schwabacher Konvent (1529) 6.6b
Schwäbisch Hall 6.4d
Schwärmer 6.1d, 6.2c
Schwarzes Meer 5.1d
Schweden 6.6a, 7.3cd
Schweiz 5.1a, 6.1a, 6.2d, 9.4d
– Eidgenossenschaft 6.3c
Schwenckfeld, Kaspar (1489–1561) 6.6d
Seldschuken 4.3ab
Semipelagianischer Streit (429–529)/Semipelagianismus 2.4ab, 3.2d
Semler, Johann Salomo (1725–1791) 8.2b, 8.3c, 8.4ab, 9.2b
Septimius Severus, Lucius (röm. Ks., 146–211) 1.1d
Serdika 1.4c
Servet, Michael (1509/1511–1553) 6.6d
Seuse, Heinrich (Suso, 1295–1366) 5.2b
Severus, Flavius Valerius (305/306 röm. Ks.) 2.3a
Siebenjähriger Krieg (1756–1763) 8.4c
Simon Magus (um 40/50) 1.4b
Simonie **4.1b**d
Simons, Menno (1495–1561) 6.6b
Sinope 1.3b
Skeptizismus 2.4a
Slawen 3.4c
Societas Jesu/Jesuiten (SJ) 5.5d, 6.6a, 7.4a, 7.4c, 8.4cd, 9.1d
Söderblom, Nathan (1866–1931) 10.4b
Sohm, Rudolph (1841–1917) 1.2d, 1.5c
Soziale Frage **9.1b**, 9.2c, **9.3b**, 9.4bd, 9.5a, 10.5a
Sozialismus 9.1a
Sozinianer/Sozinianer-Kirche 6.6d, 7.4d
Sozzini, Fausto (1539–1604) 6.6d
Spalatin, Georg (1484–1545) 6.4d
Spanien 1.3c, 3.1d, 3.2d, 3.3d, 3.4d, 5.2c, 5.3d, 6.3a, 7.3cd, 7.4a, 9.5c
Spanischer Erbfolgekrieg (1701–1713) 8.4a
Spencer, Herbert (1820–1903) 9.4d
Spener, Philipp Jakob (1635–1705) 8.1d, 8.2ac, 8.3d, 8.4a
Spengler, Lazarus (1479–1534) 6.5b
Speyer 6.7b
– Bistum 10.3c
Spinoza, Baruch de (1632–1677) 8.2c, 8.3c, 8.4ab
Spiritualismus/Spiritualisten 6.1a, 6.2c, 6.6b, 8.4a, 10.5b
Spitalorden 4.4a
Sportpalastkundgebung (1933) 10.4a
Staat und Kirche **7.5bcd**, **10.1b**, 10.2d
– Staatskirche 2.1b
– Staatskirchentum 9.3a, 9.5a, 10.5a
– protestantisches Staatskirchentum 8.4a
Statutum in favorem principum (1231) 4.1d
Staufer/Staufische Kaiser (1138–1254) 4.2c, 4.4ac, 5.1c, 5.1c, 5.3a, S.79
Staupitz, Johann von (um 1468–1524) 6.1b, 6.4d
Stein, Karl Freiherr vom und zum (1757–1831) 9.4a
Stephan I. (254–257 röm. Bischof) 1.4c, 3.5c
Stephan II. (752–757 Papst) 3.3a, 3.4cd
Stoa 1.2b
Stockholm 10.4b
Stoecker, Adolf (1835–1909) 9.4d
Stotternheim 6.5ab
Straßburg 5.2b, 6.4d, 6.6d
Strauß, David Friedrich (1808–1874) 9.4d
Stuttgart 8.3d
Stuttgarter Schuldbekenntnis (1945) 10.1d, 10.2d, 10.4c
Subordination *s. Christologie*
Südafrika 9.5b
Sukzession/Sukzessionstheorie 1.4a, 6.7d
Suleiman II. der Prächtige (1494–1566) 6.3a
Summepiskopat *s. Landesherrliches Kirchenregiment*
Supprematsakte (1534) 7.4b
Supranaturalismus 8.4cd
Syllabus errorum (1864) 9.1a
Syllogismus practicus 7.2b
Synergistischer Streit (1556–1560) 7.1b, 7.4ac
Synoden
– Orange (529) 3.2d
– Whitby (664) 3.4a
– Aachen (816/817) 5.5c
– Clermont (1095) 4.3a
– Dordrecht (1618/1619) 7.4d

Tabennisi 2.3d
Tatian (um 120-nach 172) 1.4b
Täuferbewegung/Täufertum 6.1a, 6.2c, 6.5d, 6.6b, 6.7c
Tauler, Johann (1300–1361) 5.2b, 5.4b
Templer 5.5b
Territorialismus **8.1b**, 8.4a
Tersteegen, Gerhard (1697–1769) 8.3d, 8.4a
Tertullian, Quintus Septimius Florens (160– 220) 1.1d, 1.2abc, 1.3b, **1.4bd**, 2.3b

Tetrarchie 2.1b
Tetzel, Johann (1465–1519) 6.2ab, 6.3b, 6.5a
Theatiner (OTheat) 7.4a
Theoderich, d. Gr. (ostgotischer Kg., 456–526) 2.4cd, S.80
Theodor von Mopsuestia (350–428) 2.3b, S.80
Theodoret von Kyrrhos S.80
Theodosius I., d. Gr., Flavius (röm. Ks., 347–395) 2.1bd, 2.2c, 2.3a, 2.4a, 7.5c, S.79
Theodosius II. (röm. Ks., 401–450) 2.3a
Theodot, der Gerber (d. Ä., um 190) 1.4b, 2.3b, S.79
Theologie
- Aufklärungstheologie **8.2b**, 8.4ab
- Befreiungstheologie 10.2b
- Biblische Theologie 9.2b, 9.4d
- Dialektische Theologie 10.1c, **10.2b**, 10.4b, S.12
- Erweckungstheologie 9.4b
- Feministische Theologie 10.2b
- Historisch-kritische Theologie 9.2b, 9.4d
- Konfessionelle Theologie 9.2b, 9.4b, 10.2b
- Konservative Theologie **9.2b**, 9.3a, 9.4b
- Liberale Theologie **9.2b**, 9.4d
- Natürliche Theologie 8.2bd
- Pectoraltheologie 9.4b
- Physikotheologie 8.2b
- Spekulative Theologie 9.4b
- Übergangstheologie 8.2b, 8.4ab
- Vermittlungstheologie **9.2b**, 9.4b
Theopaschitischer Streit + 3-Kapitel-Streit (519–553) 3.4b
Tholuck, August (1799–1877) 9.4b
Thomas von Aquin (1226–1274) 4.1ad, 4.2ad, 4.3c, 4.4ad, 4.5a, 5.2b, S.80
Thomas von Kempen (Hemerken, 1379–1471) 5.1b, S.80
Thomasius, Gottfried (1802–1875) 9.4b, 10.2b
Thorn 10.5b
Thüringen 3.1d, 3.4c, 10.3d
Thurneysen, Eduard (1888–1974) 10.4b
Tillich, Paul (1886–1965) 10.4d
Tilly, Johann Tserclaes, Graf von (1559–1632) 7.4cd
Tindal, Matthew (1653–1733) 8.4b
Titus, Flavius Vespasianus (röm. Ks., 39–81) 1.1c, 1.4a
Todt, Rudolf (1839–1887) 9.4d
Toland, John (1670–1722) 8.3c, 8.4b
Toledo 3.0, 3.3d
Toleranz 8.1c, 10.5b
- Toleranzedikt (311) 2.1c
- Toleranzakte (1689) 8.4b
- Toleranzedikt (1781) 8.4d
- Toleranzedikt (1787) 8.4d
Torgauer Bund (1526) 6.5d
Tours 3.1d, 3.3d, 3.4d
Trajan, Marcus Ulpius (röm. Ks., 53–117) 1.2a, 1.4a
Transsubstantiation/Transsubstantiationslehre 2.5b, 4.4c
Treysa, Konferenz von (1945) 10.4c
Tridentinische Reform 3.5d
Trient 7.0
Trier 1.3c, 9.4c
- Trier, Bistum 10.3c
Trinitarischer Streit (318–381) **2.1b**, **2.3b**, 2.4b
Trinität 5.2d
Troeltsch, Ernst (1865–1923) 7.1a, 9.2b, 9.4d, 10.2b, 10.4b
Trullanum II (692) 3.3b
Tübingen 9.3d, 9.4a
Tübinger Schule 9.4d
Türkengefahr 5.1d, 6.3c, 6.4c
Türkenkriege 8.4b

Übergangstheologie s. *Theologie*
Ultramontanismus 9.3a, 9.4ac
Una-Sancta-Bewegung 10.4b
Unbefleckte Empfängnis Marias (Dogma 1854) 6.7d, 9.4c
Unbeschuhte Karmeliten (OCD) 5.5b
Unfehlbarkeit, päpstliche (Dogma 1870) 6.7d, 9.4c, 10.3a
Ungarn 3.3d, 5.1a, 6.3a, 7.1d
Union von Utrecht (1579) 7.4b
Unionismus 9.2cd
Unionsbemühungen 9.1d, 9.3ab, 9.4a, 10.5b
Unionsdekret (1439) 5.4a
Universalepiskopat 9.4c
Urban II. (Papst, 1042–1099) 4.2a, 4.3ab
Urban VI. (Papst, 1318–1389) 5.1d
Urchristentum/Urkirche 7.5c, 10.5c
Urgemeinde 1.1a, 1.2d, 1.3b, 1.5c
Urlsperger, Johann August (1728–1806) 9.4b
Ursulinen (OSU) 5.5d, 7.4a
USA *s. Amerika*
Utrecht, Kirche von 8.4b

Valens, Flavius (röm. Ks., 328–378) 2.3a
Valentinian I., Flavius (röm. Ks., 321–375) 2.3a
Valentinian II., Flavius (röm. Ks., 371–392) 2.3a
Valentinus (135–165) 1.4b
Valerian, Publius Licinius (253–260 röm. Ks.) 1.1d, 1.3acd, 1.4c
Vandalen 2.3a, 2.4cd, 3.1c, 3.3b
Vassalität 3.1b
Verdun 3.1d, 3.4c
- Vertrag von Verdun (843) 4.1c, 4.5c
Vereinigte Evangelisch-lutherische Kirche Deutschlands (VELKD, 1948) **10.3d**, 10.4c, 10.5a
Vereinigte Staaten *s. Amerika*
Versailler Vertrag (1919) 10.4a
Verwaltungsunionen 9.1d, 9.4a
via antiqua 4.2b
via moderna 4.2b, **5.2b**, 5.4b, S.76
Victor I. (189–198 röm. Bischof) 1.4c, 3.5c
Voetius, Gisbert (1589–1676) 7.4d
Völkerwanderung **2.4acd**, 3.1c, 3.4ab
Völkisches Denken 10.5a
Voltaire, Francois-Marie (1694–1778) 8.2c, 8.3c, 8.4d
Vorreformatoren 5.1b, 5.2c

Wahlkönigtum 5.3b, 5.4a
Waldeck/Waldeck-Pyrmont, Fürstentum 9.1d, 9.3b
Waldenser 4.2c, 4.4d, 5.1b
Wallenstein, Albrecht E. Wenzel von (Hg. von Friedland und Mecklenburg, 1583–1634) 7.4d
Wallmann, Johannes (*1930) 8.1b
Warneck, Gustav (1834–1910) 9.5b
Wartburg 6.4a, 6.5cd
Warthegau 10.4c
Wegscheider, Julius August Ludwig (1771–1849) 9.4d
Weimarer Reichsverfassung (WRV, 1919) 7.5b, 10.1bc, 10.2a, 10.4a
Weimarer Republik 10.1c, 10.2c, 10.4a
Wellhausen, Julius (1844–1918) 9.4d
Weltkrieg, Erster (1914–1918) **10.1abc,** 10.4a
Weltkrieg, Zweiter (1939–1945) 9.5b, 10.1ad, 10.4c
Weltmissionskonferenzen
- Edinburgh (1910) 9.5b, 10.3b, 10.4b, 10.5b
- Whitby (Komiteesitzung des Internationalen Missionsrates, 1947) 9.5b
- Willingen (1952) 9.5b, 10.3b

– Mexiko (1963) 10.3b
Weltrat für christliche Erziehung 10.3b, 10.5d
Werner, Gustav (1809–1887) 9.4d
Wesley, John (1703–1791) 8.4d
Westfalen 9.4c, 10.3d
Westfälischer Friede (1648) 4.5b, 7.1ad, 7.3d, 7.4c, 7.5b, **8.1ac**
Westfranken 4.1c
Westgermanen 2.4c, 3.2c, 3.4a, S.78
Westgoten 2.1d, 2.3a, 2.4cd, 3.0, 3.2c, 3.3ab, S.78
Westminster-Confession (1646) 7.4d
Wetterau 8.3d
Wichern, Johann Hinrich (1808–1881) 9.1bd, 9.2a, 9.3b, **9.4b**d
Wiedervereinigung Deutschlands 10.1d, 10.4a
Wien 3.3d, 6.3a, 6.6a, 9.3d, 9.4a
Wiener Kongress (1814/1815) 7.5b, 8.2c, 9.1bc, 9.4a
Wiener Konkordat (1448) 5.4c, 7.5b
Wikinger 4.1c
Wilhelm I. (dt. Ks., 1797–1888) 8.3b, 9.4c, S.80
Wilhelm I. von Oranien (1533–1584) 7.4b
Wilhelm I., der Eroberer (1027–1087) S.80
Wilhelm II. (dt. Ks., 1859–1941) 8.3b, 9.4c, S.80
Wilhelm III. von Oranien (Kg. von England, 1650–1702) S.80
Wilhelm von Aquitanien († 918) S.80
Wilhelm von Champeaux (1070–1122) S.80
Wilhelm von Ockham (1285–1349) 4.2b, 5.4b, S.80
Willensfreiheit 7.4c
Windsheimer Kongregation 5.1b
Wittelsbacher 7.3b, 8.3b
Wittenberg 6.0, 6.3b, 6.4ad, 6.5ab
Wittenberger Konkordie (1536) 6.6d
Wolff, Christian Freiherr von (1679–1754) 8.3c, 8.4ab
Wöllnersches Religionsedikt (1788) 8.4c
Worms 4.3c, 6.5a, 6.7b
Wormser Edikt (1521) 6.3c, 6.4c, 6.5c, 6.6a
Wormser Konkordat (1122) 2.5b, **4.1d**, 4.4a
Wulfila (311–383) 2.2c, **2.4ad**, 3.2cd, **3.3a**, 3.4a, 9.5c
Wurm, Theophil (1868–1953) 10.4c
Württemberg 10.3d, 10.4c
– Herzogtum Württemberg 6.3c, 6.6b, 8.3d
Würzburg 3.3c, 3.4c
– Bistum Würzburg 10.3c
Wyclif, John (1320–1384) 5.1b, 5.2a, 5.3c, **5.4b**

Xenophanes (580–485 v. Chr.) 8.5b

Zeugen Jehovas 9.2d
Ziegenbalg, Bartholomäus (1683–1719) 9.5c
Zimmermann, Dominikus (1685–1766) 8.0
Zinzendorf, Nikolaus Ludwig Graf von (1700–1760) 8.2c, 8.3d, 8.4c, 9.5c
Zisterzienser (OCist) 4.1d, 4.2c, 4.3c, 4.4a, 5.3a, 5.5b
Zürich 6.4d, 6.5d
Zwei-Gewalten-Lehre 3.5c, 5.2b
Zwei-Naturen-Lehre 2.5b
Zwei-Reiche-Lehre S.80
Zwei-Schwerter-Theorie S.80
Zwei-Staaten-Lehre S.80
Zweite Reformation 7.1a
Zwickau 6.5b
Zwickauer Propheten 6.5d
Zwingli, Ulrich/Huldrych (1484–1531) 6.1b, 6.2abc, 6.4ad, 6.5bd, 6.6b, 6.7a